甘肃阳山金矿带大规模成矿作用与重大地质事件耦合关系研究(201411048)
甘肃阳山地区金矿整装勘查区专项填图与技术应用示范(12120114050201) 联合资助

甘肃阳山金矿带成矿控制与成矿规律

GANSU YANGSHAN JIN KUANGDAI CHENGKUANG KONGZHI YU
CHENGKUANG GUILÜ

葛良胜　杨贵才　袁士松　王治华　夏　锐　王　斌 等著
李　楠　胡晓隆　李建忠　赵由之　闫家盼　常春郊

图书在版编目(CIP)数据

甘肃阳山金矿带成矿控制与成矿规律/葛良胜等著. —武汉:中国地质大学出版社,2023.4
ISBN 978-7-5625-5525-4

Ⅰ.①甘…　Ⅱ.①葛…　Ⅲ.①金矿带-成矿系列-研究-文县 ②金矿床-成矿预测-研究-文县
Ⅳ.P618.51

中国国家版本馆 CIP 数据核字(2023)第 043343 号

甘肃阳山金矿带成矿控制与成矿规律

葛良胜　等著

责任编辑:唐然坤　胡　萌	选题策划:张　华　唐然坤	责任校对:徐蕾蕾

出版发行:中国地质大学出版社(武汉市洪山区鲁磨路388号)	邮编:430074
电　话:(027)67883511　　　　传　真:(027)67883580	E-mail:cbb@cug.edu.cn
经　销:全国新华书店	http://cugp.cug.edu.cn

开本:880 毫米×1 230 毫米　1/16	字数:332 千字　印张:10.5
版次:2023 年 4 月第 1 版	印次:2023 年 4 月第 1 次印刷
印刷:武汉中远印务有限公司	

ISBN 978-7-5625-5525-4	定价:158.00 元

如有印装质量问题请与印刷厂联系调换

前　言

阳山金矿带地处西秦岭造山带西南部碧口地块北缘的扬子板块、华北板块、松潘-甘孜陆块会聚-转换部位，是我国中央复合造山带的重要组成部分，也是我国西部地区重要金、锑成矿带之一。2012年，国土资源部（现自然资源部）依据《找矿突破战略行动计划纲要（2011—2020年）》，将以甘肃文县阳山金矿为核心的阳山金矿带确立为全国107片重点整装勘查区之一。该带内已投入生产的主要金矿床（矿段）包括新关、关牛湾、金坑子、塘坝等，正在勘查或即将转入生产的金矿床（矿段）包括葛条湾、安坝、尚家沟等，此外还有一批矿点或矿化信息点有待进一步开展地质调查和勘探工作，包括汤卜沟、泥山、高楼山、张家山、北金山、月照山等。其中，泥山、葛条湾、安坝、高楼山、阳山、张家山等为阳山金矿带相对独立的矿段。自古生代以来，该地区经历了复杂的构造-岩浆演化，在区域上形成了丰富的金、锑等矿产资源，成为研究区域大规模成矿作用与重大地质事件耦合关系、探索巨量金的来源及其大规模聚集的动力学机制与过程、建立区域不同类型金矿成矿模型、全面总结区域金矿预测和找矿标志、评价区域资源潜力的理想地区。

自1997年阳山金矿被中国人民武装警察黄金部队发现以来，该区的地质科学研究和勘查工作进展一直受到国内外众多地质学家的高度关注。20多年来，对包括阳山金矿在内的整装勘查区开展的科学研究和勘查工作一直没有中断。2014年以来，国家逐步重视西秦岭地区的找矿勘查工作，设立了国土资源公益性行业科研专项项目"甘肃阳山金矿带大规模成矿作用与重大地质事件耦合关系研究"（编号201411048）、国土资源部矿产勘查技术指导中心项目"甘肃阳山地区金矿整装勘查区专项填图与技术应用示范"（编号12120114050201）。项目的主要任务为：在系统整理前人研究成果的基础上，以复合造山作用和成矿作用的地质环境专属性理论为指导，通过大比例尺专项填图，解析阳山金矿带内阳山金矿等典型矿床的特征与关键控矿因素，示踪巨量成矿物质来源，查明金大规模聚集的动力学机制与过程，分析在不同地质-构造演化过程中发生的重大地质事件及可能形成的成矿地质环境和成矿作用，建立成矿带内主要类型金矿床的勘查找矿模型，提炼适用的找矿技术方法组合，评价区域矿产资源潜力，为找矿勘查提供建议。两个项目由原中国人民武装警察部队黄金地质研究所（现中国地质调查局地球物理调查中心，以下简称武警黄金地质研究所）牵头，中国地质大学（北京）、原中国人民武装警察部队黄金第十二支队（现中国地质调查局军民融合地质调查中心，以下简称武警黄金第十二支队）、甘肃省地矿局第一地质矿产勘查院等单位共同参与。

本书是自阳山金矿发现以来，主要工作成果的系统总结和全面体现，全书共7章。具体编写情况如下：第1章绪言由葛良胜、王治华编写，第2章区域地质特征由袁士松、王治华、夏锐编写，第3章区域构造演化与主要地质事件由王治华、王斌、李楠编写，第4章典型金矿床地质特征由葛良胜、胡晓隆、袁士松、赵由之、李建忠编写，第5章金矿成矿作用由杨贵才、王治华、葛良胜、李楠编写，第6章成矿规律与成矿预测由葛良胜、杨贵才、赵由之、李建忠、闫家盼编写，第7章结语由葛良胜、王治华编写，主要参考文献由王治华、杨贵才、李建忠、李楠、常春郊、赵由之、闫家盼整理，插图由赵由之、张文华、李娜、张玉杰、常春郊、闫家盼等清绘，最终统稿由葛良胜、杨贵才完成。

项目实施过程中，有关领导多次亲临矿区和承担单位指导工作，了解工作进展，提出工作意见，为项目实施并取得成果付出了大量心血；项目承担单位及参与单位的领导和专家也对项目工作给予了关心和支持。本书编写过程中，得到了中国地质调查局地球物理调查中心领导和有关部门的支持。在此，对项目工作和专著出版提供支持和帮助的工作人员一并表示诚挚的感谢！项目完成后，恰逢单位改制，出版工作未能及时跟进，导致项目结项和专著出版间隔时间较长。在这几年中，又有许多研究人员对阳山金矿带的成矿问题开展了研究，部分成果已在书中吸纳。但总体来看，由于时间长、内容多，笔者虽然在文后列出了参考文献，难免挂一漏万，如有不当，敬请谅解！

目 录

1 绪 言 ·· (1)
  1.1 位置及交通 ··· (1)
  1.2 自然地理与经济概况 ··· (1)
  1.3 以往地质工作评述 ·· (2)
    1.3.1 区域地质矿产调查 ··· (2)
    1.3.2 区域地球化学调查 ··· (3)
    1.3.3 区域地球物理勘查 ··· (3)
    1.3.4 金矿地质勘查工作 ··· (3)
    1.3.5 科研工作 ·· (4)
  1.4 技术路线及研究方法 ··· (5)
    1.4.1 技术路线 ·· (5)
    1.4.2 研究内容与方法 ·· (5)
  1.5 取得的主要成果认识 ··· (6)

2 区域地质特征 ·· (9)
  2.1 区域沉积岩 ·· (10)
    2.1.1 太古宇鱼洞子群 ·· (10)
    2.1.2 元古宇碧口群 ··· (12)
    2.1.3 泥盆系 ··· (12)
    2.1.4 石炭系 ··· (13)
    2.1.5 二叠系 ··· (13)
    2.1.6 三叠系 ··· (13)
    2.1.7 侏罗系 ··· (13)
    2.1.8 白垩系 ··· (14)
  2.2 区域岩浆岩 ·· (14)
    2.2.1 加里东—海西期 ·· (14)
    2.2.2 印支期 ··· (15)
    2.2.3 燕山期 ··· (18)
  2.3 区域构造特征 ··· (19)
    2.3.1 勉略构造带 ·· (19)
    2.3.2 逆冲推覆构造带 ·· (21)

2.4 区域构造单元划分 ……………………………………………………………………………… (23)
 2.4.1 北秦岭微板块 ……………………………………………………………………… (23)
 2.4.2 南秦岭微板块 ……………………………………………………………………… (24)
 2.4.3 商丹缝合带 ………………………………………………………………………… (24)
 2.4.4 勉略缝合带 ………………………………………………………………………… (24)

3 区域构造演化与主要地质事件 …………………………………………………………………… (26)
3.1 板块裂解与有限洋盆打开阶段(D_1—D_3) …………………………………………………… (27)
3.2 有限洋盆扩张阶段(C_1—P_1) ……………………………………………………………… (27)
3.3 板块俯冲与有限洋盆俯冲消减作用阶段(C_2—P_1—T_1) ……………………………… (28)
3.4 碰撞造山作用与短暂伸展阶段(T_2—J_1) ………………………………………………… (29)
3.5 陆内造山叠加改造作用阶段(K—E) ……………………………………………………… (31)

4 典型金矿床地质特征 ……………………………………………………………………………… (32)
4.1 矿区地质特征 ………………………………………………………………………………… (33)
 4.1.1 沉积岩石建造 ……………………………………………………………………… (33)
 4.1.2 岩浆活动特征 ……………………………………………………………………… (35)
 4.1.3 成矿构造特征 ……………………………………………………………………… (44)
4.2 矿床地质特征 ………………………………………………………………………………… (55)
 4.2.1 矿化带地质特征 …………………………………………………………………… (55)
 4.2.2 矿体地质特征 ……………………………………………………………………… (56)
 4.2.3 矿石特征 …………………………………………………………………………… (58)
 4.2.4 矿化样式 …………………………………………………………………………… (62)
 4.2.5 成矿蚀变特征 ……………………………………………………………………… (64)
 4.2.6 成矿期与成矿阶段 ………………………………………………………………… (69)
 4.2.7 控矿因素分析 ……………………………………………………………………… (72)

5 金矿成矿作用 ……………………………………………………………………………………… (79)
5.1 成矿物质 ……………………………………………………………………………………… (79)
 5.1.1 来自载金矿物的微观信息 ………………………………………………………… (79)
 5.1.2 同位素地球化学 …………………………………………………………………… (92)
 5.1.3 成矿物质来源及演化 ……………………………………………………………… (103)
5.2 成矿流体特征 ………………………………………………………………………………… (104)
 5.2.1 流体包裹体岩相学 ………………………………………………………………… (104)
 5.2.2 流体包裹体显微测温 ……………………………………………………………… (108)
 5.2.3 成矿流体成分 ……………………………………………………………………… (112)
 5.2.4 成矿物理化学条件 ………………………………………………………………… (113)
 5.2.5 成矿流体来源及演化 ……………………………………………………………… (117)
 5.2.6 成矿流体运输 ……………………………………………………………………… (119)

5.3 成矿物质的聚集与沉淀 ···(124)
　　5.3.1 成矿物理化学条件演化 ···(124)
　　5.3.2 金迁移与沉淀机制 ··(124)
5.4 成矿时代 ··(125)
　　5.4.1 前人研究成果 ···(126)
　　5.4.2 成岩成矿时代再研究 ···(128)
5.5 成矿作用与地质事件耦合分析 ···(131)
　　5.5.1 晚古生代(D_1—P_1)板块裂解、有限洋盆扩张与成矿 ·································(132)
　　5.5.2 晚古生代至中生代早期(C_2—T_3)板块俯冲、碰撞造山与成矿 ····················(132)
　　5.5.3 中生代(T_3—J_1)碰撞后短暂伸展与成矿 ··(133)
　　5.5.4 中生代陆内造山与成矿 ···(133)
5.6 矿床成因及成矿模式 ··(133)
　　5.6.1 成矿环境分析 ···(133)
　　5.6.2 矿床成因初步分析 ··(135)
　　5.6.3 成矿模式 ···(135)

6 成矿规律与成矿预测 ···(137)
6.1 成矿规律 ··(137)
　　6.1.1 区域成矿规律 ···(137)
　　6.1.2 矿带成矿规律 ···(138)
　　6.1.3 矿床矿化富集规律 ··(138)
6.2 成矿预测 ··(140)
　　6.2.1 区域(矿带)靶区预测 ···(140)
　　6.2.2 矿床深边部靶位预测 ···(141)
6.3 勘查工作部署建议 ··(142)

7 结　语 ···(144)

主要参考文献 ···(146)

1 绪 言

1.1 位置及交通

阳山金矿带位于甘肃省陇南市,西起文县石坊乡,经堡子坝乡、桥头乡,向东至武都区月照乡及康县一带,整体呈北东东向展布,东西长约80km,南北宽约20km,是陕、甘、川"金三角"地区的重要组成部分(图1-1)。以阳山金矿为主体的核心区域面积为17.7km²,位于甘肃省文县境内,区内交通较为便利。

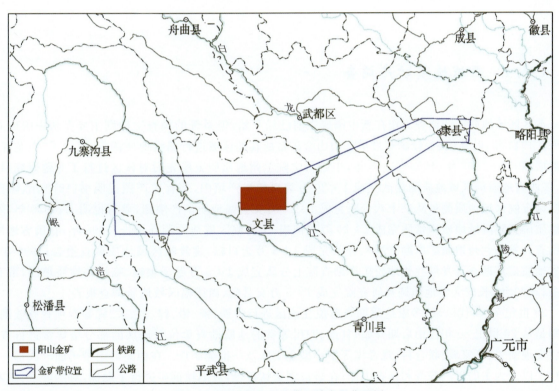

图1-1 甘肃阳山金矿带区域交通位置图

1.2 自然地理与经济概况

阳山金矿位于秦岭山脉中南段,为高、中山区。工作区地势南高北低,切割强烈,沟壑发育,谷地狭窄。最高海拔3113m,最低1078m,相对高差2035m。流经工作区的马连河属长江嘉陵江水系白水江支流,年平均流量5.67m³/s,下游白水江干流年平均流量109m³/s。区域上,碧口—文县110kV输变电工程已经建成，文县建有 110/35kV 变电站，容量为 40 000kVA，文县—桥头—临江 35kV 输电线路距矿区 15km，玉枕变电站—文县—石鸡坝变电站 35kV 国家级输电线路距矿区 9km。区内水利、电力资源充沛。

工作区属大陆性温带季风气候，最低月平均气温 4.3℃（1月），最高月平均气温 25.5℃（7月），年平均气温 15.4℃，近 35 年来极端最低气温 -7.4℃，极端最高气温 38.7℃。年平均降水量 384.3mm，其中 6—9 月降水量占全年的 63%。无霜期为 265d，冰冻期为 11 月至翌年 3 月，冻土层厚度在 0.40m 以上。区内植被不甚发育，易造成水土流失，常形成重力侵蚀，诱发崩塌、滑坡、泥石流等地质灾害。

区内人口较为密集，以汉族、藏族、回族为主，居住在沟谷和山坡。工业不发达，以农业为主，农作物主要有玉米、荞麦、小麦、土豆及各种豆类作物，经济作物主要有党参、天麻、花椒、核桃、苹果、梨等。区内矿产资源丰富，已探明的矿床、矿点有百余处。其中金属矿产主要有岩金矿、砂金矿、钴锰矿、赤铁矿、钼矿等，优势矿种为岩金矿；非金属矿产有重晶石矿、石英岩、大理岩、水晶及煤等。区内砂金、岩金分布较广，已发现的中型以上金矿床有阳山金矿、联合村金矿、关牛湾金矿、新关金矿等 4 处。

1.3　以往地质工作评述

1.3.1　区域地质矿产调查

本区区域地质矿产调查工作在新中国成立前已经开始，但系统的调查工作则主要在新中国成立后开展。1944 年，叶连俊、关仕聪等最早在阳山金矿带所在的区域进行路线地质调查，建立了"白龙江系"等地层；1959—1962 年、1966—1968 年，中国科学院兰州地质研究所先后对该区进行了专题研究；1967 年，陕西省地质局区域地质测量队完成 1∶20 万碧口幅矿产填图，著有矿产图说明书；1970 年，陕西省地质调查院区域地质测量队二十八分队完成 1∶20 万文县幅地质矿产填图，著有说明书；1970 年，陕西省地质调查院区域地质测量队完成 1∶20 万武都幅、文县幅区域地质调查报告；1998 年，甘肃省地质矿产勘查开发局兰州地质矿产勘查院六分队完成 1∶5 万碧口幅、姚渡幅区域地质调查报告；1999 年，甘肃省地质矿产勘查开发局兰州地质矿产勘查院七分队完成 1∶5 万堡子坝幅、临江幅地质填图，编有说明书；2000 年，长安大学地质调查研究院完成 1∶5 万文县幅、尚德幅区域地质调查报告。

20 世纪 70 年代以来，多家地质勘查单位在该区进行过铁、铜、铅、锌、金、汞、锑等专项普查或勘探，特别是从 20 世纪 80 年代中后期开始，甘肃、四川等省的地质勘查单位对该区的部分金异常进行查证，先后发现新关、郭家坡、联合村、观音坝等中小型金矿床及一批金矿点。在西秦岭南带玛曲—武都一带，进行了以金为主的矿产普查和详查工作；在碧口铜金锰矿带，对阳坝铜矿进行了勘探，对沟岭子-赵家咀锰矿、筏子坝铜矿、白皂铜矿、石鸡坝金矿、观音坝金矿点进行了勘查。在与本区南部相邻的四川省内，矿产地质勘查工作始于 20 世纪 90 年代初，通过化探扫面和异常查证，先后发现了邛莫、马脑壳、两河口、幸福村、哲波山、联合村、丘洛、银厂等一批岩金产地，并完成相应评价工作，为阳山金矿带内矿产资源潜力评价奠定了良好的基础。中国人民武装警察黄金部队于 20 世纪 80 年代中后期在碧口、范坝、店坝等地开展岩金普查，1994 年再次进入该区进行异常查证，发现了观音坝金矿点；1995—1996 年在阳山金矿带开展了 1∶5 万水系沉积物测量，圈出 17 处金异常，并在高楼山—冯家崂坎一带进行了 1∶1 万土壤测量，在进行异常查证过程中，发现了草坪梁金矿点。

1.3.2 区域地球化学调查

1983—1984年,甘肃省地质矿产勘查开发局化探队完成1:20万文县幅区域化探扫面工作;1986年,甘肃省地质矿产勘查开发局化探队研究分队完成1:20万文县幅、碧口幅地球化学填图,著有说明书;20世纪90年代后期,各有关单位围绕重点勘查区和重要成矿区(带)开展了大量化探扫面工作,合计完成1:5万化探扫面5.7万 km^2、1:1万土壤测量 $1657km^2$、1:10万水系沉积物测量 $5400km^2$,查证综合异常119处,约占该区综合异常总数的11%,通过异常查证发现了一批大、中、小型矿床;1991年,甘肃省地质矿产勘查开发局化探队完成摩天岭复背斜区域地球化学特征及其与Au、Cu、Bi成矿关系的初步研究,编写了研究报告;1994年,工作区1:20万区域化探扫面工作全部完成,并建立了化探数据库,圈定37种元素的地球化学综合异常千余处。

1.3.3 区域地球物理勘查

本区地球物理勘查工作始于20世纪60年代左右。1959年,甘肃地区航空物探(磁及放射性)工作完成,编有成果报告;1966年,秦岭西段(陕、甘、川)地区航空磁测完成,编有成果报告;1972年,甘肃省康县、武都地区航空物探工作完成,编有成果报告;1985年,甘肃省地质矿产勘查开发局物探队对西秦岭地区开展过重力物探工作;1994年,甘肃省地质矿产勘查开发局物探队综合分队完成甘肃省西秦岭地区地球物理场特征研究报告。目前,1:100万、1:50万区域重力调查覆盖全区,龙门山北段完成1:20万区域航磁调查,广元、青川地区完成1:5万航磁调查,并对区内重磁异常进行了综合研究,提出了异常分区,划分出主要断裂构造,根据解译结果预测了成矿远景区。此外,在局部勘查程度较高的地区,还不同程度地开展过电法或磁法的平面或剖面测量,对深部找矿起到了一定的指导作用。

1.3.4 金矿地质勘查工作

矿带内的金矿地质勘查工作开始较早,主要集中在西部的联合村和关牛湾、东部的塘坝等地区,由甘肃省有关地质勘查单位及矿业公司完成,先后发现石鸡坝、关牛湾等小型金矿床。后经深入勘查,各矿床资源量/储量有所增加,阳山金矿带的找矿潜力逐渐被人们所认识。

区内找矿的重要突破主要发生在20世纪90年代中后期。在前人工作的基础上,原中国人民武装警察部队黄金指挥部(现中国地质调查局自然资源综合调查指挥中心,以下简称武警黄金指挥部)在综合分析该区地质特征的找矿潜力后,部署武警黄金第十二支队进入该区开展金矿地质勘查工作。1994—1995年于川北—陇南地区开展1:20万水系沉积物测量,通过异常查证发现观音坝金矿点;1995—1996年在川北—陇南地区开展1:5万水系沉积物测量,圈定了17处金异常,并在高楼山—冯家塄坎一带进行了1:1万土壤测量,通过异常查证发现草坪梁金矿点。

1997—1998年对在阳山观音坝新发现的2号脉投入钻探工程进行深部找矿,取得了进展,设置了普查项目;1999年开始对阳山矿带安坝305号脉群开展普查,通过4年的努力,于2002年8月提交了《甘肃省文县阳山金矿带安坝矿段305号脉群金矿普查》报告,共提交内蕴经济资源量(332+333)金金属量90991kg,通过了国土资源部矿产资源储量评审中心评审(文号:国土资认储字〔2002〕240号);2000年,对305号脉群北侧开展普查工作,又发现311号脉群;2005年对311号脉群开展普查又发现360号脉群。2006年对360号、305号脉群进行加密控制,完成安坝里南探矿权内的普查工作。于2007

年1月提交《甘肃省文县阳山矿带安坝矿段南部金矿普查》报告（含305号脉群），共提交内蕴经济资源量(332+333)金金属量162 428kg，矿石量33 111 752t，平均品位4.91×10^{-6}，通过了国土资源部矿产资源储量评审中心评审（文号：国土资矿评储字〔2007〕60号），同年5月通过甘肃省国土资源厅备案（文号：甘国土资储备字〔2007〕61号）。至此，该矿带内的找矿勘查工作取得了重要进展。根据国家发展和改革委员会及国土资源部有关指示，2007年对阳山金矿区首勘区的核心区即安坝里南矿段的探矿权进行招标转让，最终中国黄金集团有限公司竞标成功，实现了该矿床的一期探矿权转让。

2009—2012年，中国黄金集团阳山金矿有限公司在转让的矿区内委托武警黄金第十二支队开展"甘肃省文县安坝里南金矿勘探"项目的详查工作，于2010年1月完成野外工作，2011年5月开始编制《甘肃省文县安坝里南金矿详查》报告。经中国人民武装警察部队黄金第三总队（现中国地质调查局军民融合地质调查中心，以下简称武警黄金第三总队）和武警黄金指挥部审查并修改完善后，于2012年3月交中国黄金集团阳山金矿有限公司。由于委托方与勘查方对矿体特征的认识意见不统一，中国黄金集团阳山金矿有限公司又在此工作基础上开展了进一步勘查，加深了工作程度，以提高对矿床的认识，至2015年底，甘肃省地矿局第一地质矿产勘查院向中国黄金集团阳山金矿有限公司提交了相关报告。与此同时，武警黄金第十二支队继续在转让区外围，以安坝矿段北部为重点，对311号脉群08～35线进行加密控制，完成钻探20 454.27m及其配套地质工作，2012年6月完成《甘肃省文县安坝矿段北部金矿普查地质》报告的编制。该报告经武警黄金第三总队和武警黄金指挥部审查后，于2013年4月上报甘肃省矿产资源储量评审中心进行审查。审查认为，报告综合研究和工程控制程度不够，不予通过，要求根据评审意见对控制斜深大于200m的主要矿体进行钻孔加密控制。2014年对控制斜身大于200m的主要矿体进行了钻孔加密控制，提高了(333)金资源量比例；同时由中国地质大学（北京）开展"甘肃省文县阳山矿带控矿构造及成矿规律研究"项目，研究矿体连接依据和控矿因素。

经过历年来的预查、普查和详查工作，取得了以下主要认识和成果：①阳山矿带自西向东可划分为泥山、葛条湾、安坝、高楼山、阳山、张家山6个矿段，矿带全长30km，宽3～5km，显示出良好的成矿条件和找矿潜力。其中，安坝矿段位于阳山矿带中部，长4km，宽3km，是矿带内的重要矿化集中区，共发现305号、360号、311号、370号4个矿脉群，探获资源量占阳山矿带总资源量的92%。②大致查明矿体赋存在下泥盆统桥头岩组中，严格受汤卜沟-观音坝断裂带控制。③主要矿体呈透镜状，金品位中等，矿化较均匀、连续，矿石类型主要为蚀变千枚岩型和蚀变斜长花岗斑岩型。④矿石中的金主要为自然金，金的赋存状态有包裹金、晶隙金及少量的裂隙金；有害元素砷、碳含量较高，金粒度极细，以微细粒为主。⑤经选矿试验研究，认为按试验工艺，可取得较好的选冶效果，能够转入开发利用。1997—2014年，中国人民武装警察黄金部队在阳山矿带累计完成钻探150 764.82m、坑探14 750.75m、槽探369 085.27m³等主要实物工作量。

1.3.5 科研工作

在开展普查工作的同时，中国人民武装警察黄金部队作为主体部门，与多家科研单位和院校合作，以阳山金矿区为生产、教学、科研基地，针对该区成矿与找矿的有关问题，相继开展了一系列的科研项目，旨在为阳山普查找矿提供理论支撑。

1997年，武警黄金第十二支队开展了"川北陇南地区金矿地质特征及找矿方向研究"和"白龙江复背斜金矿地质特征及成矿预测"项目；2000—2001年武警黄金第十二支队与武警黄金地质研究所、中国地质大学（武汉）等单位合作提交了《甘肃省文县阳山金矿带成矿规律与找矿方向分析》报告；2001—2002年提交了《甘肃省文县阳山金矿带开发中的环境风险预测》报告；2002—2004年提交了《甘肃省文县阳山金矿带控矿构造研究与成矿预测》《甘肃省文县阳山金矿床成因及深部成矿预测》《甘肃省文县阳山金矿综合研究及找矿评价》报告；2006年提交了《阳山金矿带构造-岩浆演化序列及构造控矿规律研究》《阳山金矿床成因和矿化富集规律研究》《松潘-摩天岭成矿带金矿资源潜力评价及找矿方向研究》《阳山金矿带勘查技术方法研究与应用》报告;2007年提交了《松潘-摩天岭成矿带阳山式金矿床综合研究及找矿评价》报告;2008年提交了《甘肃省文县阳山金矿带深部找矿预测》报告。在科研和勘查工作的基础上,武警黄金地质研究所、中国地质大学(北京)及北京大学等合作出版了《甘肃省阳山金矿地质与勘查》一书;2008—2010年武警黄金指挥部委托中国地质大学(北京)对阳山金矿带的构造格架进行了深入的研究,2010年提交了《甘肃省陇南阳山金矿带成矿动力学与找矿预测》报告;2011—2013年开展了"甘肃省西秦岭寨上及阳山一带金矿成矿规律研究与找矿预测"和"甘肃阳山金矿带成矿系统与找矿方向的研究"课题。此外,北京大学陈衍景教授主持的中国科学院项目"陆陆碰撞体制的流体作用和成岩、成矿、成藏效应"(2003—2005)、国家杰出青年科学基金项目"秦岭中生代流体成矿作用研究"(40425006)、国家973计划"华北大陆边缘造山过程与成矿"(2006CB403508)和全国危机矿山接替资源找矿专项的典型矿床及成矿规律总结研究项目和新技术新方法项目子课题"秦岭地区金多金属矿床成矿规律总结及造山带成矿机制研究"(20089934)等均将阳山金矿作为典型解剖对象。

科研工作对阳山矿带成矿地质特征、岩矿石地球化学特征、成矿物质来源、成矿环境、矿床成因、控矿因素、成矿富集规律、成矿模式、勘查模型等进行了系统的总结,也提出了许多重要认识,不同程度上促进和推动了阳山金矿区及邻区金矿地质勘查工作。葛良胜等(2020)以本项目为依托,全面总结和回顾了前人在本区开展地质科学研究和勘查工作的最新进展,提出了深化矿带成矿作用认识、系统梳理区域及矿区成矿规律以及制约矿带找矿深入的主要科学问题,以期为有兴趣在本区开展工作的同仁提供参考。

1.4 技术路线及研究方法

1.4.1 技术路线

笔者围绕甘肃阳山金矿带成矿控制与成矿规律这一主题,在系统收集与研究前人有关区域地质、物化遥、矿产地质、矿床地质等研究成果和最新勘查成果的基础上,以阳山金矿带为目标,以复合造山、成矿系统和成矿系列等成矿理论为指导,从西秦岭造山带构造演化及重大地质事件生成过程厘定入手,紧紧围绕主要地质事件及与金成矿作用耦合关系,通过深入的野外调查和典型矿床解剖,选取足够有代表性的岩石矿物样品,充分依托先进的分析测试方法和技术开展了各项研究工作。通过对地质、物探、化探和遥感等资料进行系统分析整理,结合专题图件编制、野外地质调查和综合研究等工作,建立阳山金矿成矿地质模型和矿体就位模式,全面系统地总结阳山金矿带成矿规律和找矿标志,理论与实践相结合,开展区域和矿区成矿预测,提交找矿预测靶区,并提出工程验证方案,依托项目配套经费,开展部分预测成果的工程验证。

1.4.2 研究内容与方法

研究工作聚焦主要研究内容和拟解决的关键科学问题,面向矿带找矿勘查需要,尽可能运用先进、有效、科学、配套的技术方法手段,开展相关研究工作。

1.4.2.1 区域主要地质事件与成矿耦合关系研究

利用岩石记录和同位素年代学方法（Sm-Nd、Rb-Sr、Lu-Hf、Re-Os、$^{40}Ar/^{39}Ar$ 等），精确厘定工作区构造变动、岩浆活动、成矿作用等重要地质事件的时间演化序列；利用稳定同位素质谱、高精度微区定量分析、流体包裹体分析等测试技术手段获得的成矿物质来源以及成矿流体信息，确定西秦岭地区增生—碰撞—伸展—陆内等复合过程及其构造体制转换与复合叠加三大关键地质作用过程中构造-岩浆活动与成矿之间的成因关系，查明各成矿系统以及主要矿床系列、重要成矿作用类型与重大地质事件的耦合关系，为深入理解成矿作用和解剖矿床地质特征等奠定基础。

1.4.2.2 典型矿床解剖和控制因素分析

以阳山金矿床安坝矿段为重点，结合矿带内对关牛湾、塘坝等矿床的调查，采用大比例尺地质填图和剖面测量等地面调查方法，对坑道进行系统的观测、对重要钻孔进行重新编录、对岩矿石样品进行采集和镜下鉴定与测试、对不同矿床和矿体进行综合对比与分析，开展矿床地质特征的详细解剖，解决在普查和勘查过程中出现的有关矿体特征等方面的重要争议，全面系统深入的分析矿床特征，查明主要控矿因素。

1.4.2.3 成矿作用和成矿模式研究

以矿床地质特征解剖新认识为基础，结合区域和矿区地球物理、地球化学调查资料，采用矿床地球化学、同位素地球化学、同位素地质年代学、微量元素地球化学等方法技术，获取有关成矿物质来源、成矿流体演化、成矿作用类型等关键资料和数据，以复合造山过程与成矿作用耦合关系为主线，着力查明矿床成矿作用和矿化型式，探索阳山金矿带大规模金成矿作用机理和过程，建立区域矿床成矿模式和矿体就位模式，为成矿规律研究和成矿预测提供理论支撑。

1.4.2.4 区域成矿规律及成矿预测研究

综合区域与矿区尺度构造及岩浆岩研究成果和地质勘查工作最新进展，以各方面研究成果和认识为依托，不受前人观点和认识的束缚，力求全面客观总结和分析区域及矿区成矿规律，确定找矿标志。以成矿系统和成矿系列等理论为指导，通过综合信息集成，以矿区深部和边部为重点，适当兼顾成矿带内其他地域，开展区域和矿区成矿预测，圈定成矿预测区或找矿靶区，并提出进一步勘查验证建议或方案，指导地质勘查单位开展勘查验证工作，拓展找矿空间，扩大资源量，获得找矿勘查的更大突破。

1.5 取得的主要成果认识

在国土资源部科技与国际合作司的严密组织下，通过承担单位和项目参与单位及项目组人员的不懈努力，围绕阳山金矿带成矿控制与成矿规律这一主线，聚焦矿带深化找矿勘查和实现找矿突破关键问题，开展了一系列研究工作，主要取得了如下认识和成果。

（1）重建了阳山金矿带所在的西南秦岭复合造山带构造演化过程，厘定了区域变质-构造-岩浆重要地质事件，深化了对区域成矿构造环境的认识。

勉略构造带是中央复合造山带的重要组成部分,在中央复合造山背景下以及前寒武纪结合基底的基础上,以勉略洋开合为主线,经历了古生代—早三叠世的板块裂解(D_1—C_1)-俯冲(C_2—T_1)、中三叠世—晚三叠世(T_2—T_3)华北和扬子板块斜向剪切碰撞、晚三叠世至燕山早中期(T_3—J_1)碰撞后的短暂伸展和燕山晚期至新生代(J_2以后)的陆内造山等复合造山过程。根据地质作用在岩浆岩、石英脉中留下的锆石年龄记录以及在相应时期岩石建造中留下的构造形迹,推断这一复合造山过程中发生了如下重要地质构造事件:①在泥盆纪板块裂解后的洋壳扩张及到二叠纪末的俯冲开始,沉积了巨厚的碎屑岩系,不同地段还间发海相中基性火山活动,形成了局部发育的基性—中性火山岩;②至晚三叠世早期的斜向俯冲-碰撞阶段,区域上至少发生了两次明显的大规模逆冲推覆,致使早期岩石地层发生了韧性(早期)和韧—脆性(晚期)变形(先后形成 S_1、S_2 面理),并伴有较大规模的中酸性岩浆活动。较大规模的一次岩浆活动发生在 226~200Ma 之间;③在随后的短暂伸展阶段(200~174Ma),区域上又一次发生较强烈的脆-韧性构造变形(形成 S_3 面理),其间有零星的岩浆锆石年龄记录,但地表少见岩浆活动的踪迹;④在陆内造山阶段,特别是在 150~120Ma 时期,区域以脆性构造变形为主,岩浆锆石年龄数据表明,其间伴有多期次一定规模的中酸性岩浆活动,但所形成的岩浆岩主要呈隐伏状态存在。地表偶见相应的脉岩分布。不同时期的变形-构造-岩浆活动应力状态、深部背景、活动特征等各有特点,造成了阳山金矿带区域复杂的成矿地质环境。

(2)详细的典型矿床解剖,全新认识并总结了矿带内以阳山金矿为代表的重要金矿床的地质特征。

①阳山金矿是成矿带核心矿床之一,前人常称的"脉群"实际上是由数量众多,但规模不一、形态产状各异的矿体组成的矿化带,矿区的矿体主要集中在地质勘查单位确定的安坝、葛条湾两个矿段。②受多期不同类型构造和岩浆活动的控制,矿体以透镜状、短脉状、囊状等为主,单个矿体走向与矿化带基本一致,但倾向较为复杂,包括向南陡倾、向北陡倾或缓倾、平缓以及随面理变形而弯曲状等。③矿石可划分为蚀变岩型和石英脉型两大类。蚀变岩型又可进一步划分为蚀变千枚岩型、蚀变花岗斑岩型、蚀变砂岩型、蚀变灰岩型和蚀变碎裂岩型,即构造破碎蚀变岩型,其中构造破碎蚀变岩型是本次工作新确定的类型。石英脉型也可进一步划分为石英脉型、石英-方解石脉型和石英-辉锑矿脉型。④两类矿石在矿化强度、产状、矿物共生组合、围岩蚀变、元素地球化学特征、金的赋存状态和产出形式以及由它们形成的矿体特征等方面的差别明显。石英-辉锑矿组合对早期矿化蚀变岩碎块的胶结,或以细脉形式穿切在早期蚀变岩型矿体之内的现象在矿区普遍出现,并且是主要矿体的表现形式,显示出两种矿化类型间的复杂关系,呈现出多期多阶段特点,表明阳山金矿具有比较复杂的成矿过程。

(3)基于岩石地球化学、矿床地球化学、同位素地球化学等多方面研究,初步确定阳山金矿床是不同地质背景下区域变形变质、岩浆活动等综合作用的产物。

①主要赋矿岩系——巨厚的泥盆系三河口群沉积建造可能为金成矿提供了主要矿质,不排除作为阳山金矿区众多花岗斑岩脉的源岩——碧口群和相关时期的岩浆岩也可能为成矿提供了矿质。多源的矿质来源为大规模成矿奠定了物质基础。②成矿流体来源于变质水、岩浆水、大气水等,但不同时期或不同阶段混合程度略有不同。③综合矿床地质特征及现有年代学数据信息,可以推断阳山金矿带及阳山金矿区在晚三叠世—早侏罗世的伸展造山和中侏罗世以后的陆内造山过程中,在 210~180Ma 和 150~110Ma 期间至少发生了两期明显的成矿作用。而相应发生的构造变形变质及岩浆活动应是最主要的成矿作用。④早期成矿具有造山型金矿的本质属性,但却具有典型的微细浸染型金矿的某些特征,晚期成矿则具有岩浆期后热液型金矿床的典型特点,这也是复合造山背景下大型矿床成矿的基本特征。

(4)通过对区域和矿区成矿控制因素及成矿地质特征综合对比与分析,首次系统全面总结了金矿带的成矿规律和阳山金矿区的矿化富集规律。

①阳山金矿带实际上是南秦岭地区一条重要的以金、锑为主的区域性成矿带,其向西、向东均有一定规模的延伸。②在空间上,整个成矿带受推覆/韧性剪切"两型一体"的构造体系控制。矿化类型和元素组合根据成矿带内岩石-构造组合的不同而变化。③在时间上,主要受区域碰撞-伸展和陆内造山两种背景下不同矿化强度和矿化范围的成矿过程控制。④在成矿类型上,微细浸染型和石英-多金属硫化

物脉型是两种最重要的矿化型式;早期形成受非能干性岩层中发育的挤压片理和柔流褶皱等脆-韧性构造控制的微细浸染型矿化;后期形成受脆性构造控制的石英-多金属硫化物脉型矿化。当距岩体较远时,形成石英-辉锑矿脉型浅成低温热液型矿化;当距岩体较近时,形成石英-多金属硫化物脉型矿化。⑤在元素组合上,早期以Au-As为主,晚期以Au-Sb-Cu为主。二者集中于同一地区时,形成以Au-As-Sb为主的元素组合。⑥在区域变化上,推覆构造前锋端及韧性变形变质作用发育程度决定了早期大范围成矿作用强度,而韧性变形变质作用发育程度又与相应地区的地理位置、局部背景、岩性组合、发育期次等密切相关;陆内造山阶段构造-岩浆活动发育强度决定了第二期成矿的强度及具体特征。由于推覆作用在各区发育不一致,部分地段岩浆岩主体呈隐伏状态(如阳山整装勘查区内),而与岩体(脉)距离的远近则直接控制了相应地区的矿化型式和特征。⑦阳山金矿区的金矿化富集规模是上述区域成矿规律的典型缩影。具体表现为推覆构造和韧(-脆)性剪切构造控矿"两型一体",多型构造与特殊岩性组合控矿的"两位一体",矿区内分段富集、成带产出、分层定位、叠加或改造成矿规律比较明显。⑧两期成矿作用在空间上既可以同位叠加形成规模较大、品位较高的矿体,又可以在独立的成矿空间内形成相对独立的矿体。

(5)再现阳山金矿带大规模成矿作用和重要地质事件耦合过程,建立了区域金矿床成矿模式和矿体就位模式。

①阳山金矿带成矿历史涉及晚古生代早期洋盆打开喷流-沉积奠定成矿物质基础,印支期洋盆闭合、板块碰撞-伸展、大规模推覆和不同层次韧性、韧-脆性构造活动与变形变质作用,燕山期陆内造山构造-岩浆活动等重大地质历史事件。②第一期成矿作用与在板块缝合后的碰撞-伸展造山阶段(T_2—J_1)发生的区域推覆和韧性、韧-脆性剪切变形变质事件密切相关。形成了数量多,分布较广,以中、低品位为主,规模参差不齐,产状形态复杂,金以微细浸染型产出的矿体。③第二期成矿作用与陆内造山期(J_3—K)发生的区域脆性构造活动和主要为隐伏状态的岩浆活动密切相关。形成了数量相对较少、分布局限、局部规模较大、产状相对稳定、具有尖灭膨缩特征、以高品位为主(常见自然金)的石英-硫化物脉型矿体。④第一期成矿物质主要源于三河口群沉积岩系,流体可能主要为变质流体,以普遍含CO_2包裹体为主要特点,为变化范围较大的中、低密度和盐度的中、低温还原性流体。第二期成矿物质推断主要源于重熔形成的岩浆,流体可能主要为岩浆流体,以基本不含CO_2包裹体、相对富集CH_4为特点,为变化范围相对较小的低密度、低盐度还原性流体。

(6)基于阳山金矿带基础地质、矿产地质等资料和项目研究成果,客观分析认为阳山金矿带具有较大找矿潜力,并重点对阳山金矿区深边部开展了成矿预测。

①以阳山、关牛湾、塘坝等金矿床为核心区的阳山金矿带是我国中西部地区最重要的金矿带之一,也是大型贵金属和有色金属的勘查与开发基地之一。②阳山金矿区所处的特殊地理位置和构造部位决定了该区是成矿带内成矿有利区段之一,至少两期成矿作用单独成矿或叠加成矿的基本事实决定了该区成矿范围大且局部矿化强度高。③充足的成矿物质来源,推覆构造前端,多期强烈的韧性或韧-脆性、脆性构造变形,能干和非能干性岩石互层的构造-岩石组合,以及大量岩浆岩脉体的侵入,造就多样化的容矿空间。④除目前正在实施勘查和生产的矿区外,阳山金矿带内尚有大量有价值的化探异常没有开展系统和深入的评价。⑤目前正在进行勘查和生产的矿区勘查深度较浅,除局部地段外,均在500m以浅;找矿工作不断有新发现,矿区内部、外围、深部尚存较多找矿空间,科学研究不断有新认识,深部探矿能力不断增强,决定了找矿工作必将取得新的进展。⑥以研究成果为基础,通过多元信息综合集成,在阳山金矿带内圈定2个重点预测区,5个一般预测区,在阳山金矿区深边部指出多处找矿有利地段,并对矿区下一步找矿勘查工作提出了具体的建议。

2 区域地质特征

阳山金矿带位于西秦岭造山带南亚带,是西秦岭地区重要的金成矿带之一。复合造山带基本构造格架的建立是复合造山动力学研究的基础。西秦岭造山带经历了新元古代—早古生代构造格架和晚古生代—三叠纪构造格架在不同动力学体制下相互作用等复合演化过程(张国伟,1993;张国伟等,1995a,1995b,1997;Meng and Zhang,1999;杨经绥等,2010;邓军等,2010,2011,2013)。西秦岭造山带位于扬子板块与华北板块之间,与松潘-甘孜褶皱带无明显界线,呈过渡衔接(张国伟等,2004)。该区域构造格架主要由5个由北向南呈带状分布的弧形逆冲推覆构造带组成,在弧形构造带顶部集中发育复式背、向斜褶皱构造等(图2-1)(杜子图,1997)。

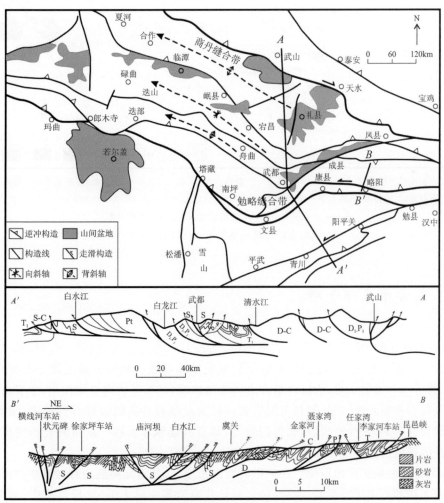

A—A′.武山-青川逆冲推覆构造带;B—B′.凤县-略阳逆冲推覆构造带

图 2-1 西秦岭构造纲要略图(修改自杜子图,1997)

2.1 区域沉积岩

区域出露的地层从老到新依次为：太古宇鱼洞子群，元古宇碧口群，古生界泥盆系、石炭系、二叠系，中生界三叠系、侏罗系，新生界古近系—新近系风成黄土，以及第四系冲、洪积物(图2-2)。本区构造-沉积岩石建造主要形成于晋宁期、加里东期、海西期、印支期、燕山期和喜马拉雅期(表2-1)。

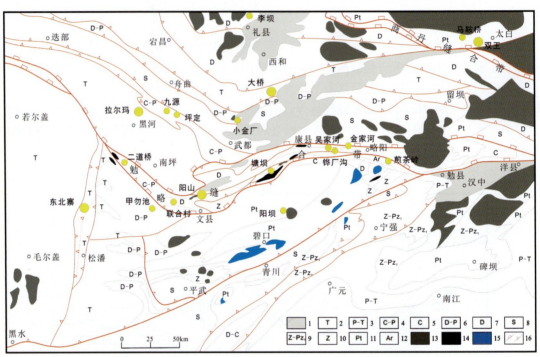

1.中新生代沉积盆地；2.三叠系；3.二叠系—三叠系；4.石炭系—二叠系；5.石炭系；6.泥盆系—二叠系；7.泥盆系；8.志留系；9.震旦系—晚古生代；10.震旦系；11.元古代地层；12.太古代地层；13.印支期侵入岩；14.印支期火山岩；15.元古宙侵入岩；16.缝合带及断层

图2-2 阳山金矿带区域地质图(据张国伟等，2003，修编)

2.1.1 太古宇鱼洞子群

太古宇鱼洞子群分布在勉略构造混杂岩带南侧，锆石 U-Pb 年龄为(2657 ± 9)Ma(秦克令等，1992)，属于新太古代产物，为秦岭造山带出露的最古老的变质结晶基底。鱼洞子群主要分布在略阳县城以东的何家榜—鱼洞子—何家岩一带，为区内最古老的变质岩系，经历了多期变质作用，主要由斜长角闪岩、花岗片麻岩、浅粒岩夹斜长角闪岩、斜长角闪岩夹浅粒岩及浅粒岩夹绢云母石英片岩、绿泥片岩与磁铁石英岩组成，现仅存片麻岩、变粒岩、斜长角闪岩等，具有高级绿片岩相—低角闪岩相变质作用，显示出两个海相火山-沉积旋回的建造特征(任金彬，2009)。

鱼洞子群是重要的铁矿产出层位。在略阳县城以东地区，其南北两侧均有磁铁矿产出，北部矿体丰富，呈黑白相间条带状产出于石英岩、片岩、黑云斜长片麻岩等变质火山-沉积岩系中；南部矿体多赋存于钠长绿泥片岩、绿泥绿帘阳起片岩等变质基性火山岩中，呈囊窝状、条带状产出，成矿与基性火山岩关系密切。

表 2-1 西秦岭区域构造-岩石建造简表（修改自杜子图和吴淦国，1998）

地层时代				成矿构造			岩石建造				变质建造	发展阶段
代	纪	代号	年限/Ma	构造运动	构造期	构造变形	沉积建造		岩浆建造			
							岩性特征	建造类型	岩浆侵入	火山活动		
新生代	古近纪+新近纪	E	2	喜马拉雅运动	喜马拉雅期	陆内推覆、走滑剪切和断隆断坳	紫红色砂砾岩	陆相断陷构造盆地红色磨拉石和中酸性火山岩建造	中酸性侵入岩	中基性、酸性熔岩和火山岩	无变质的正常沉积建造	陆内造山阶段
中生代	白垩纪	K	65	燕山运动	燕山期		上部为红色砾岩、砂岩、泥岩；下部为英安质火山岩-流纹质熔岩和火山碎屑岩					
	侏罗纪	J	135±5				上部为安山质火山岩夹沉凝灰岩；下部为岩屑砂岩、泥岩夹煤层	陆相山间盆地黑色含煤沉积建造和火山岩建造				
	三叠纪	T	200±5	印支运动	印支期	聚敛挤压、剪切变形	上部为长石石英砂岩、板岩夹灰岩；下部为灰岩、泥灰岩、白云质灰岩和白云岩	海相浊流复理石建造	中性、中酸性侵入岩	少量中基性火山岩		印支造山阶段
古生代	二叠纪	P	248	海西运动	海西期		鲕粒灰岩、白云岩、泥灰岩夹粉砂质泥岩	浅海台地相碳酸盐岩沉积建造			低绿片岩相浅变质建造	
	石炭纪	C	285±5				灰岩、白云岩和板岩		超基性岩脉，中酸性-超基性岩脉	少量基性火山岩		
	泥盆系	D	355±5	加里东运动	加里东期	伸展裂陷，形成裂陷海槽	灰岩、泥灰岩、白云质灰岩和白云岩夹板岩、千枚岩夹粉砂岩、灰岩和硅灰岩	海相复理石含硅岩、碳酸盐岩和碎屑岩沉积建造	基性、超基性、中酸性侵入岩	少量中基性火山岩		西秦岭古生代海槽演化阶段
	志留纪	S	400±5				黑色粉砂岩、板岩、硅质板岩和灰岩			少量中基性火山岩		
	奥陶纪	O	440±10									
	寒武纪	∈	505±5				硅质岩、碳质硅岩与硅质板岩互层	海底火山喷流硅质建造		基性、中酸性火山岩		
新元古代	震旦纪	Z	570~600	晋宁运动	晋宁期	水平挤压，地层褶皱变形	变质含砾长石石英杂砂岩、砾岩	河流相陆源粗碎屑建造			高绿片岩相变质建造	古中国克拉通化
	青白口纪（碧口群）	Qb	800				变细碧角斑岩、细碧岩	海相碎屑岩、含火山岩建造			高角闪岩相变质建造	

2.1.2 元古宇碧口群

元古宇碧口群总体走向为近东西向,其上覆地层为泥盆系,两者为不整合接触。碧口群为一套巨厚浅变质火山-沉积岩建造,出露面积占基岩出露面积的70%左右,最大厚度达16 000多米。

东部(即勉略宁地区)以火山岩为主,西部以沉积岩为主;东部变质浅,西部变质较深,二者为过渡关系。东部火山岩主要由细碧岩、石英角斑岩及相应的火山碎屑岩组成,夹少量玄武岩、流纹岩、安山岩和钾质流纹岩及火山碎屑岩。火山熔岩变质较浅,基本保留原岩的气孔状、杏仁状、枕状构造,以及交织结构和斑状结构。其中,斜长石和角闪石无明显的次生变化,部分角闪石或辉石还保留暗化边结构。基质中的斜长石和角闪石、辉石也比较新鲜,表明火山岩的变质程度比较浅。碧口群火山岩主要由基性火山岩和酸性火山岩组成,夹板岩、千枚岩和白云岩,中性火山岩出露很少。下亚群以酸性火山岩为主,中亚群以基性火山岩为主,上亚群既有基性火山岩,又有酸性火山岩。西部地区的沉积岩主要为泥质岩石和碎屑岩,局部出露浊积岩,夹少量的火山岩及火山碎屑岩,均已变质成各种片岩(齐金忠等,2001)。在阳山金矿带南部,碧口群主要为一套绿片岩相板岩、片岩,原岩为一套巨厚的火山-沉积建造。碧口群主要出露于碧口地块,在该地块东部,岩性以火山岩为主,且变质程度较浅,而该地块西部岩性则以沉积岩为主,变质程度较深,两者之间为过渡关系。

2.1.3 泥盆系

泥盆系呈东西—北西西向展布于白龙江流域和岷江断裂以东的松潘—文县及康县—略阳一带,是碧口群的上覆岩层,且与碧口群多为断层接触,为一套经历了低绿片岩相变质作用的海相复理式碎屑岩、碳酸盐岩和硅质岩沉积建造地层。该套地层由于受燕山—喜马拉雅期陆内浅层逆冲推覆构造改造而呈现为夹持于区域北西西向深大断裂带中间的断层夹片,且内部不同层位地层之间多为断层接触。根据区域地质调查资料,划分如下。

石坊群(DSf):主要分布于范家坝、刘家坪、老爷庙、蒋家山一带,中、西段呈东西向带状展布,向东转向北东,与上覆西沟组为角度不整合接触,与下伏碧口群干沟组为平行不整合接触或断层接触。以灰色中薄层砂岩、粉砂岩、泥质粉砂岩、含碳粉砂岩为主,多见透镜状砾岩夹层,在石坊一带含碳粉砂岩增多,局部形成薄煤层。

西沟组与岷堡沟组(Dx+m):主要分布于邓草坝、李家沟、朱家沟、磨沟、李家山、石咀坡、庙山一带,呈近东西向带状展布,与上覆冷堡子组呈平行不整合接触,与下伏石坊群呈角度不整合接触。西沟组主要岩性为浅灰色细砾岩、灰色细粒石英砂岩、灰色薄层灰岩夹灰色粉砂、含铁砂岩;岷堡沟组主要岩性为灰色生屑粉晶—微晶灰岩、亮晶灰岩、砂屑灰岩、粉砂质板岩,下部夹含铁鲕绿泥石粉砂岩。

冷堡子组(Dl):主要分布于汤卜沟—朱家沟—金子山一带,呈近东西向带状展布。与上覆朱家沟组呈整合接触,与下伏岷堡沟组呈平行不整合接触,主要岩性为灰白色中厚层状石英岩、石英砂岩夹灰岩透镜体、紫红色中—薄层含铁粉砂质细粒石英砂岩、含砾粗粒石英砂岩、粗粒石英砂岩,局部夹粉砂质板岩。石英岩是工作区主要的硅矿资源。

朱家沟组(Dz):主要分布在汤卜沟—金子山—石界坪一带,呈近东西向带状展布,与上、下岩层均为整合接触,主要岩性为灰色—深灰色中—薄层隐晶、结晶、微晶灰岩夹薄层泥灰岩,以及浅灰色页岩夹薄层泥灰岩、粉砂质、泥质、钙质板岩,板岩中板理发育。

铁山组(Dts):主要分布于汤卜沟、池坪、金子山一带,呈近东西向带状展布,与下伏朱家沟组为整合接触,未见顶,主体构成金子山复向斜的核部,主要岩性为灰色—深灰色薄层微晶灰岩,夹灰色薄层泥晶灰岩,顶部含燧石条带及团块。

桥头岩组(Dq.):相当于1:20万区域地质调查中三河口群第1~4岩性段,主要分布在泥山、堡子坝、观音坝、月亮坝一带,呈近东西向带状展布,厚3490 m,依据岩性组合不同,可分为3个岩性段,各岩性段均呈断层接触。千枚岩段主要为灰绿色绢云千枚岩、绢云石英千枚岩、千枚状板岩夹薄层石英砂岩及灰岩透镜体;砂板岩段主要为粉砂质板岩、薄层灰岩夹石英砂岩,夹绿色绢云千枚岩,偶夹硬绿泥石绢云千枚岩;千枚岩砂板块互层段主要为深灰色—灰黑色硬绿泥石绢云千枚状板岩、泥质板岩夹变粉砂岩、变石英砂岩。该岩组在阳山金矿带,特别是阳山金矿区出露,同时也是赋矿的主要地层。

屯寨岩组(Dt.):相当于1:20万区域地质调查中三河口群第5~7岩性段,主要分布于福场、马儿河坝、江坪、屯寨、黑古山一带,近东西向展布,厚度大于3710m,分为下、中、上3个岩段,各岩段均呈断层接触。下岩段岩性主要为浅灰色中—薄层细—粉晶灰岩夹深灰色硬绿泥石粉砂质板岩、千枚岩;中岩段主要为深灰色绢云千枚岩、粉砂质板岩夹泥晶灰岩;上岩段主要为灰岩、绢云千枚岩、千枚状板岩、泥质板岩偶夹变英安岩、变安山玄武岩。

2.1.4 石炭系

石炭系出露于工作区西部马家磨—扎如沟,西南部龙滴水等地,中部肖家山—沙戈里和东北部上黄坪、香水坪一带。全区岩性基本一致,属中、下石炭统,下石炭统岩性多为灰岩,夹白云岩、白云质灰岩和少量泥灰质板岩;中石炭统岩性多为灰岩,夹少量石英砂岩。

2.1.5 二叠系

二叠系主要分布于区内西北部,其次为西南部,由海相碳酸盐岩、正常沉积碎屑岩组成。岩性为灰岩、白云质灰岩、白云岩、钙质砂岩、板岩等。

2.1.6 三叠系

三叠系呈弧形带状出露于西北部天子坪梁一带,主要为陆棚-半深海相沉积组合,与下伏二叠系为整合接触,可分为3个部分:下部为厚层砂岩夹砂质板岩;中部为含钙砂质岩,薄层砂岩,夹板状—薄层灰岩;上部为中厚层砂岩,砂质—钙质板岩和中薄层灰岩成韵律性互层。

2.1.7 侏罗系

侏罗系沿堡子坝—桥头—磨坝一线出露于工作区的东北部,呈北东至南西向展布,为陆内盆地或是盆地边缘沉积。侏罗系不整合接触于泥盆系、石炭系、二叠系之上,局部与下伏地层为断层接触。该地层出露厚度一般大于300m,且厚度变化较大,岩性以红色砂砾沉积岩为主。

2.1.8 白垩系

白垩系沿堡子坝-桥头一线分布于工作区的东北部，岩性主要为砾岩、砂岩夹杂粉砂岩、页岩和泥岩，属陆内山间盆地沉积建造，与下伏泥盆系、石炭系、二叠系呈不整合接触，局部为断层接触（阎凤增等，2010）。

2.2 区域岩浆岩

区域上岩浆岩出露面积较少，岩体主要分布于板块边界及缝合带附近，其中以商丹缝合带和勉略缝合带内及附近岩浆岩为典型，其岩浆活动记录了西秦岭造山带的构造演化历史。岩浆岩总体有如下特点：①类型繁杂较多，超基性、基性、中酸性火山岩和侵入岩均有出露；②区域构造演化对岩浆活动有明显的控制作用，大型构造破碎带是岩浆侵位和喷发的主要影响因素；③岩浆活动具多期次性，根据构造-岩浆活动的旋回性划分为加里东—海西期、印支期和燕山期3个构造岩浆事件；④空间分布广泛且分散；⑤规模一般较小，侵入岩多呈小岩株或岩脉状产出。其中，加里东期钙碱性花岗岩指示俯冲汇聚的大地构造背景，印支早期富钠花岗岩是俯冲阶段的产物，印支晚期高钾钙碱性花岗岩代表碰撞或后造山背景。

2.2.1 加里东—海西期

加里东—海西期岩浆活动岩石类型较多。喷出岩和侵入岩均发育，区域上在华北板块、北秦岭板块、碧口地块和华南板块均有出露，岩性包括古生代的碱性花岗岩、二长花岗岩、斜长花岗岩和花岗闪长岩，此外还发育新元古代的花岗闪长岩、闪长岩、辉长岩、斜长花岗岩和石英闪长岩。古生代岩体分布于华北板块和北秦岭板块中；而新元古代岩体发育于北秦岭板块、碧口地块和华南板块中。喷出岩主要发育于武都、康县、松潘塔藏一带，岩性以基性火山岩为主，多为玄武岩和凝灰岩，具造山带拉斑玄武岩特征，形成于拉张大陆裂谷环境，遭受绿片岩相浅变质作用。侵入岩多分布于北部白龙江成矿带，近东西向产出多个基性小岩脉，侵位于震旦系及志留系中，形成于加里东期裂陷拉张阶段。此外，还有少量零星分布的中酸性—酸性侵入岩，如马槽湾黑云母花岗岩、憨班斑状花岗岩等（肖龙和许继峰，2005；王宏伟，2012）。加里东—海西期钙碱性花岗岩主要岩体包括百花岩体、熊山沟岩体、火炎山岩体和党川岩体。

百花岩体形态很不规则，局部呈残片状分布。岩石组合为灰白色细粒闪长岩-粗粒石英闪长岩，较早期侵入体岩石为灰色细粒闪长岩，晚期为粗粒石英闪长岩。LA-ICP-MS锆石U-Pb同位素年龄为(449.7 ± 3.1)Ma（裴先治等，2007）。百花岩体形成于岛弧环境。

熊山沟岩体岩石呈灰白色—肉红色，早期侵入体为灰白色似斑状斜长花岗岩、灰白色少斑—似斑状斜长花岗岩，岩石中含较多的闪长质包体。熊山沟岩体中获得Rb-Sr法同位素年龄为(430 ± 15)Ma。熊山沟岩体可能形成于大陆弧环境（王银川，2013）。

火炎山岩体出露面积较大，在空间上构成党川岩基主体，岩石类型以钾长花岗岩为主，其次为二长花岗岩。火炎山岩体具有3组Rb-Sr法同位素年龄分别为(399 ± 15)Ma、(375 ± 23)Ma、

(375±6)Ma。火炎山岩体与大陆碰撞带的形成关系密切,形成于后碰撞构造环境或后造山构造环境,总体与后造山阶段板内大陆抬升作用有关(李永军等,2005)。

党川岩体位于西秦岭造山带甘肃省天水市的党川地区。党川地区北侧以宝鸡-天水断裂为界与祁连造山带的东端相邻,南侧—西南侧为北西西向的唐藏-天水断裂,该断裂被认为是东秦岭地区商丹断裂的西延,在天水市以西尖灭,并与祁连山南缘断裂相接(张国伟等,2001;冯益民等,2003)。党川岩体在空间上呈不规则状展布,出露面积约200km^2,主要岩石类型为中细粒黑云母二长花岗岩,LA-ICP-MS锆石U-Pb同位素年龄为(438±3)Ma。党川花岗岩具有C_2型埃达克质岩石的地球化学特征,岩浆来自增厚下地壳的部分熔融,下地壳增厚作用起因为早古生代华北板块与扬子板块的初始碰撞作用。西秦岭党川地区花岗质岩浆事件和岩石成因机制与东秦岭地区北秦岭构造单元对比表明,西秦岭党川地区是东秦岭地区北秦岭构造单元的西延部分。岩体的Pb同位素组成指示岩浆产生于不同地壳物质的部分熔融,党川花岗岩的岩浆是来自北秦岭块体地壳物质的部分熔融。由此表明,东秦岭地区中生代早期南秦岭块体向北秦岭块体的大陆俯冲作用向西一直延至西秦岭地区(王婧等,2008)。

2.2.2 印支期

印支期喷出岩少量发育,且多发育于晚印支构造期,岩性主要为基性火山岩,如松潘东北寨一带晚三叠世地层中的蚀变玄武岩。这些岩体具有较高的含金性,Au含量一般为$1.5×10^{-6}$。此外,还有侵入于哲波山中—上三叠统扎尕山组中的安山质凝灰岩等。

侵入岩相对火山岩较发育,分布于南秦岭板块及勉略缝合带中,以古生代的花岗闪长岩为主,主要沿白龙江断裂、褶皱构造带呈带状或串珠状分布,多为浅成相和超浅成相小岩株或岩脉。侵入岩主要为印支早期富钠花岗岩和印支晚期高钾钙碱性花岗岩。

2.2.2.1 印支早期富钠花岗岩

印支早期富钠花岗岩主要发育在夏河-礼县逆冲推覆构造带西部,主要岩体有夏河岩体、阿姨山岩体、德乌鲁岩体、糜署岭岩体,均为中生代早期岩浆岩侵入,岩体年龄为250～240Ma。该区地处华北板块与扬子板块两大板块碰撞带的北侧,其成矿构造与板块俯冲过程中所形成的岩浆活动、变质构造具有一定的相关性(杨森楠,1985)。

夏河岩体为中细粒的石英闪长斑岩,具似斑状结构,斑晶由斜长石和角闪石组成;基质呈中细粒,由钾长石、石英、斜长石、黑云母和角闪石组成。石英多为自形粒状结构,钾长石呈他形结构,斜长石为板状或宽板状,副矿物很少,主要为磷灰石、磁铁矿和锆石。蚀变作用较强,角闪石大多发生绿泥石化和纤闪石化,黑云母局部发生绿泥石化,斜长石大多发生绢云母化。

阿姨山黑云母花岗闪长岩-二长花岗岩体侵入于上二叠统石关组钙质砂岩和长石石英砂岩之中。锆石U-Pb测年结果为(241.6±4)Ma(徐学义等,2012)。

德乌鲁岩体呈岩株状产出,面积约19km^2,侵入于下二叠统中,岩体分异现象不明显。岩性为石英闪长岩、石英闪长斑岩,有半自形粒状结构、斑状结构,块状构造,主要矿物为中长石、石英、普通角闪石、黑云母以及少量的磁铁矿、磷灰石、锆石。锆石U-Pb测年结果为(233.5±1.5)Ma(徐学义等,2012)。

糜署岭岩体出露面积为约445km^2,呈岩基状产出,平面展布呈扁饼状,长约50km,东窄西宽,最宽处约15km,岩体的长轴方向与区域构造线基本一致。糜署岭岩体中发育大量暗色微粒包体,岩体中寄主花岗岩的主要岩石类型为二长花岗岩-花岗闪长岩,在暗色微粒包体集中的区域岩石类型为石英二长闪长岩-石英闪长岩-辉长闪长岩。对糜署岭岩体中的暗色微粒包体进行详细的野外地质及岩相学研究,结果表明,糜署岭岩体中的暗色微粒包体具有细粒结构、针状磷灰石等典型的淬火结构,是由岩浆混合导致的。锆石U-Pb测年结果为(238±4)Ma。尽管糜署岭寄主二长花岗岩和暗色微粒包体中都有部分锆石颗粒具有正 $\varepsilon_{Hf}(t)$ 值,但这并不能表明岩石的源区有亏损地幔物质的参与。而应考虑秦岭造山带在三叠纪晚期后碰撞阶段,岩石圈伸展背景下新元古代岩石圈地幔和基性下地壳在三叠纪的重熔作用。

2.2.2.2 印支晚期高钾钙碱性花岗岩

印支晚期高钾钙碱性花岗岩主要有光头山岩体、姜家坪岩体、张家坝岩体、新院岩体、五龙岩体、东江口岩体、柞水岩体、阳坝岩体、南一里岩体、木皮岩体、麻山岩体、王坝楚岩体、老河沟岩体、筛子岩岩体。

光头山花岗岩体出露于勉略缝合带北侧,主要由英云闪长岩和二长花岗岩组成。英云闪长岩表现为片麻状构造,局部英云闪长岩糜棱岩化形成花岗质糜棱岩。而二长花岗岩在糜棱岩带形成之后侵位,含有少量的石榴子石,弱片麻状到块状构造。锆石U-Pb测年结果为(216±2)Ma(孙卫东等,2000)。

姜家坪岩体形态呈不规则的椭圆形,出露面积约120km^2,侵入中、上志留统。岩体长轴方向与区域主干断裂方向一致。岩体内外接触带有角岩化等。岩体分异差,岩性为细粒二云二长花岗岩。锆石U-Pb年龄为(206±2)Ma(孙卫东等,2000)。

张家坝岩体形态类似蝌蚪,出露面积约40km^2。岩体长轴方向与区域主干断裂的方向基本一致。岩体的内外接触带有角岩化等。岩体分异差,属石英闪长岩。锆石U-Pb测年结果为(219±2)Ma(孙卫东等,2000)。

新院岩体形态呈椭圆形,长轴方向与勉略构造带近似平行,出露面积约60km^2,侵入中、上志留统。岩体的内外接触带有角岩化等。岩体分异不明显,属闪长花岗岩。锆石U-Pb测年结果为(214±2)Ma(孙卫东等,2000)。

光头山岩体、姜家坪岩体、张家坝岩体和新院岩体均形成于三叠纪,与南秦岭的变质变形时代、勉略构造带洋盆的闭合时代及大别山的超高压变质时代一致,而且它们均分布在勉略构造带北。这说明这些花岗岩的形成很可能与勉略古生代洋盆闭合后随之发生的陆壳基底向南秦岭微陆块下俯冲作用有关。上述花岗岩体的锆石年龄变化范围小,表明该陆壳俯冲引发的相关岩浆活动时间很短,不包括在勉略构造带中。还有一些以构造岩片形式与蛇绿混杂岩中的玄武质岩片叠拼在一起的岛弧型安山岩,它们可能代表在洋盆闭合以前与洋壳俯冲有关的岩浆活动,说明秦岭微陆块在泥盆纪时已与华北板块拼贴(孙卫东等,2000)。

五龙岩体岩石类型主要有花岗闪长岩、二长花岗岩和黑云母花岗闪长岩。岩体中有大量成群或独立分布的暗色闪长质微粒包体,其中在花岗岩中分布最多。包体呈浑圆状、倒水滴状等不规则形状,最大包体尺寸为200cm×150cm,一般为20cm×15cm。锆石U-Pb测年结果为(225±6)Ma(王娟等,2008)。五龙岩体属壳幔混合型花岗岩,岩石具有似埃达克岩的地球化学特征,是幔源岩浆底侵引发的加厚基性下地壳熔融产物(Qin et al.,2008a)。岩体的形成反映了印支期秦岭后碰撞造山阶段勉略洋俯冲板块的断离作用(王娟等,2008)。

位于柞水附近的东江口岩体和柞水岩体属于同一地质事件的不同阶段的产物。东江口岩体形成于219~209Ma之间,柞水岩体形成于209~199Ma之间。该地质事件发生于秦岭造山带主造山阶段,晚古生代勉略洋闭合之后秦岭造山带完全转入陆-陆碰撞阶段,约219Ma形成东江口岩体主体,约209Ma岩浆第二次侵位形成柞水岩体主体和东江口岩体的晚期阶段的侵入相,约199Ma柞水岩体晚期岩浆侵位。因此,东江口和柞水岩体反映了南秦岭北缘经历了上述3个构造-岩浆演化阶段(杨恺等,2009)。

阳坝岩体、南一里岩体、木皮岩体、麻山岩体、王坝楚岩体、老河沟岩体和筛子岩岩体位于碧口地块内。岩浆岩侵入时代主要为早中生代，年龄在225～190Ma之间。

阳坝岩体呈近浑圆形，岩石为灰白色，中—粗粒等粒自形—半自形结构，块状构造，主要矿物组成为斜长石、条纹长石、钾长石、石英、黑云母、普通角闪石，副矿物以榍石和磷灰石为主，其次为褐帘石、斜黝帘石、磁铁矿、锆石等。黑云母多发生变形，在斜长石和条纹长石的接触边界上可见有蠕英石。岩体中铁镁质包体（MMEs）十分发育，寄主岩石二长花岗岩 LA-ICP-MS 锆石 U-Pb 测年结果为(208.7±0.7)Ma 和(209.3±0.9)Ma，与秦江锋等(2010)获得的锆石 U-Pb 年龄(215.4±8.3)Ma 均在误差范围内，MMEs 中的 LA-ICP-MS 锆石 U-Pb 年龄为(211.9±0.8)Ma，表明其形成于同时代的岩浆，MMEs 中的锆石具有范围较大的 $\varepsilon_{Hf}(t)$ 值(-5.5～+8.7)，t_{DM2} 为 1.42～1.14Ga，表明其来源于亏损地幔并伴有地壳混染，而寄主岩石中的锆石 $\varepsilon_{Hf}(t)$ 值为-1.7～+2.7，t_{DM2} 为 1.21～1.13Ga，相当于碧口地块的基底岩石，表明这些花岗质岩浆可能来源于新元古代下地壳，并有少量来源于中元古代古老下地壳，以上表明 MMEs 和寄主二长花岗岩是在下地壳由花岗质岩浆和铁镁质岩浆相互作用形成的(Qin et al.，2010；Yang et al.，2015a)。勉略洋板块在早三叠世沿勉略缝合带向北插入微秦岭陆块之下，华北板块和扬子板块发生大规模陆-陆碰撞并导致地壳明显增厚。当洋壳俯冲到一定深度，由于温压条件的变化，转变为榴辉岩相，榴辉岩的密度明显高于地幔岩，这将导致俯冲板片的断离，进而引起地幔物质的上涌和底侵作用。由底侵岩浆带来的热量引发基性下地壳发生部分熔融，从而产生具有部分埃达克质的熔体和含石榴子石的残留相，造成下地壳密度相对增大，即使下地壳部分熔融产生的残余体是含石榴子石的麻粒岩，也可以获得较大的密度，这可能导致岩石圈拆沉、去根作用的加速，造成岩石圈减薄和大陆伸展。同时在造山环境下，不断上涌的幔源岩浆注入花岗闪长质岩浆房中并与之发生不同程度混合，最终形成阳坝岩体(秦江锋等，2010)。

南一里岩体分布在碧口地块的西部，面积约 60km²，侵位于横丹群浊积岩系中。主要岩石类型为中粒黑云母花岗岩，主要矿物组成为石英(23%～27%)、斜长石(30%～45%)、钾长石(25%～35%)、黑云母(5%～10%)。

木皮岩体分布在碧口地块的西部，出露面积约 8km²，侵位于碧口群火山岩系中。主要岩石类型为中粗粒黑云母斜长花岗岩，主要矿物组成为石英(20%～25%)、斜长石(45%～60%)、钾长石(5%～10%)、黑云母(5%～12%)。木皮岩体岩浆形成于增厚下地壳玄武质岩类的部分熔融。下地壳发生部分熔融作用的主要动力学背景是华北板块和华南板块碰撞导致地壳增厚之后，岩石圈在印支期的拆沉作用，由此表明印支期岩石圈拆沉作用是秦岭造山带演化的一个重要地球动力学过程。花岗岩类的岩浆源区同位素示踪指示，在碧口地块碧口群火山岩之下含有大陆型地壳基底，由此限定碧口群火山岩只能形成于与陆内或陆缘有关的构造环境(张宏飞等，2005)。

麻山岩体出露在碧口地块的西部，并侵位于碧口群火山岩中。岩体主要由二长花岗岩组成，岩石新鲜面呈灰白色—灰黑色，中—细粒结构，粒径 1～3mm，块状构造。主要矿物组成为石英(20%～23%)、斜长石(30%～32%)、钾长石(10%～20%)、黑云母和白云母(10%～20%)(吕崧等，2010)。黑云母 K-Ar 法测得麻山岩体冷却年龄为 223Ma(四川省地质矿产勘查开发局，1991)。

王坝楚岩体出露于碧口地块南缘平武县北部，与碧口群呈侵入接触关系，与围岩的界线清楚，具有典型的岩浆侵蚀围岩的港湾状、不规则界面。岩体中可见沿节理贯入的长英质脉体，脉体多相互交叉呈"X"形。王坝楚花岗岩体规模较小，近似呈三角形，岩性为黑云二长花岗岩，呈灰白色，中—细粒花岗结构，块状构造，无变形变质。主要矿物组成为石英呈他形粒状结构，体积百分数 28%～35%；斜长石呈自形柱状结构，体积百分数 30%；钾长石呈不规则板状结构，体积百分数约 25%。暗色矿物以黑云母为主，体积百分数约 8%。副矿物以榍石和磷灰石为主，其次为锆石、褐帘石、斜黝帘石、磁铁矿等。黑云母有变形发生，在斜长石边界可见蠕英石。

老河沟岩体出露于平武县东北部老河沟一带，侵位于下震旦统蜈蚣口组浅变质砂岩、页岩中，岩体边缘接触变质较为明显。岩体呈近椭圆形，分布面积较大，约为 11km²。岩性相对单一均匀，为花岗岩，岩石呈浅灰色—灰色,中粗粒花岗结构,岩体内部岩石较粗,颗粒直径最大可达 0.8cm,岩体边缘岩石较细,颗粒直径为 0.2～0.5cm,块状构造,无变形变质。主要矿物组成为石英(25%～30%),呈白色,不规则他形粒状结构;斜长石(60%～65%),呈灰白色,自形柱状结构;暗色矿物(3%～5%)以黑云母为主,呈暗褐色,半自形片状结构;副矿物以榍石和磷灰石为主,其次为锆石、褐帘石、斜黝帘石、磁铁矿等。

筛子岩岩体出露于平武县木皮乡南侧,侵位于碧口群浅灰色—浅灰绿色含黑云母绢云母石英钠长片岩、灰绿色绿泥绿帘钠长片岩中,围岩绿泥绿帘石化较为明显。岩体呈近椭圆形,分布面积较小,约为 3.2km²。岩性相对单一均匀,主要为黑云母花岗岩,岩石呈灰色—深灰色,似斑状花岗结构,块状构造,无变形变质。主要矿物组成为石英(30%～35%),呈白色,不规则他形粒状结构;斜长石(45%～50%),呈灰白色,自形柱状结构;暗色矿物(10%～15%)以黑云母为主,呈暗褐色,半自形片状结构;斑晶由灰白色斜长石组成,斑晶自形程度高,斑晶大小为(0.5～1)cm×(0.8～2)cm;副矿物以榍石和磷灰石为主,其次为锆石、褐帘石、斜黝帘石、磁铁矿等。

老河沟岩体和筛子岩岩体是在陆壳底部大压力下源区岩石脱水熔融形成的,其物源是以砂屑岩成分为主的沉积岩部分熔融形成的,是花岗质岩浆上升侵位的产物。碧口地块具有扬子型大陆基底的特征,表明碧口群火山岩形成于与大陆有关的构造环境,同时认为碧口地块基底岩石是以杂砂岩成分为主的沉积岩。老河沟岩体和筛子岩岩体具有后碰撞岩浆活动的特征,是由于印支期华北板块和扬子板块碰撞,使地壳增厚,导致下地壳部分熔融,为同碰撞(挤压环境)向碰撞后(伸展环境)转化阶段的后造山花岗岩类。

2.2.3 燕山期

燕山期岩浆活动强烈,多为中酸性岩体,分布较广,具有同源、同期、异相等特点,并与区内金及多金属成矿关系密切,形成于燕山期陆内造山阶段。中生代以来,特别是进入燕山期板内造山作用阶段之后,海相火山作用逐渐消失,但是对应的陆相火山作用逐渐增强。在新生代时期,北西西向和北东向断裂构造活动控制了陆相火山盆地的形成,该阶段岩性主要为流纹英安岩类、玄武岩类和安山岩类。

燕山期侵入体分布广泛,主要分布于南秦岭板块和碧口地块中,岩石类型以中酸性岩石为主,包括中生代的碱性花岗岩、二长花岗岩和花岗闪长岩。该阶段岩体受断裂构造控制作用明显,宏观上东西成带,北东成行,呈菱形网格状交叉展布。岩体多呈中—浅成相脉状产出,少量以岩株形式产出,围岩多为区域浅变质岩。燕山期岩体有虎牙二云母花岗岩体和紫柏杉白云母斜长花岗岩体,前者顺层侵位,后者为岩株群,主要造岩矿物有钠长石、更长石、中长石、石英等。长石多为自形—半自形晶,具绢云母化。块状构造,文象及不等粒花岗结构。石英(25%～30%)呈他形粒状结构,具波状消光,部分具熔蚀边。次要矿物为白云母等,副矿物有磷灰石、电气石、榍石、绿帘石,偶见锆石。金属矿物有黄铁矿、毒砂、辉钼矿等。岩石化学成分分析表明,燕山期岩浆岩为铝过饱和的碱性系列岩石。燕山早期花岗岩类为壳幔混染型花岗岩。该阶段岩浆活动与金成矿作用关系密切,如玛曲金矿、巴西金矿、大水金矿、拉尔玛金矿和阳山金矿带,矿体的产出均与侵入体在空间上存在密切联系。例如,阳山金矿带中的矿体多产于脉岩与围岩的接触面,或是脉岩直接矿化成为矿体(刘远华等,2010;杨荣生等,2006a;刘红杰等,2008)。

2.3 区域构造特征

区域上经历了超大陆裂解、洋陆演化、碰撞造山、板内伸展和陆内叠覆造山等构造作用,不仅发育推覆剪切断裂构造,还存在挤压剪切应力下的褶皱活动。碧口地块北缘阳山金矿带内区域性构造主要以断裂形式产出,其中南北板块最终碰撞转换形成的接触带——勉略构造带为区域一级构造。区域上由北向南,依次发育武山-天水、夏河-礼县、碌曲-成县、迭部-武都和郎木寺-南坪5个逆冲推覆构造带;由北向南褶皱构造依次为礼县-夏河倾伏背斜构造、碌曲-成县向斜构造和白龙江(迭部-舟曲)倾伏背斜构造(梁文天,2009)(图2-3)。其中,控制成矿带产出的大型断裂构造特征及与成矿关系密切的次级褶皱,将在后面矿田构造特征中详细阐述。

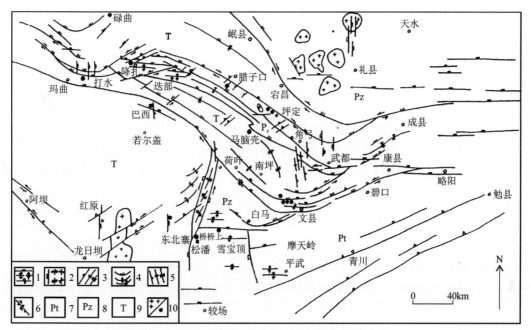

1.东西向构造体系压性断裂、背斜、向斜、倒转背斜;2.南北向构造体系压性断裂、背斜、向斜、倒转背斜;3.北东向构造体系压性—压扭性断裂、背斜和向斜;4.弧形构造体系压性—压扭性断裂、背斜和向斜;5.北北西向构造体系压性—压扭性断裂、背斜和向斜;6.体系未归属的质扭性断层;7.元古宇;8.古生界;9.三叠系;10.花岗岩/金矿床

图2-3 西秦岭及其邻区弧形构造展布略图(修改自杜子图等,1997)

2.3.1 勉略构造带

2.3.1.1 勉略构造带的结构及组成

勉略构造带是由不同蛇绿构造混杂岩、岛弧火山岩块,不同性质和类型陆缘沉积构造岩块、岩片及花岗岩等组成的大型板块构造缝合带。勉略构造带沿秦岭-大别造山带南缘边界呈北西至北西西向延伸,东端在大别山南缘被郯庐断裂左行平移至鲁东,向西经武当山-大巴山弧南缘和勉略段,继续沿西秦岭南缘的文县-玛曲-玛沁接东昆仑南缘断裂带西延,又被阿尔金断裂错移,接西昆仑而至帕米尔构造结,并继续西延(张国伟等,2003,2004)。现今勉略构造带依其构造特征可划分为6个区段,自东而西依

次为:①大别-桐柏南缘区段,简称襄广段;②武当-大巴山弧形区段,简称巴山段;③洋县-勉县-略阳-康县区段,简称勉略段;④康县-文县-玛曲区段,简称康玛段;⑤迭部-玛曲区段,简称迭玛段;⑥玛沁-花石峡区段,简称玛沁段(张国伟等,2003)(图2-4)。各区段总体基本组成与构造特征一致,但又各具特点,其中最突出的特征是带内从西至东的不同区段,都保留有残存的板块缝合带遗迹。

2.3.1.2 勉略构造带的平面结构特征及组成

勉略构造带以秦岭-大别山南缘边界断裂为主推覆断层,由一系列弧形指向南的逆冲推覆构造连接组合,其平面构造几何学呈线性弧形波状延伸。其中以襄广、巴山、康玛三大指向南的弧形逆冲推覆构造为主,其间相对于扬子板块北缘黄陵、汉南-碧口地块和若尔盖地块的阻挡而呈向北凸出的弧形,总体呈现为正弦波状的线性平面展布(图2-4、图2-5)。主要弧形推覆构造有桐柏-大别山斜向逆冲推覆构造、大巴山弧形推覆构造、康玛逆冲推覆构造、迭部-玛曲弧形推覆构造和玛沁逆冲推覆构造。

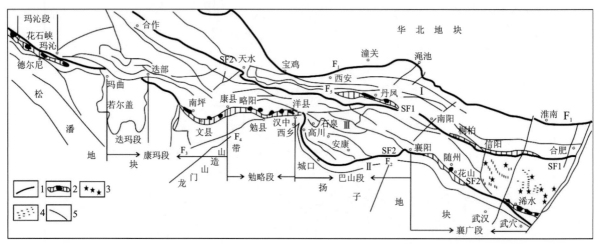

1.勉略构造带;2.蛇绿岩及相关火山岩;3.超高压岩石剥露区;4.韧性剪切带;5.断层;Ⅰ.华北板块南缘与北秦岭带;
Ⅱ.扬子地块北缘;Ⅲ.南秦岭;SF1.商丹缝合带;SF2.勉略缝合带;F₁.秦岭-大别山北缘边界断裂带;F₂.南缘边界断裂,
即勉略构造带;F₃.阳平关-青川断裂带;F₄.龙门山断裂带

图2-4 秦岭-大别山南缘勉略构造带与勉略古缝合带简图(修改自张国伟等,2003)

2.3.1.3 勉略构造带的剖面结构特征及组成

勉略构造带的剖面结构呈现造山带以多种类型和不同深度层次规模的推覆构造样式,向外推置在相邻克拉通之上,构成陆内地壳大规模收缩推覆堆叠的几何学结构。

巴山弧形构造以洋县-石泉-城口-房县巴山主推覆断层为界,分为南、北两个推覆构造,两者现虽为同一推覆构造系,但差异明显。巴山弧形构造在先期碰撞构造和缝合带基础上,由先期板块碰撞构造和后期陆内推覆构造复合叠加,由南、北巴山推覆构造组成巨大指向南南西的弧形双层几何学结构的逆冲推覆构造。

康玛弧形构造几何学结构则是组成与结构更为复杂的一个多层次的指向南的巨大弧形逆冲推覆构造系。它由3个次级单元组成:①在原先期碰撞推覆构造基础上的北部三河口低角度逆掩推覆构造;②西部南坪黑河薄皮滑脱逆冲推覆构造,呈低角度交切或顺层推覆,逆掩叠覆或截切三河口逆掩推覆和其他构造之上,具薄皮构造特点;③晚期统一整体的康玛巨型弧形推覆构造(图2-6)。

勉略构造带西延连接西秦岭与东昆仑南缘的玛沁推覆构造,结构呈现为多级组合的叠瓦状逆冲推覆构造,并以残存较好的印支期蛇绿混杂岩和碰撞推覆与陆内叠加推覆的复合构造为主要特点。

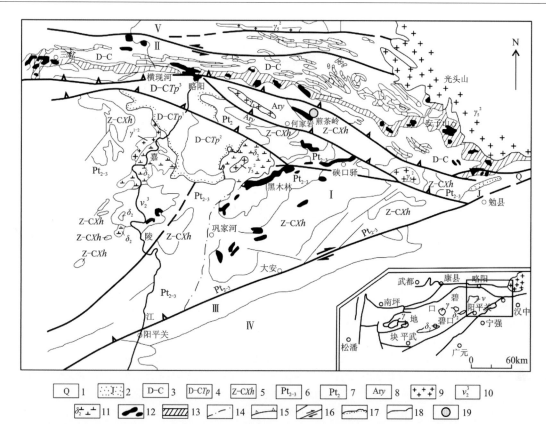

1.第四系;2.侏罗系;3.泥盆系—石炭系;4.踏坡群;5.雪花太平群;6.碧口群;7.陈家坝群;8.鱼洞子岩群;9.花岗岩;10.辉长岩;11.闪长花岗岩;12.超基性岩;13.蛇绿混杂岩;14.碧口地块早期拼接带;15.逆冲推覆断层;16.右行走滑断层;17.不整合线;18.岩层界线;19.金矿床;Ⅰ.碧口地块;Ⅱ.勉略主缝合带;Ⅲ.龙门山造山带宽川铺构造架;Ⅳ.扬子板块北缘汉南地块及宁强前陆冲断褶皱带;Ⅴ.秦岭地块

图 2-5 勉略段构造地质图(据张国伟等,2000)

以上表明勉略构造带在不同地段、不同岩石介质与构造边界条件下,形成了不同结构的构造几何学样式,但总体又在大致同期构造动力学背景下形成统一的构造样式,使该带构造几何学结构形态统一而又复杂多样(张国伟等,2003)。

2.3.2 逆冲推覆构造带

武山-天水逆冲推覆构造带是一个在前燕山期构造基础上形成的不对称扇形逆冲推扭构造带。它既具有华北型地壳组合,又具有秦岭变形变质、岩浆活动的特点。印支期之前,它属于华北板块的一部分,具华北型地壳组构和演化特征,其基底以新太古界太华群[2841~(2486±1.5)Ma]为主,盖层主要由中元古界、新元古界熊耳群、官道口群、栾川群组成,还有少量震旦系和寒武系、奥陶系。自吕梁期以来,由于受板块碰撞的影响,形成了近东西向的褶皱构造和一系列长期活动的断裂构造,导致结晶基底发生了强烈的变形变质和混合岩化作用,盖层岩石也发生了变质。自中生代以来,它与秦岭山系一起被卷入陆内造山运动,沿大小不等的滑脱面发生了由北向南的大规模叠瓦状逆冲推扭(范效仁,2001)。

夏河-礼县逆冲推覆构造带北部为属于商丹缝合带的唐藏-关子镇-武山构造带,主断面为南部的岷县-宕昌-凤县断裂带,在平面上为向南的宽缓弧形构造。该地区的褶皱主要表现为复式背斜构造,逆冲构造带的逆冲断面自北向南依次发育于冶力关、固城—舒家坝、礼县—麻沿河等地区(梁文天,2009;杜子图等,1997,1998)。

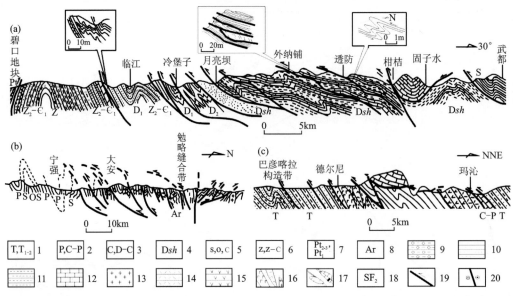

(a)康玛推覆构造剖面;(b)勉略段构造剖面;(c)玛沁逆冲推覆构造面;1.三叠系、下中三叠统;2.二叠系、石炭系—二叠系;3.石炭系、泥盆系—石炭系;4.泥盆系三河口群;5.志留系、奥陶系、寒武系;6.震旦系、震旦系—寒武系;7.中新元古界、中元古界;8.太古界;9.变质砾岩类;10.变质砂岩类;11.变质泥岩类;12.灰岩、变质灰岩;13.花岗岩;14.中性火山岩;15.基性火山岩;16.蛇绿岩和蛇绿混杂岩;17.沉积构造混杂岩;18.勉略断裂带与勉略缝合带;19.逆冲推覆断层、韧性剪切带;20.走滑断层

图 2-6 勉略构造带构造剖面图(据张国伟,2003)

碌曲-成县逆冲推覆构造带由北向南俯冲,主逆冲推覆构造面为迭山-舟曲-成县断裂带,以北为岷县-宕昌-凤县断裂带。该构造带褶皱主要为复式向斜,轴面北倾,轴向为50°～70°。迭山-舟曲-成县断裂为主逆冲断裂面,由北向南逆冲,由多条逆冲断层组成,多以北倾为主,倾角为40°～70°。构造带向东与成县-谈家庄-江口构造带相接,被北东向文县-太白构造带截切(杜子图等,1998a,1998b;梁文天,2009)。

迭部-武都逆冲推覆构造带的主逆冲推覆构造面为迭部-武都断裂带,以北为迭山-舟曲-成县断裂带。褶皱构造主要为复式背斜构造,轴面北倾,呈逆冲叠瓦状排列。迭部-武都断裂带由多条近于平行且弧形展布的逆冲断层组成,断裂面北倾,倾角45°～60°(杜子图等,1998;梁文天,2009)。

玛曲-南坪-文县逆冲推覆构造带为自北向南中高角度逆冲推覆构造带,平面上呈不规则弧形展布,向南突出,主推覆构造断裂面为勉略缝合带南缘。阳山金矿带产出于该逆冲推覆构造带南部文县弧形构造带顶端(杜子图,1998)。

在夏河-礼县逆冲推覆构造带中发育有礼县-夏河倾伏背斜构造;在碌曲-成县逆冲推覆构造带中发育有碌曲-成县向斜构造;在迭部-武都(白龙江)逆冲推覆构造带中发育有白龙江(迭部-舟曲)倾伏背斜构造。

郎木寺-南坪逆冲推覆构造带为自北向南中高角度逆冲推覆构造带,平面上呈不规则弧形展布,向南突出,主推覆构造断裂面为勉略缝合带南缘。

文县弧形构造带由一系列近东西向的断裂构造及复式褶皱构成。该区域复式褶皱主要有吕家坝-冷堡子复背斜和关家沟-何家坝复背斜,断裂主要有白马-临江断裂、马家磨-魏家坝断裂、松柏-梨坪断裂、汤卜沟-观音坝-月亮坝断裂(图2-7)(阎凤增等,2010;杜子图,1998)。上述断裂构造在本区域内总体走向均为北东东向,局部为东西向,实际上向西仍有延伸,其走向转为北西向,因此构成向南突出的弧形构造(图2-7),上述断裂仅是其中段和东段的部分。此外,在弧形构造的弧顶部位尚有一些近南北向的断裂构造(阎凤增等,2010;雷时斌,2011)。

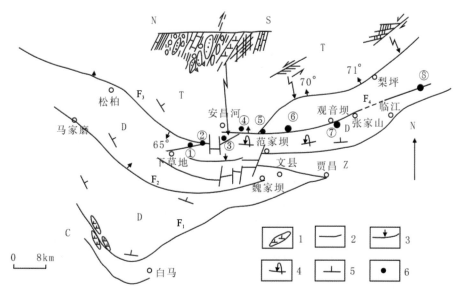

T.三叠系;C.石炭系;D.泥盆系;Z.震旦系;1.石英闪长岩脉;2.断裂;3.倒转倾伏向斜;4.倒转地层产状;5.地层产状;6.金矿床;①联合村;②新关;③关牛湾;④汤卜沟;⑤泥山;⑥阳山;⑦观音坝;⑧北金山;F_1.白马-临江断裂;F_2.马家磨-魏家坝断裂;F_3.松柏-梨坪断裂;F_4.汤卜沟-观音坝-月亮坝断裂

图2-7 文县弧形构造带(据杜子图,1998)

2.4 区域构造单元划分

基于上述对西秦岭地区主要构造带、构造-沉积建造以及构造-岩浆活动特征,并根据"三板块两缝合带"的经典构造模式(张国伟等,1996,2001),可以将西秦岭构造单元划分为以下几个部分。从北向南依次为华北板块、秦岭微板块(包括北秦岭、南秦岭)、扬子板块以及秦岭微板块内部的商丹缝合带、勉略缝合带。其中,北秦岭是在早古生代早期由华北板块南缘部分裂解发育形成的;南秦岭则在晚古生代早期从扬子板块裂解下来形成的;商丹缝合带是由北秦岭与南秦岭在早古生代晚期的碰撞拼合形成的;而勉略缝合带则是由南秦岭微板块与扬子板块在印支期的碰撞拼合而成。

2.4.1 北秦岭微板块

北秦岭微板块位于华北板块之南,洛南-栾川断裂和商南-丹凤断裂之间。该区域地层主要为火山-沉积岩系,由南向北依次为丹凤变质铁镁质火山岩带、秦岭岩群、二郎坪变质镁铁质火山岩带、广东坪镁铁质火山岩带。最主要的为秦岭岩群,形成时间为2000Ma左右(张宗清等,2002),原岩为一套富铝、富碳的沉积岩系(陆松年等,2003),下部由黑云斜长片麻岩、含石榴子石黑云斜长片麻岩、石榴夕线黑云斜长片麻岩组成,夹斜长角闪岩;中部主要由变粒岩、大理岩、石榴夕线片麻岩和黑云斜长片麻岩组成;上部主要为含石墨厚层白云质大理岩(刘国惠等,1989;张寿广等,1993),下段为一套泥砂质岩、火山岩变质产物,中上段为泥灰质、硅质白云岩变质产物。张本仁等(2002)认为秦岭岩群主要经历了古元古代、新元古代和加里东期3期变质作用,主期发生于新元古代。陆松年等(2003)研究认为秦岭岩群经历了早古生代变质作用,以出现夕线石、石榴子石、石墨为特征,变质过程中发生了显著的深熔现象,从变形淡色脉体中测得SHRIMP锆石U-Pb年龄为(499.3±4.3)Ma,表明秦岭岩群发生变质变形的时代为奥陶纪。

北秦岭的地球化学组成和特征与华北克拉通差异明显，与南秦岭比较相近，但北秦岭亏损地幔源区的演化趋势与南秦岭仍有差异。因此北秦岭为一具有特殊成因的微陆块（张本仁等，1996，1998；欧阳建平等，1996），是在扬子板块洋域洋岛之上发展形成的微陆块。

2.4.2　南秦岭微板块

秦岭微板块位于商丹断裂带和勉略断裂带之间，这一区域也经常被称为"南秦岭"（张国伟等，1995）。该区域出露地层齐全，发育良好。太古宙鱼洞子群变质岩出露于本区西南略阳鱼洞子一带，主要由斜长角闪岩、浅粒岩组成，夹磁铁石英岩，为一套变质火山-沉积岩系，岩石可能形成于中太古代，在该群斜长角闪岩中已获得锆石 U-Pb 年龄（上交点）为 2675Ma（秦克令等，1992）及全岩 Sm-Nd 等时线年龄为 (2688 ± 84)Ma（张宗清等，1996）。区内元古宙、显生宙地层发育，元古宙地层为火山-沉积岩系，时代为中元古代、新元古代；显生宙地层寒武系至二叠系均有出露，其中志留系和泥盆系最为发育，出露面积大，主要由砂岩、片岩和灰岩组成。南秦岭在地壳增生历史、地幔性质和演化趋势、壳幔化学和铅同位素组成特征方面均与扬子板块基本相同，表明其应属于扬子板块的组成部分（张本仁等，2002）。南秦岭属于扬子板块北部边缘，古生代（西部还包括三叠纪）裂谷-裂陷作用在扬子陆块北缘形成伸展盆地，在中生代经历造山过程，构造-岩浆-变质作用明显。

2.4.3　商丹缝合带

商丹（商南-丹凤）构造带是华北、扬子板块俯冲和碰撞形成的缝合带，也是划分南、北秦岭的边界断裂带，这一认识已被多数地质工作者所接受（张国伟等，1998，1995a，1996a；于在平等，1996；杨志华等，1999a；周鼎武等，2002）。总体组成格架表现为北部以丹凤蛇绿岩为主，南部以由构造叠置的沉积岩片为主，其内发现有残留的蛇绿岩片。

商丹缝合带存在洋岛型、岛弧型和少量洋脊型蛇绿岩残片，并和大量的岛弧火山岩块混杂构成蛇绿构造混杂岩带。它反映了在北秦岭与南秦岭之间存在着古洋盆，即商丹洋。商丹缝合带作为西秦岭造山带内北秦岭和南秦岭的分界，经历了从初始洋盆扩张到最终洋盆闭合的过程。

2.4.4　勉略缝合带

勉略缝合带分隔了南秦岭微板块与扬子板块，现今地表构造可概括为：近东西—北西西向展布的以自北向南多层次叠瓦状逆冲推覆构造为骨架的向南突出的巨型复合断裂弧形构造带、弧型逆冲推覆构造以南部边界西秦岭南缘逆冲推覆断裂为主逆冲推覆界面、构成主导自北向南的中高角度逆冲推覆构造系。岩性主要为古生代的蛇绿构造混杂岩带，带内有众多类型的蛇绿岩块和岛弧火山岩块，以及初始裂谷堆积和陆缘沉积等不同沉积岩块，它们以不同类型的韧性—脆性断裂为边界，混杂组合成勉略缝合带（张国伟等，1996b）。

三河口群中广泛发育硅质岩，研究表明其形成于大陆边缘海盆环境，锆石年龄为 412Ma，指示其形成于早泥盆世或稍晚，碎屑锆石年龄主要分为 4 期：587～412Ma、999～801Ma（主要年龄）、1686～1548Ma、2595～2310Ma，最老的年龄为 3189Ma。结合锆石 Hf 同位素，Yang 等（2015）认为华南板块新元古代和古生代岩套为混入勉略构造带硅质岩中的大陆岩屑提供了大量来源。

勉略缝合带表明了曾存在一个现已消失的有限洋盆——勉略洋，以北为南秦岭，以南为扬子板块。勉略洋的打开，使得原属于扬子板块北缘的南秦岭被动陆缘分离出来，成为介于勉略洋与商丹洋之间的独立块体。随着印支运动的开始，扬子板块俯冲于南秦岭之下，勉略洋逐渐发生消减闭合，并于三叠纪末形成了分隔扬子板块和南秦岭微板块的勉略缝合带(Dong et al.，2011)。因此，勉略缝合带是西秦岭造山带内南秦岭微板块与扬子板块构造单元划分的标志之一。

3 区域构造演化与主要地质事件

勉略构造带从大别-秦岭造山带南缘至东昆仑南缘连续一带,突出组成以南缘边界断层为主推覆界面的弧形波状延展的推覆断裂构造带。依据构造特征可划分为 6 个区段,自东而西依次为:襄广段、巴山段、勉略段、康玛段、迭玛段、玛沁段。工作区夹持于碧口地块、秦岭微板块以及松潘-甘孜造山带之间,属于勉略构造带的中段康玛段,形成与演化过程与扬子板块、秦岭微板块以及华北板块之间长期相互作用的动力学系统密切相关,受整个统一深部地球动力学作用的控制。勉略构造带是晚古生代—三叠纪时期中国大陆完成主体拼合的印支期板块缝合带。根据本研究对阳山金矿带区域地质背景调查的结果,结合前人对文县—南坪地区、玛曲—迭部地区、阿尼玛卿山地区、勉县—略阳地区的综合研究结果,依据勉略构造带的物质组成、结构构造特征,可以将其形成与构造演化过程划分为板块裂裂与有限洋盆打开阶段(D_1—D_3)、有限洋盆扩张阶段(C_1—P_1)、板块俯冲与有限洋盆俯冲消减作用阶段(C_2—P_1—T_1)、碰撞造山作用与短暂伸展阶段(T_2—T_1)、陆内造山叠加改造作用阶段 5 个演化阶段(图 3-1)。

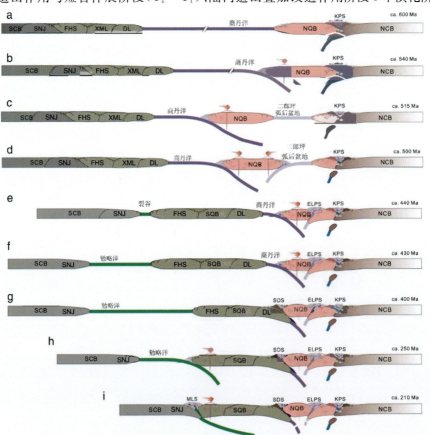

NCB. 华北地块;KPS. 宽坪带;ELPS. 二朗坪带;NQB. 北秦岭地块;SDS. 商丹带;SQB. 南秦岭地块;
SCB. 华南地块;DL. 陡岭杂岩;XML. 小磨零杂岩;FHS. 凤凰山基底;SNJ. 神农架群;MLS. 勉略带

图 3-1 西秦岭地区勉略—阿尼玛卿一带构造演化略图(修改自 Dong and Santosh,2016)

3.1 板块裂解与有限洋盆打开阶段(D_1—D_3)

晚古生代泥盆纪初期,扬子板块与华北板块之间的接合部沿商丹带继承古生代奥陶纪以来持续向北的俯冲消减作用,同时南秦岭及东昆仑南带在大区域东古特提斯构造扩张作用背景下,受深部地质作用控制,扬子板块北缘地带在早古生代的被动陆缘基础上发生伸展扩张作用,造成陆壳裂解,使秦岭微板块从扬子板块北缘分离出来。强烈的伸展作用从沉积记录看,首先发生在勉略及康县—文县—南坪一带,在碧口地块北缘地带由于强烈的裂陷作用形成了早期早、中泥盆世踏坡群裂谷盆地沉积(孟庆任等,1996),后在武都—文县—南坪一线形成碧口地块北缘的泥盆纪裂陷型沉积,同时其北侧裂谷盆地中心地带沉积了泥盆纪三河口群深水相细碎屑岩系和碳酸盐岩。在文县阳山金矿带出露大面积的泥盆系,以桥头组和屯寨组为主,主要由暗灰色泥质板岩、千枚岩类,暗灰色薄层板状及中厚层泥状灰岩类等组成,局部夹泥质粉砂岩、中厚层结晶灰岩、泥质条带灰岩和钙质粉砂岩。泥盆系与底部震旦系接触的部位,发育1~2层硅质岩,总厚约20m。泥盆系中夹有一定规模的火山岩和火山碎屑岩。主要岩石类型包括熔岩类(变质为绿帘绿泥片岩和蓝闪绿帘阳起片岩)和火山碎屑岩(变英安质凝灰岩)。岩石地球化学研究表明,绿帘绿泥片岩的原岩为拉斑玄武岩,变英安质凝灰岩原岩为石英粗安岩,蓝闪绿帘阳起片岩原岩为碱性玄武岩,岩性接近洋中脊拉斑玄武岩和碱性玄武岩,甘肃省地质矿产勘查开发局区域地质调查队(1990)根据其中玄武岩 $K_2O-TiO_2-P_2O_5$、$TiO_2-MnO-P_2O_5$、$Zr/Y-Zr$ 图解分析研究认为,该套火山岩形成于裂陷背景条件下,代表了南秦岭裂陷小洋盆的构造环境。同期在上述一线西延的南坪塔藏—隆康一带出现塔藏板内洋岛型碱性火山岩系。康县地区火山岩系、琵琶寺火山岩系和南坪塔藏火山岩系的地球化学性质指示其具有板内洋岛拉斑玄武岩和洋岛碱性玄武岩特征,部分属于 N-MORB 型和 E-MORB 型玄武岩,总体形成于大洋板内洋岛和扩张脊构造环境,表明洋盆已从初始裂陷发展成初始洋盆。根据野外产状关系以及有关古生物化石资料,推断康县—文县南坪一带火山岩系形成时代可能为晚泥盆世—早石炭世(D_3—C_1)。勉略地区黑沟峡火山岩系中的玄武岩均属拉斑玄武岩系列,仅酸性火山岩属于钙碱性系列,玄武岩具有 MORB 型特点,是初始大陆裂谷向成熟洋盆转化阶段的产物。塔藏火山岩所在泥盆系中有晚泥盆世的代表性牙形石化石,因此确定其形成时代为晚泥盆世(D_3)。综合分析表明,在泥盆纪时期,勉略构造带在这些地段从早期的伸展裂陷快速扩张,向有限洋盆发展转化。而黑沟峡火山岩除具有双峰式火山岩特征外,变质玄武岩的 Nd 同位素组成特征又具有洋壳特征,因此又反映了勉略构造带在这些地段正从伸展裂陷向洋盆转化过渡(李曙光等,1996)。

3.2 有限洋盆扩张阶段(C_1—P_1)

经过泥盆纪时期的初始陆缘裂陷阶段的扩张裂解,逐渐出现有限洋盆,并扩张发展。从早石炭世开始,沿勉略构造带一线继续发生明显的有限洋盆扩张,这与区域东古特提斯的强烈扩张和洋盆形成的时间一致。这一时期,在略阳以西地区的文家沟—庄科一带形成了洋壳型蛇绿岩,其中的玄武岩具有典型 MORB 型地球化学特征(Lai et al.,1996;赖绍聪等,1999),在略阳三岔子一带与蛇绿岩密切共生的硅质岩中还发现放射虫,其地质时代为早石炭世(殷鸿福等,1995)。康县地区火山岩系、琵琶寺火山岩系和南坪塔藏火山岩系的时代有可能从晚泥盆世延续到早石炭世,甚至到早、中三叠世,它们的地球化学特征指示具有板内洋岛拉斑玄武岩和洋岛碱性玄武岩特征,部分属于 N-MORB 型和 E-MORB 型玄武岩,总体形成于大洋板内洋岛和扩张脊构造环境。

洋脊型蛇绿岩的出现表明在早石炭世—早二叠世时期,由于沿勉略一线强烈的洋盆扩张作用,已经在扩张的中期阶段至少在东段的勉略地区、康县—文县—南坪地区和西段的阿尼玛卿德尔尼—花石峡地区形成了发育较为成熟的洋盆,既存在洋脊,也发育洋岛。同时在西秦岭与东昆仑接合部,该洋盆可能有一支向北延伸的分支洋盆,即东昆仑造山带东缘的以苦海-赛什塘蛇绿混杂岩为代表的东古特提斯有限洋盆或坳拉谷,形成以玛沁德尔尼等为中心的三叉裂谷并发展演化而成三叉洋盆系,伸向北的一支发展有限,向北渐灭,形成伸向陆壳的坳拉谷。

上述洋盆发育演化的同时,在晚泥盆世—二叠纪,于略阳—康县—文县—南坪一线碧口地块北缘的略阳盆地和文县盆地中发育被动陆缘型的可以对比的局限台地相碳酸盐岩沉积体系,从侧面反映了洋盆的发育。

3.3 板块俯冲与有限洋盆俯冲消减作用阶段(C_2—P_1—T_1)

勉略有限洋盆在经历了泥盆纪—石炭纪的扩张打开形成洋壳后,逐渐转入消减会聚、洋壳俯冲阶段。在俯冲造山阶段,由于板块的俯冲作用在仰冲板块一侧的活动大陆边缘产生强烈而复杂的岛弧岩浆作用,并使大陆地壳增生加积。这一时期勉略有限洋盆开始向北部秦岭微板块和东昆仑地块之下消减、俯冲,因而在洋盆北侧的西秦岭微板块南缘和东昆仑地块南缘发育活动大陆边缘火山岛弧型火山岩系,如勉县—略阳—康县一线勉略构造带内现残存的文家沟-庄科南岛弧型火山岩和岛弧型蛇绿岩、桥梓沟岛弧型火山岩(Lai et al.,1996;赖绍聪等,1999)以及长坝-小蝙河俯冲增生杂岩、横现河混杂岩和勉略构造带北侧展布的俯冲型花岗岩等(李亚林,1999)。虽然勉略构造带内岛弧型火山岩目前还缺乏形成时代的资料,但根据庄科洋脊型基性火山岩的 Rb-Sr 全岩等时线变质年龄(229±10)Ma(张宗清,2001)、三岔子含放射虫硅质岩中火山岩^{40}Ar-^{39}Ar 年龄 220Ma(张宗清,2001),黑沟峡变质火山岩的全岩 Sm-Nd 等时线年龄(242±21)Ma 和 Rb-Sr 全岩等时线年龄(221±13)Ma(李曙光等,1996)等年代学资料综合分析,岛弧型火山岩的形成时代大致在早二叠世—早三叠世,最早可能出现在晚石炭世晚期。这些火山岩的区域变质年龄以及勉略构造带北侧俯冲型花岗岩时代(295Ma、286Ma、244Ma、220Ma,李曙光等,1999;张国伟等,2001),表明俯冲作用最早始于晚石炭世,大规模的俯冲消减作用和岛弧火山作用主要发生在早—中二叠世。

在洋壳扩张的晚期,从早二叠世(局部可能从晚石炭世)勉略洋盆开始向北俯冲,产生岛弧型火山岩浆活动。在勉略构造带北侧发育有较多的晚海西-印支期中酸性侵入体,其时代多集中在 240~200Ma 之间,而且其形态和产状明显受主造山期构造作用控制,包括俯冲型花岗岩和碰撞型花岗岩两种类型。其中俯冲型花岗岩有张家坝岩体和迷坝岩体,岩石类型为石英闪长岩、花岗闪长岩和二长花岗岩,属于偏铝质—过铝质钙碱性系列,其化学成分与大陆岛弧花岗岩类似。综合分析认为,张家坝岩体和迷坝岩体属于活动陆缘俯冲-碰撞体制转换期间形成的俯冲型-同碰撞型花岗岩。文县—南坪—玛曲一线现今未见到残留的岛弧型火山岩,主要考虑是该区段经历了同期和晚期强烈逆冲推覆构造的改造。

通过对勉略构造带内残存的俯冲期构造变形的研究可以得到俯冲阶段的构造几何学和运动学特点以及俯冲作用过程。对文县-武都-康县地区勉略构造带内不同构造岩片的构造解析表明,在该区段的勉略构造带内,尤其是在泥盆纪三河口群内变质细碎屑岩系以及碳酸盐岩中发育大量的早期顺层(片)变形构造,包括顺层不对称剪切褶皱构造、不对称剪切透镜体或石香肠构造、变形条带状构造以及透入性构造面理。这些变形构造均具有明显的不对称性,具有构造运动学指向意义,以北倾为主,充分表明以三河口群的早期变形为代表的俯冲期构造变形样式,是以大规模自北而南的低角度顺层韧性逆冲剪切变形构造组合为主。在东段勉略地区的三岔子岛弧火山岩岩片、桥梓沟岛弧火山岩岩片中也发育有早期的顺层不对称剪切褶皱构造、不对称剪切透镜体或石香肠构造、变形条带状构造以及透入性构造面理等自北而南的低角度顺层韧性逆冲剪切变形构造组合(李三忠,1998;李亚林,1999)。根据变形变质特征、构造交切关系,这些构造变形显然不是晚期陆内构造产物,而是俯冲、碰撞期构造产物,并且上述变形主要是俯冲期产物。因此可据此推断俯冲碰撞构造为自南向北俯冲、自北向南仰冲。

在南坪—文县—临江一带展布的泥盆纪—二叠纪被动陆缘沉积岩系中,除卷入逆冲推覆构造前缘逆冲构造部分外,大部分地区沉积地层中类似三河口群中的这些早期顺层韧性剪切变形构造组合很少见。勉略地区踏坡岩片中的泥盆系—石炭系也同样缺少这些构造组合(李亚林,1999;李三忠,1998)。发育区域挤压收缩作用下形成的纵弯褶皱构造,并发育区域性切割层理的轴面劈理,同时原生沉积构造保存较好,没有发生强烈的构造置换作用,表明在勉略古缝合带主断裂南侧下行板块的该地段出露保存的原裂谷—被动陆缘沉积岩系在洋壳向北的俯冲过程中处于后缘,并没有卷入俯冲构造而发生强烈的构造变形,只是在陆-陆碰撞中才卷入古缝合带发生构造变形。

勉略古缝合带中残存记录的俯冲阶段的构造变形,以广泛低角度自北而南的韧性逆冲剪切变形构造组合为特征,显然,这与勉略洋壳于早二叠世—中三叠世时期向北发生俯冲消减作用而引起俯冲带前缘表壳岩系和上行板块前缘活动陆缘岩层发生不同深度构造层次的加积楔逆冲剪切变形密切相关。

3.4 碰撞造山作用与短暂伸展阶段(T_2—J_1)

中—晚三叠世时期,随着整个大区域东古特提斯洋盆系统的收敛会聚,在区域会聚构造动力学的背景下,在相邻区域不同方向板块或地块构造边界的制约下,东部华北板块、扬子板块与秦岭微板块,西部东昆仑地块、松潘-甘孜地块、羌塘-昌都地块等分别沿秦岭-商丹古缝合带、勉略-阿尼玛卿古缝合带、甘孜-理塘古缝合带以及南部三江地区昌宁-孟连等主洋盆系相继发生全面碰撞造山运动,其中沿中央造山系南部边缘最终形成东西向展布的俯冲碰撞结合带——勉略古缝合带。它不但是秦岭造山带和中央造山系中的一个重要的碰撞缝合线,同时也是中国大陆在印支期完成主体拼合的主要结合带。显然,印支期的碰撞造山作用,使中国现行大陆主体基本形成,从而奠定了东亚区域基本构造格局。

在勉略构造带上目前尚未发现碰撞阶段的火山岩组合,但存在碰撞型花岗质岩浆活动。勉略地区勉略构造带北侧的碰撞型花岗岩主要包括姜家坪岩体(205Ma,锆石U-Pb)、光头山岩体(200Ma,锆石U-Pb)和五龙岩体(202Ma,锆石U-Pb),时代主要为印支期,规模比俯冲型花岗岩体大。岩体平面形态多呈浑圆状、不规则状,不具有主碰撞期变形构造,并切割区域主构造线和勉略构造带,可以进一步细分为同碰撞期姜家坪花岗岩体和碰撞晚期光头山岩体、五龙岩体。岩石类型主要为中细粒二云母二长花岗岩、钾长花岗岩和花岗闪长岩,其化学成分与大陆碰撞型(姜家坪岩体)或碰撞期后(光头山岩体、五龙岩体)构造环境形成的花岗岩类似(李亚林,1999)。阳山金矿带内发育大量规模不同、产状复杂的中酸性脉岩,产出于泥盆纪浅变质地层中,岩性主要为斜长花岗斑岩、花岗斑岩、花岗细晶岩、黑云母二长花岗岩等脉岩。在变形或构造强烈的部位,这些脉岩大多受到构造活动的改造,常形成各种不规则的透镜体、香肠体或无根尖状团块,但形态不完整。脉岩的成岩时代主要为223～202.9Ma(雷时斌等,2010),其化学成分与大陆碰撞型或碰撞期后构造环境形成的花岗岩类似(雷时斌等,2010)。同碰撞型花岗岩的形成与勉略洋盆闭合以及陆-陆碰撞作用有关。宏观上碰撞型花岗岩体切割了主造山期的构造线,说明岩体侵入时代滞后于主造山期挤压收缩变形作用时代,其成因可能与碰撞同期岩石圈拆沉底侵作用有关。

印支期尤其是晚三叠世时期是勉略构造带的主要碰撞阶段。在东亚大区域构造动力的驱动下,东古特提斯构造域内的板块相互会聚碰撞,造成地壳大规模缩短叠置,产生强烈的地壳构造变形。在中央造山系，发生区域主导自北而南的逆冲推覆构造作用，形成复杂的碰撞构造组合。根据区域资料，碰撞作用是从东往西穿时进行的，即东部早、西部晚，勉略带强烈碰撞时期在中—晚三叠世（T_2-T_3）。由于区域构造斜向穿时的俯冲碰撞和不同构造区段板块与地块边界及运动学矢量、速度、强度的差异，以及同一区段不同岩片所处原始构造位置、构造层次的不同，碰撞构造的变形样式和变形强度在纵、横向上均有明显的差异性。卷入碰撞构造变形的地层包括三叠纪及以前的所有地层（Zhou et al.，2016）。不同区段根据变形样式、变形特点和叠加复合关系，总体可以区分出碰撞作用早期以褶皱变形作用为主的阶段和碰撞晚期以逆冲推覆构造发育为主的构造递进演化进程。

主造山碰撞早期构造以褶皱变形为主要特征。在文县-三河口-康县地区的桥头-三河口逆冲推覆体中，泥盆纪三河口群的褶皱变形是以先期形成的透入性片理面为主变形面，形成一系列轴面北倾的紧闭、同斜倒转褶皱，并发育有非透入性轴面褶劈理。在南坪—文县中寨一带的南坪-黑河逆冲推覆体的三叠系中，变形总体以褶皱变形构造为主，伴随有逆冲断层发育，总体构造样式为北西西向展布的复式向斜构造，是在区域挤压收缩机制下形成的。三叠系内部虽然发生了强烈的不同尺度的褶皱构造变形，但岩层原生沉积构造保留较好，特别是浊积岩系的鲍马序列仍清晰可见。褶皱构造以层理为变形面，局部地带发育轴面劈理。在武都琵琶寺地区，琵琶寺火山岩虽然后期本身作为一个大型构造透镜体产出，但其内部先期构造仍以早期片理面为变形面形成近直立紧闭背形构造，并发育具有细条带状构造的糜棱岩，表明其被韧性剪切作用所改造。在南坪—文县—临江一带的泥盆系—二叠系被动陆缘沉积岩系中，碰撞早期形成的褶皱构造是其主要构造样式，虽然被后期逆冲断层所切割破坏，但总体构造样式仍然可以恢复为一个向西倾伏的大型复式背斜构造，褶皱样式多为同斜倒转褶皱、斜歪褶皱以及同斜紧闭褶皱。总之，被动陆缘沉积岩系内部早期以褶皱变形为主，虽然各地段褶皱构造样式因局部边界的不规则性在空间上存在变化和差异，但总体构造样式仍然可以进行对比，它们是在早期挤压收缩作用下所形成的。在勉略构造带北侧，区域上的白龙江逆冲推覆构造带，除后期叠加构造外，其主体构造也是碰撞时期的构造变形，总体构造样式为一个向西倾伏的巨型复式背斜构造，两翼发育有大量次级平行褶皱。

主造山碰撞晚期以区域向南的逆冲推覆构造变形为主要特征。该期变形是在强大的板块相互作用下产生的，自南向北的俯冲和自北向南的仰冲在区域挤压构造作用下，沿古缝合带发生垂直于构造带的不对称逆冲剪切作用，使早期形成的褶皱构造演化发生逆冲断层和逆冲型剪切带的叠加，同时也使早期褶皱轴再变形，并在平面上发生弧形弯曲。区域内产生规模巨大的向南的逆冲推覆构造作用，形成以一系列不同规模、不同级别的北倾弧形逆冲断层为主的巨型推覆构造系，造成不同时代、不同性质、不同类型的构造岩片、岩块在横向上和纵向上相互叠置，形成复杂的叠瓦状指向南的逆冲推覆构造系。这是勉略构造带在主碰撞造山时期形成的区域主要的构造格架和构造样式。在主造山碰撞晚期主导向南南西的逆冲推覆作用下，形成了文县大型弧形逆冲推覆构造，造成古缝合带北侧的白龙江逆冲推覆构造带向南逆冲于古缝合带内的南坪-文县-康县弧形逆冲推覆构造带和南坪-黑河三叠系构造岩片之上，南坪-文县-康县弧形逆冲推覆构造系又向南逆冲于南侧碧口地块北缘的震旦系—寒武系构造岩片（文县以东）以及泥盆系—石炭系被动陆缘沉积岩系（文县以西）之上，而碧口地块沿北侧边界逆冲推覆断裂带则在先期向南逆冲推覆基础上，在上部又反向向北逆冲于碧口地块北缘的震旦系—寒武系构造岩片（文县以东）以及泥盆系—石炭系被动陆缘沉积岩系（文县以西）之上，在碧口地块北缘的震旦系—寒武系构造岩片以及泥盆系—石炭系被动陆缘沉积岩系南北两侧形成对冲式逆冲构造。这一对冲构造所夹持的一带正是现今残存的勉略构造带中的原古缝合带，从略阳-勉县-文县北一直西延向南坪南一线。同时在南坪-文县-康县弧形逆冲推覆构造向南南西方向逆冲推覆过程中在康县-文县区段的弧形构造带东段还发生显著的左行走滑剪切作用，造成不同时代、不同性质的构造岩片（块）的进一步复杂叠置拼贴和构造混杂。

3.5 陆内造山叠加改造作用阶段(K—E)

晚三叠世以后,勉略构造带进入陆内构造演化阶段,在中—晚三叠世东古特提斯构造域全面碰撞造山之后,在西段阿尼玛卿古缝合带南北两侧邻近地区形成晚三叠世—早侏罗世八宝山群海陆交互相和陆相含煤碎屑磨拉石沉积(姜春发等,1992),标志着阿尼玛卿构造带的陆-陆碰撞造山过程已经完成,东古特提斯洋北缘分支已经关闭,并将南北陆块拼贴为统一的大陆。勉略地区古缝合带被光头山岩体侵入,西秦岭地区大型逆冲推覆构造和阿尼玛卿地区逆冲推覆构造被早—中侏罗世、白垩纪(J-K)陆相断陷盆地所覆盖,表明阿尼玛卿-勉略古缝合带于二叠纪晚期(T_3)基本闭合,扬子板块与西秦岭微板块已经完成了陆-陆碰撞造山过程,中国大陆的主体已经基本形成。在此之后,发生陆内斜向俯冲(或碰撞)以及造山后的伸展塌陷等构造作用,形成相应的走滑、伸展、逆冲等造山后陆内构造。

陆内造山作用以逆冲推覆、断块差异隆升、断坳盆地的形成及陆内岩浆活动为特征。该期喷出岩发育较弱,且集中于晚印支构造期,岩性以基性火山岩为主,例如四川松潘东北寨一带晚三叠世地层中出露的蚀变玄武岩,此外还有哲波山中—上三叠统扎尕山组中的安山质凝灰岩等。相对火山岩,侵入岩比较发育,主要沿白龙江褶皱、断裂构造带呈串珠状、带状分布,多以浅成相和超浅成相小岩株或岩脉形式产出,多为中性和中酸性岩类。如碧口地块内部的阳坝黑云母花岗闪长岩(215~207Ma,秦江峰,2005;Qin et al.,2008,2010)、武都小金厂石英闪长岩、马庄子石英闪长岩以及摩天岭二长花岗岩等。此外,区域上还零散产出一些较大的岩株、岩基,属深成相中酸性岩浆侵入体,如礼县一带的以二长花岗岩为主的"五朵金花"复式岩基,南部红原至哲波山一带的羊拱海各达盖寨二长花岗岩体(张宏飞等,2005)。

在经历了侏罗纪时期的陆内逆冲推覆与走滑构造作用后,晚燕山期早期(K_1)的陆内演化阶段又经历了隆升和伸展断陷作用,伸展断陷形成大量早白垩世陆相红色粗碎屑岩断陷沉积盆地,且伸展断陷明显受到区域主要断裂的控制(Li et al.,2019)。燕山晚期发生浅层次逆冲推覆构造作用,造成白垩纪陆相粗碎屑岩沉积盆地北缘普遍发育向南的逆冲断层。新生代印度板块向北俯冲碰撞,造成青藏高原隆升,并影响控制新生代构造的发育。

4 典型金矿床地质特征

阳山金矿带夹持于碧口地块、秦岭微板块以及松潘-甘孜造山带之间,是西秦岭地区重要的金成矿带之一。阳山金矿带内从西到东已先后发现了甲勿池、联合村、关牛湾、新关、阳山、蒋家山、北金山、金坑子、水洞沟、三流水、塘坝、周家沟、干河坝、铧厂沟等多个大型—超大型金矿床及大量金矿化点,它们均围绕碧口地块北缘产出,具有相同的成矿背景和成矿特征。其中,阳山金矿是规模最大、最具代表性、研究和勘查程度最高的金矿床。因此,项目组对阳山金矿床开展了详细的典型矿床解剖,对塘坝、新关、金坑子、关牛湾等金矿床(点)进行调查。通过对阳山金矿区进行路线地质调查、典型剖面测制、主要矿化体观测、专项地质填图等,研究矿床地质特征、控矿地质因素及找矿标志,确立控矿构造体系,查明成矿作用特征标志,为分析成矿作用、建立成矿模型和开展找矿预测工作奠定基础。

阳山金矿床位于甘肃省陇南地区,西起文县石坊乡,经堡子坝乡、桥头乡,至北金山一带。该金矿床为武警黄金第十二支队于1997年发现。经过多年的勘查工作,已发现含金矿脉96条,探明黄金储量达到超大型规模,且该金矿床近90%的资源量产出于安坝矿段接近3km²的范围之内(阎凤增等,2010)。阳山金矿床位于碧口地块北缘,属西秦岭南亚带,夹持于扬子板块、华北板块和松潘-甘孜造山带三大构造单元之间(图4-1),是中国大陆东西向中央造山系与南北向贺兰-川滇构造带垂向交会区(张国伟等,2004)。阳山金矿床受安昌河-观音坝断裂带控制,西起泥山,东至张家山,全长约20km,整个矿区从西向东共划分为泥山、葛条湾、安坝、高楼山、张家山和阳山6个矿段。

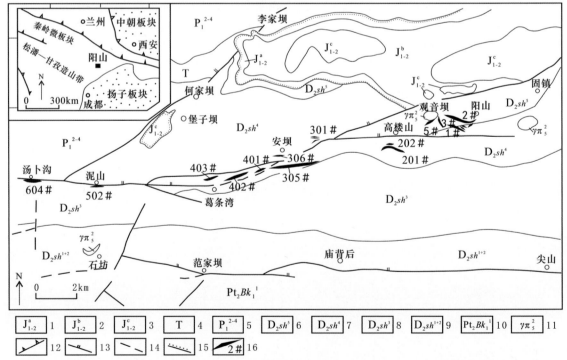

1.中下侏罗统红色砾岩;2.中下侏罗统泥灰岩、页岩;3.中下侏罗统黄色砾岩;4.三叠系砂岩、板岩;5.下二叠统中部四段灰岩、板岩;6.中泥盆统三河口群五段灰岩;7.中泥盆统三河口群四段千板岩夹薄层灰岩;8.中泥盆统三河口群三段砂岩、砂质板岩;9.中泥盆统三河口群砂岩、板岩;10.中元古界灰岩、变岩砂岩;11.燕山期花岗斑岩;12.俯冲带;13.断层;14.推测断层;15.不整合界线;16.金矿化体及编号

图4-1 甘肃文县阳山金矿床地质简图(据齐金忠等,2003c)

4.1 矿区地质特征

4.1.1 沉积岩石建造

矿区出露的地层主要有碧口群变质基底、古生界泥盆系和中生界三叠系、白垩系,此外还有大面积古近系—新近系风成黄土和第四系冲、洪积物。前人研究认为,碧口群和泥盆系与金矿关系密切,中生界三叠系和白垩系与金矿关系不大。

1) 碧口群

碧口群主要分布于工作区东南部,总体走向为近东西向,其上覆地层为泥盆系,两者为不整合接触。碧口群创建于1944年,在1970年文县幅1:20万测资料中,将碧口群划为下古生界;而在1989年碧口幅1:20万区域地质调查资料中,将碧口群从下而上分为蓟县系、青白口系、震旦系和寒武系。

碧口群为一套巨厚浅变质火山-沉积岩建造,东部(即勉略宁地区)以火山岩为主,西部以沉积岩为主;东部变质浅,西部变质较深,二者为过渡关系。东部火山岩主要由细碧岩、石英角斑岩及相应的火山碎屑岩组成,还有少量玄武岩、流纹岩、安山岩和钾质流纹岩及火山碎屑岩。西部地区的沉积岩主要为泥质岩石和碎屑岩,局部出露浊积岩,夹少量的火山岩及火山碎屑岩,均已变质成各种片岩(齐金忠等,2001)。

对于碧口群大地构造归属和形成环境问题,目前还存在多种看法,李春昱(1981)、张国伟等(1997)和赵祥生等(1990)认为是扬子板块的西北缘;陶维屏等(1994)、王相等(1988)、王尚文等(1983)则认为是华北板块的增生体;申安斌等(1997)根据莫霍面等值线深度认为该区既不属于华北板块,也不属于扬子板块;刘铁庚等(1999)根据该区被3条缝合线级别的大断裂包围的事实和地球物理资料,将该区划为一个独立的板块,称之为甘孜-勉略宁微板块;而丁振举等(1999)则称之为碧口微板块。目前针对碧口群火山岩的地质构造环境主要有两种观点:一种观点认为碧口群火山岩系是蛇绿岩套的组成部分,形成于岛弧(裴先治,1989;张家润,1990;秦克令,1994;丁振举等,2000;闫全人等,2004)、洋中脊、大洋板内和弧内裂谷(张二朋等,1993;刘国惠等,1993;董广法等,1998)等环境;另一种观点则认为碧口群火山岩系是大陆板内火山作用产物,形成于大陆裂谷环境(夏林圻等,1976,2007;刘铁庚,1999;匡耀求等,1999;徐学义等,2002)。

从矿区的角度看,碧口群主体出露于矿区南部,距离金矿勘查区较远,二者没有直接的空间位置关系。但对勘查区内与矿床具有密切空间位置关系的中酸性岩脉研究后认为,碧口群可能为勘查区内的岩浆岩提供一部分物源(详见后述),微量元素和同位素的示踪也反映在矿石中带有碧口群岩石地球化学的烙印,间接证明了碧口群在后期的成矿过程中,特别是与成矿相关的岩浆作用过程中可能发挥了一定作用。

2) 泥盆系

泥盆系在矿区内以桥头组和屯寨组为主,是矿区内的主要地层,且与矿体空间位置关系密切。该地层主要由暗灰色泥质板岩、千枚岩类,暗灰色薄层板状及中厚层泥状灰岩类等组成,局部夹泥质粉砂岩以及中厚层结晶灰岩、泥质条带灰岩和钙质粉砂岩,与底部震旦系接触的部位发育1~2层硅质岩,总厚约20m。此外,矿区内泥盆系中常见含细粒草莓状黄铁矿、毒砂的层位。研究表明,本矿区泥盆系应为一套热水沉积地层。

野外观察到的泥盆系岩性主要为千枚岩(钙泥质千枚岩、碳质千枚岩)、大理岩化灰岩(白云质灰岩)和变质石英砂岩(图4-2)。还可见到板岩、片岩和硅质岩等,但均未见到矿化。

a. 安坝矿段的灰黑色千枚岩;b. 安坝矿段的碳质千枚岩;c. 葛条湾矿段的灰黑色千枚岩,见褐铁矿;d. 葛条湾矿段堡子坝的变质石英砂岩;e. 高家山矿段的千枚岩夹变质石英砂岩;f. 高家山矿段的变质石英砂岩及其中的石英脉;g. 泥山矿段的轻微破碎大理岩化白云质灰岩;h. 泥山矿段的中厚层大理岩化灰岩

图4-2 阳山金矿带的泥盆纪赋矿地层野外照片

钙泥质千枚岩：灰色、灰绿色或灰黑色，粒状鳞片变晶结构、千枚状构造。显微镜下看到主要的矿物为细粒的石英、绢云母、黏土矿物、绿泥石、绿帘石、方解石、黄铁矿和褐铁矿等，这些矿物有的可见沿千枚理呈定向排列。金属矿物黄铁矿、毒砂等或呈浸染状分布，或沿脉状产出。

碳质千枚岩：灰黑色或黑色，染手，粒状鳞片变晶结构、千枚状构造。显微镜下可辨认出的主要矿物为石英、绢云母、黏土矿物、绿泥石、绿帘石、方解石、黄铁矿和褐铁矿等，这些矿物有的可见沿千枚理呈定向排列。金属矿物黄铁矿、毒砂等或呈浸染状分布，或沿脉状产出。

大理岩化灰岩：灰白色，隐晶质结构，块状构造。硅化之后岩石更加坚硬，并常见方解石-石英脉。显微镜下可见草莓状黄铁矿、蚀变绢云母和绿泥石等矿物，地表风化呈土黄色。

大理岩化白云质灰岩：灰白色—乳白色，隐晶质结构，块状构造。可见针状、放射状似文石矿物。常见方解石-石英脉，表面常氧化成黄褐色—土黄色。

变质石英砂岩：灰白色—灰红色，变余砂状结构，块状构造，可见大量的石英矿物，另外可见绢云母、绿泥石、绿帘石等矿物，表面常氧化成红褐色。

阳山金矿床各个矿段分布的地层岩性基本相同（表4-1），仅有细微的差别。钙泥质、碳质千枚岩及灰岩在各个矿段均有出露，但安坝矿段灰岩出露较少；变质石英砂岩则在葛条湾矿段和观音坝矿段有少量出露；板岩、片岩、硅质岩等在整个金矿带出露都比较少，板岩和硅质岩在葛条湾矿段和高楼山矿段有部分出露，片岩仅在葛条湾矿段少量出露。

表4-1 阳山金矿床各矿段地层岩石类型分布特征

岩性	泥山矿段	葛条湾矿段	安坝矿段	高楼山矿段	阳山矿段	张家山矿段
钙泥质千枚岩	**	***	***	**	**	**
碳质千枚岩	*	**	***	**	**	**
大理岩化灰岩	***	**	*	***	***	***
变质石英砂岩		*			*	
板岩		**		*		
片岩		*				
硅质岩		*		*		

注："＊＊＊"为常见，"＊＊"为一般，"＊"为少见，空白表示未见。

4.1.2 岩浆活动特征

4.1.2.1 地质及岩石学特征

矿区内岩浆活动相对较弱，仅出露部分酸性岩脉，总体具有如下特点：①沿构造破碎带发育，多为小岩脉，一般长50~300m，宽1~20m不等；②脉岩多为斜长花岗斑岩脉、花岗细晶岩脉、花岗岩脉和黑云母花岗斑岩脉；③脉岩多顺层侵入，围岩多为千枚岩、灰岩和板岩等泥盆系三河口群浅变质地层，脉岩在侵入的过程中造成围岩的局部变形；④多为灰绿色，变余斑状结构，块状构造，多发生热液蚀变，斑晶主要为石英、长石、云母，且多被绢云母和黏土矿物交代蚀变，基质为细晶结构，多为石英及云母；⑤脉岩多发生绢云母化、黄铁矿化，常见黄铁矿、毒砂、辉锑矿等金属硫化物，与金矿化关系密切，为找矿标志之一。根据全岩K-Ar、独居石Th-U-Pb和SHRIMP锆石U-Pb测年结果，多数岩浆岩侵位于晚三叠世—早侏罗世(约210Ma),少数侵位于早白垩世(约116Ma)(齐金忠等,2005;杨荣生等,2006;雷时斌,2010)。

1)黑云母花岗岩

黑云母花岗岩脉(图4-3a):在地表出露,主要见于阳山金矿区安坝矿段高家山一带,长100~200m,宽1~5m,常顺层产出,多产于断裂带内或附近。灰绿色,中粒—粗粒结构,块状构造。主要矿物为石英、斜长石、黑云母。长石蚀变为绿泥石、绿帘石等矿物。石英呈他形,黑云母为半自形-他形。这类脉岩基本没有发生变形,反映可能与上述具有不同程度变形的脉岩不是同一期岩浆活动的产物。

a.黑云母花岗斑岩,产出于葛条湾矿段,围岩为碳质千枚岩,顺层侵入;b.矿化斜长花岗斑岩脉,其中节理较发育,脉岩受地表次生流体改造,黏土矿化发育;c.安坝矿段,斜长花岗斑岩脉硅化、绢云母化,显微镜下特征有原长石斑晶蚀变为绢云母和石英,正交光;d.安坝矿段,矿化斜长花岗斑岩脉硅化、绢云母化、黄铁矿化和毒砂矿化,显微镜下特征有原长石斑晶蚀变为石英,黑云母斑晶蚀变为绢云母,正交光

图4-3 阳山金矿带产出脉岩

2)斜长花岗斑岩脉

斜长花岗斑岩脉(图4-3b)在联合村-阳山和康县月照-琵琶寺2个产出密集区均有大量出露,长300~500m,宽1~5m,常顺层产出,多产于断裂带内,少数产于断裂带附近,并且多条脉常一起形成复脉带(如阳山金葛条湾矿段402号矿脉就是由多条斜长花岗斑岩脉构成的复脉带),局部以小岩株形式产出,如阳山金矿区的观音坝小岩株及塘坝矿区的董家河小岩株。脉体与围岩呈侵入接触关系,围岩常有被烘烤变质的现象,在岩脉与灰岩的接触带附近,这种现象更为明显。无论脉岩是与千枚岩还是与灰岩接触,均伴有红色碳酸盐岩细脉产出,或围岩本身变红,推测斜长花岗斑岩脉上侵时伴有含铁质较高的热液。野外观察表明,矿区内自西向东,脉体有一定的相变,西部的新关金矿区可见有中粗粒的斜长花岗斑岩脉,而东侧汤卜沟一带也可见有基质为隐晶质的斜长花岗斑岩脉,但其矿物成分基本一致。此外,依据岩石变形强度,可分为强片理化斜长花岗斑岩和弱片理化斜长花岗斑岩,与其出露地段岩石

构造变形程度密切相关。地表出露的岩石为灰白色—浅肉红色,依据氧化、蚀变强度不同而不同,新鲜岩石为浅绿色,斑状结构,块状构造。斑晶为斜长石和石英,含量在40%左右,长方体,粒度在3mm左右。基质成分主要为微细粒的石英和绢云母。另外,岩石中还含少量磁铁矿、锆石、磷灰石等副矿物。岩石发生了硅化(图4-3c)、绢云母化(图4-3d)、绿帘石化、绿泥石化和泥化。

3)花岗细晶岩脉

花岗细晶岩脉呈灰白色,在汤卜沟、葛条湾等地均有出露,但规模较小,长一般小于200m,宽一般小于2m,常与花岗斑岩脉相伴,并可见局部切穿花岗斑岩脉,显然其形成时代晚于花岗斑岩脉。同样,花岗细晶岩脉也多产于断裂带内,少数产于断裂带附近,与地层产状基本一致。

4)花岗岩脉

花岗岩脉一般为灰绿色,地表风化为土黄色或砖红色,等粒结构,地表可见中粗—粗粒结构。发生了均匀的绢英岩化、绿泥石化、绿帘石化,局部发育泥化。

4.1.2.2 岩石地球化学特征

1)主量元素

阳山金矿区花岗岩类主量元素具有如下特征:①SiO_2含量为66.36%～76.06%,平均值为71.38%,与中国花岗岩的SiO_2平均值(71.27%,邱家骧,1985)以及世界花岗岩的SiO_2平均值(71.30%,Le Maitre,1976)较为接近,而花岗细晶岩脉SiO_2含量高达80.54%～80.77%(平均值为80.66%),可能与强烈的硅化蚀变有关。②岩石全碱(ALK)含量较低,K_2O+Na_2O含量为0.76%～7.20%,平均值为4.73%,总量绝大多数小于6%,K_2O/Na_2O多数大于1,相对富钾贫钠。③在A/CNK-A/NK图解中投影点均落在过铝质范围内(图4-4a),显示强过铝质特征;MgO含量(0.04%～0.90%)、TiO_2含量(0.04%～0.35%),镁指数($Mg^\#$,8～68,平均值31,小于45)明显偏低,显示壳源特征;除花岗岩类本身属于过铝质岩浆岩之外,一定程度的风化作用也强化了岩石的过铝特征并导致钠、镁等元素的流失。④CIPW标准矿物计算结果表明,矿物组合以石英、正长石、钙长石、钠长石、紫苏辉石、刚玉为主,标准矿物刚玉(C)含量一般为1.49%～18.5%,岩石属SiO_2过饱和系列。⑤岩石里特曼指数(δ)为0.2～1.73,在SiO_2-K_2O图解中数据点大多数落入高钾钙碱性/钙碱性系列范围(图4-4b),属钙碱性岩石系列。花岗岩类岩石分异指数(DI)为79.89～81.2,多数小于80,表明岩石的结晶分异程度较低;岩石氧化度一般为0.57～0.74,具较高的氧化系数,反映了岩石侵位较浅的特点。

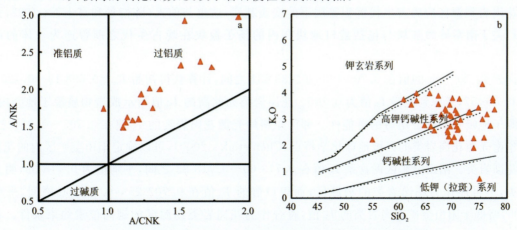

图4-4 花岗岩类A/NK-A/CNK图解(a)和K_2O-SiO_2图解(b)

底图a据Maniar and Piccoli,1989;底图b据Rickwood P C.,1989

2) 微量元素

阳山矿区花岗岩类在微量元素组成上,主要表现为 Rb、Ba、Th、U、K、Ta、Pb 等大离子亲石元素(LILE)富集,而 Nb、Zr、Hf、HREE 等高场强元素相对亏损。在微量元素原始地幔标准化蛛网图(图 4-5)上,具有 Ba、Nb、Sr、P 和 Ti 明显亏损的特征,这些特征明显不同于 I 型、A 型和 M 型花岗岩的微量元素组成特征,而与 S 型花岗岩相似。稀土元素总量($24.22 \times 10^{-6} \sim 97.26 \times 10^{-6}$,平均值为 69.57×10^{-6})较低,轻稀土相对富集,重稀土相对亏损,轻、重稀土分馏明显(La_N/Yb_N 在 3.29~22.40 范围之间),整体具有弱负 Eu 异常($\delta_{Eu}=0.70 \sim 0.79$),区别于幔源型花岗岩,稀土元素球粒陨石标准化分布图为明显负 Eu 异常的右倾谱型。

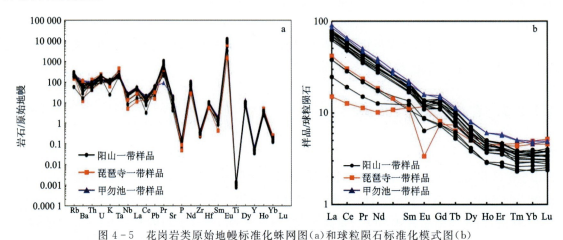

图 4-5 花岗岩类原始地幔标准化蛛网图(a)和球粒陨石标准化模式图(b)

对阳山金矿区内花岗岩类开展了 Sr、Nd、Pb 同位素分析测试,并以其平均年龄 190Ma 进行了校正计算,结果表明,花岗岩类 $^{206}Pb/^{204}Pb$、$^{207}Pb/^{204}Pb$ 和 $^{208}Pb/^{204}Pb$ 的值分别在 18.136~18.555、15.528~15.668、38.189~39.036 之间,平均值分别为 18.294、15.593、38.482。泥盆系 $^{206}Pb/^{204}Pb$、$^{207}Pb/^{204}Pb$ 和 $^{208}Pb/^{204}Pb$ 的值分别在 18.626~19.715、15.683~15.858、39.316~40.785 之间,其平均值分别为 19.238、15.760、40.004,均高于花岗岩类铅同位素相应比值,因此,泥盆系不可能作为岩浆的直接源区。碧口群变质基底 $^{206}Pb/^{204}Pb$、$^{207}Pb/^{204}Pb$、$^{208}Pb/^{204}Pb$ 的值分别在 17.644~18.763、15.471~15.928、38.064~40.069 之间,平均值分别为 18.131、15.678、38.882,完全涵盖了花岗岩类的铅同位素相应比值,表明碧口群变质基底符合花岗岩类源区的条件。南秦岭基底 $^{206}Pb/^{204}Pb$、$^{207}Pb/^{204}Pb$、$^{208}Pb/^{204}Pb$ 的值分别为 17.832、15.486、38.319,也符合阳山金矿花岗岩类源区的条件。因此,碧口地块北缘阳山金矿区内花岗岩类源区应为古生代沉积盖层下的变质基底,这也与前人(陈衍景和富士谷,1992;张国伟等,2001)关于南秦岭微陆块与包括碧口地块在内的扬子板块在晚古生代之前曾连为一体的认识相一致。

花岗岩类 $^{87}Sr/^{86}Sr$ 的值在 0.709 193~0.738 631 之间,计算获得初始 $I_{Sr}=0.698\ 19 \sim 0.720\ 44$,平均值为 0.710 67,考虑到地幔 I_{Sr} 值为 0.705。花岗岩类如此高的 I_{Sr} 值指示成岩物质源于地壳内部,而排除了源于地幔物质部分熔融的可能性。邻区东秦岭壳源花岗岩类的 I_{Sr} 值在 0.705~0.714 之间,普遍低于华南壳源花岗岩类的区域地球化学特点(Chen et al.,2000),可以确定阳山金矿区内的花岗岩类是壳源花岗岩类。阳山金矿泥盆系 I_{Sr} 值在 0.713 60~0.718 83 之间,平均值为 0.716 39,明显高于花岗岩类,不可能作为花岗岩类的物源区;而碧口群的 I_{Sr} 值在 0.702 25~0.712 60 之间,平均值为 0.705 99,略低于阳山金矿花岗岩类的 I_{Sr} 值,符合作为花岗岩类物源区的锶同位素约束条件。花岗岩类的 $(^{143}Nd/^{144}Nd)_i$ 值在 0.512 065~0.512 583 之间,$\varepsilon_{Nd}(t)$ 变化范围为 $-3.1 \sim -6.6$,平均值为 -3.4,揭示源区物质属于年轻地壳。泥盆系的 $(^{143}Nd/^{144}Nd)_i$ 值在 0.511 68~0.511 73 之间,$\varepsilon_{Nd}(t)$ 变化范围为

−12.3～−13.1，平均值为−12.8，远低于花岗岩类，因此不符合物源区 $\varepsilon_{Nd}(t)$ 应高于花岗岩类 $\varepsilon_{Nd}(t)$ 的条件。碧口群($^{143}Nd/^{144}Nd$)$_i$ 的值 0.511 780～0.513 354 之间，其 $\varepsilon_{Nd}(t)$ 变化范围为−11.3～19.4 之间，覆盖了花岗岩类的 $\varepsilon_{Nd}(t)$ 变化范围，符合岩浆源区应有的钕同位素特征。此外，阳山金矿区花岗岩类钕同位素二阶段模式年龄 T_{2DM} 集中于 1.51～1.23Ga 之间，平均值为 1.33Ga，指示源区物质的平均地壳存留年龄为 1.33Ga，此年龄与碧口群的同位素年龄一致，后者为 1367～1235Ma（胡正东，1990；秦克令等，1992；王振东等，1995；张宗清等，2002）。因此，无论是钕同位素组成还是二阶段模式年龄，均表明碧口群变质基底是阳山金矿区内部分花岗岩类源区之一。

4.1.2.3 成岩时代

前人对阳山金矿带脉岩的形成时间进行过多种同位素方法的研究（表 4-2），主要包括 SHRIMP 锆石 U-Pb、LA-ICP-MS 锆石 U-Pb、Ar-Ar 和 K-Ar 等方法，从这些测年成果可以总结以下几个特点：①被认为较为精确的单颗粒锆石 U-Pb 同位素，无论是 SHRIMP 还是 LA-ICP-MS 测试，绝大多数样品都会出现多组年龄；②单颗粒锆石 U-Pb 年龄跨度很大，最大年龄有 20 多亿年，最小年龄为 50Ma，而其他方法获得年龄则基本上集中在中生代；③利用 K-Ar 和 Rb-Sr 方法测试的同位素年龄普遍小于 200Ma，而锆石 U-Pb 年龄则多数大于 200Ma，而且大于 200Ma 的锆石颗粒远多于小于 200Ma 的锆石颗粒；④被测试的样品，不论是岩浆岩脉还是石英脉，不论是同一类型脉岩还是不同类型脉岩，也无论它们矿化与否，似乎没有明显的规律可循。这表明，对这些同位素年龄的解释需要谨慎，特别是需要结合样品岩性的准确归类及其野外产状进行。根据阳山金矿带地质特征以及测试年龄样品所代表岩石的野外产状，不同学者对获得的年龄地质意义进行了解释。其中，以雷时斌等（2010）报道的年龄最多，且考虑到了阳山金矿带内与阳山金矿相邻的其他矿床，全部是 SHRIMP 锆石 U-Pb 年龄，因而也相对精确。其中，联合村金矿 2 件矿化花岗斑岩样品最年轻的年龄分别为（212.7±3.4）Ma 和（217.8±2.8）Ma；石鸡坝郭家坡矿段矿化花岗细晶岩脉样品最年轻的年龄为 209Ma，但只有一粒锆石，同时存在（243.1±2.1）Ma 年龄信息；新关金矿强矿化花岗斑岩最年轻的年龄为 147.2Ma，也仅一粒锆石，同时存在（223.2±5.4）Ma 和 266.7Ma 的年龄信息；阳山金矿区安坝矿段 4 件矿化斑岩样品中，最年轻的年龄分别为（115.8±3.6）Ma（TC439）、148.6Ma（ZK2596）、187.8Ma（YA）、215.9Ma（H01-1）；而泥山矿段一个弱矿化石英斑岩样品最年轻的年龄为（207±3.0）Ma。

表 4-2 阳山金矿区及周边岩浆岩同位素年龄

样品号	采样位置	采样岩性	测试矿物	测试方法	年龄/Ma	资料来源
AB01	安坝	花岗斑岩	锆石	LA-ICP-MS	213.4±0.7(14粒)	Yang et al., 2015c
AB02	安坝	花岗斑岩	锆石	LA-ICP-MS	210.8±4.0(5粒)	
AB03	安坝	花岗斑岩	锆石	LA-ICP-MS	216.24±2.0(1粒)	
GTW01	葛条湾	花岗斑岩	锆石	LA-ICP-MS	213.3±0.6(16粒)	
GTW02	葛条湾	花岗斑岩	锆石	LA-ICP-MS	215.3±2.3(3粒)	
GTW03	葛条湾	花岗斑岩	锆石	LA-ICP-MS	213±2(1粒)	
NS01	泥山	花岗斑岩	锆石	LA-ICP-MS	213.1±4.3(4粒)	
NS02	泥山	花岗斑岩	锆石	LA-ICP-MS	217±3(1粒)	
ZK001-4	ZK001-4	花岗斑岩		K-Ar	189.4±7.2(平均)	齐金忠等，2006a

续表 4-2

样品号	采样位置	采样岩性	测试矿物	测试方法	年龄/Ma	资料来源
LCK2	联合村露天采场	蚀变花岗斑岩	锆石	SHRIMP U-Pb	762(6粒)	雷时斌等,2010,2011
					212.7±3.4(4粒)	
					292(1粒)	
					347.7(1粒)	
LPD1	联合村平硐	蚀变花岗斑岩	锆石	SHRIMP U-Pb	217.8±2.8(11粒)	
GCK1	郭家坡露天采场	花岗细晶岩脉	锆石	SHRIMP U-Pb	937(3粒)	
					523.7(1粒)	
					243.1±2.1(3粒)	
					209(1粒)	
XD1	新关矿段坑道	强矿化花岗斑岩	锆石	SHRIMP U-Pb	711(3粒)	
					223.2±5.4(3粒)	
					66.7(1粒)	
					147.2(1粒)	
					438.7(2粒)	
H01-1-1	安坝北带	中粗粒花岗斑岩	锆石	SHRIMP U-Pb	215.9±3.1(4粒)	
					251.1(1粒)	
TC439	安坝草坪梁	花岗斑岩	锆石	SHRIMP U-Pb	115.8±3.6(5粒)	
					267.9(1粒)	
					144.3(1粒)	
YA	安坝坑道305矿体	强矿化花岗斑岩	锆石	SHRIMP U-Pb	187.8(1粒)	雷时斌等,2010,2011
					330.3(1粒)	
					550.7(3粒)	
					799.4(8粒)	
N2	泥山	中粗粒花岗斑岩	锆石	SHRIMP U-Pb	207±3(3粒)	
ZK2596	安坝矿段	弱矿化石英斑岩	锆石	SHRIMP U-Pb	209.6±1.6(9粒)	
					148.6(1粒)	
					184.1(1粒)	
	安坝里南	花岗闪长斑岩	锆石	LA-ICP-MS	218.7±3.7	孙骥等,2012
DS05	大水矿区	格尔括合岩体	锆石	LA-ICP-MS	215±10	韩金生等,2011
DS20		脉岩			217±6.2	
DS52		脉岩			217.9±5.4	
	大水矿区	格尔括合岩体	锆石	LA-ICP-MS	215.8±1.3	闫海卿等,2009
		竖井941脉岩			202.9±1.5	

续表 4-2

样品号	采样位置	采样岩性	测试矿物	测试方法	年龄/Ma	资料来源
	大水矿区	未蚀变闪长岩	磷灰石	裂变径迹	157.4 (131.9—188.5)	袁万明等,2004
	大水矿区	格尔括合岩体		Ar-Ar	235.4±1.3(P)	韩明春等,2004
					235.2±2.3(I)	
		花岗闪长岩脉			222.5±2.6(P)	
					223.0±2.8(I)	
		闪长玢岩脉		K-Ar	184.7	赵彦庆等,2003
					182.6	
	石鸡坝矿区	花岗细晶岩		K-Ar	49.4±4.5	李亚东等,1994
	铧厂沟矿区	蚀变细碧岩	铬水云母	K-Ar	144.2±14.90	宗静婷,2004
	阳坝	花岗闪长岩	锆石	LA-ICP-MS	215.4±8.3	秦江峰等,2005
	阳坝	黑云二长花岗岩	锆石	LA-ICP-MS	194	秦克令等,1992
					230	
13NS-19	泥山矿段	细晶岩	锆石	LA-ICP-MS	155(1粒)	本书
					187(1粒)	
					213(1粒)	
					223(1粒)	
305-4	安坝矿段	花岗斑岩	锆石	LA-ICP-MS	221(1粒)	
					228(1粒)	
315-1	安坝矿段	花岗斑岩	锆石	LA-ICP-MS	190(1粒)	
11AB9	安坝矿段	花岗斑岩	锆石	LA-ICP-MS	295(1粒)	
AB1+2	安坝矿段	花岗斑岩	锆石	LA-ICP-MS	202(1粒)	
ZK1312-27	安坝矿段	花岗斑岩	锆石	LA-ICP-MS	167(1粒)	
					214(1粒)	

  Yang 等(2015c)对阳山金矿区安坝、葛条湾、泥山矿段内花岗斑岩进行了 LA-ICP-MS 锆石 U-Pb 年龄测试,共测试样品8件(图4-6)。测试结果表明(表4-2),单颗粒锆石 U-Pb 模式年龄跨度很大,最老的有20多亿年(2509Ma),最小年龄为203Ma;阳山金矿区花岗斑岩加权平均年龄主要分布在210Ma～217Ma 之间。

  结合区域上大水、石鸡坝、铧厂沟等金矿区的侵入岩年龄统计分析(表4-2),阳山金矿带成岩时代总体上构成了119.4～115.8Ma、157.4～133.9Ma、194～184.1Ma、223～202.9Ma、267.9～251Ma 等5个年龄区间。如果将各样品中最年轻的年龄看作是相应岩脉结晶年龄,那么自250Ma 以来,本区存在着至少5个期次的构造-岩浆热事件。有趣的是,各期次之间均相隔约30Ma。如不考虑更早锆石年龄,在这些年龄段中,223～202.9Ma 既是区域分布较广的年龄区间,同时也是相对集中的年龄区间,且与杨荣生等(2006)获得的安坝矿区含矿斑岩独居石第二组年龄(代表岩浆侵入年龄)及孙骥等(2012)测得的安坝里南花岗斑岩年龄一致,也与区域上南一里(李佐臣等,2007)和阳坝(秦江峰等,2005)等花岗岩体的锆石 U-Pb 年龄相吻合,因而应是本区最明显的一次岩浆活动时间。

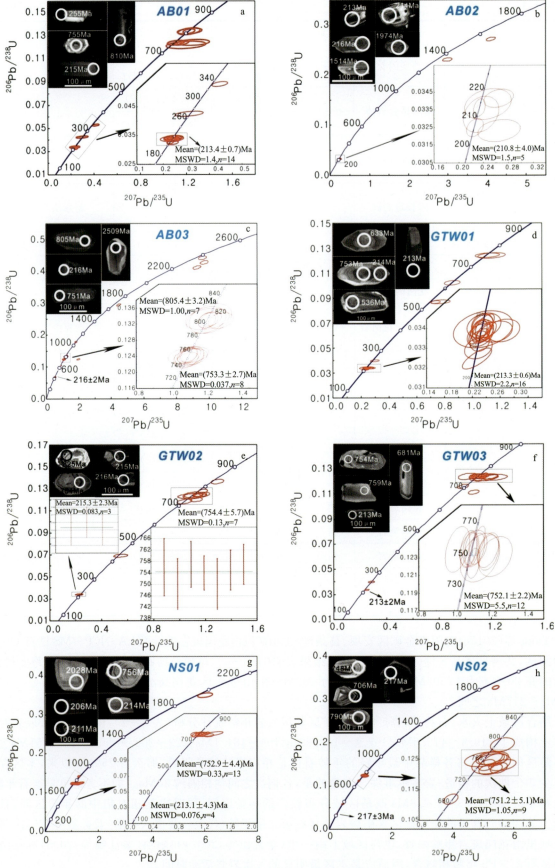

图 4-6 阳山金矿区花岗斑岩锆石 U-Pb 一致曲线图(Yang et al.,2015c)

4.1.2.4 成岩构造环境

碧口地块北缘花岗岩类岩石地球化学显示出强过铝质花岗岩特征,花岗岩脉中未见暗色包体及相对高的 SiO_2 含量端元,结合以上分析的 Sr、Nd 同位素特征及相关图解(图 4-7),综合表明,它们源岩均来自陆壳物质,并具同源性。

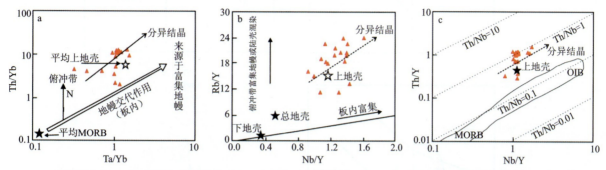

a. 底图据 Jahn et al.,1999;b. 底图据 Pearce et al.,1990;c. 底图据 Botzug et al.,2007;MORB(洋中脊玄武岩),OIB(洋岛玄武岩)。上地壳和总地壳组成数据来源于 Taylor and McLennan,1985;板内富集数据来源于 Pearce et al.,1990

图 4-7 花岗岩类物质源区判别图

此外,在有关岩浆源区成分的相关判别图解(图 4-8)中,本区花岗岩类数据点大部分落入变质杂砂岩区,显示岩浆源岩是变质杂砂岩。

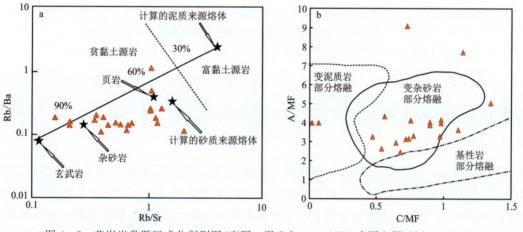

图 4-8 花岗岩类源区成分判别图(底图 a 据 Sylvester,1998;底图 b 据 Altherr,2000)

在反映岩浆岩形成环境的 Rb-(Yb+Ta)、Ta-Yb 图解(图 4-9a、图 4-9b)上,本区岩浆岩数据点集中落入火山弧(VAG)和同碰撞花岗岩的界线附近,而在 Rb-(Y+Nb)图解(图 4-9c)上,数据点落入火山弧花岗岩(VAG)和后碰撞花岗岩(Post-COLG)重叠区域内,表明本区上述所讨论的中酸性脉岩可能形成在同碰撞到碰撞后(伸展)等构造环境中,它们可能并不全是同一期岩浆活动的产物,而是跨越了从碰撞到后碰撞(伸展)这两个连续发育但过程相对短暂的构造环境。

综上所述,形成花岗岩的岩浆来自晚三叠世由软流圈上涌造成板块断离作用,它引发了含石榴子石-角闪石下地壳的部分熔融。与岩浆作用以及勉略构造带内伸展作用有关的板块断离,标志着秦岭造山带内伸展作用的开始,该伸展作用是华北板块和华南板块大陆碰撞的结果。堡子坝岩体在晚三叠世受勉略构造带和扬子板块北缘的控制,产出于区域左行走滑断层的扭断部位(Yang et al.,2015c)。

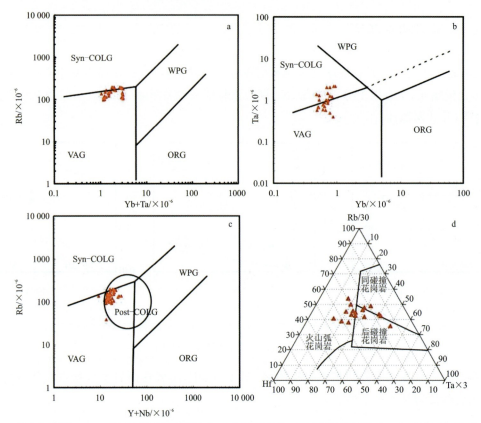

VAG. 火山弧花岗岩；Syn-COLG. 同碰撞花岗岩；WPG. 板内花岗岩；ORG. 洋脊花岗岩；Post-COLG. 后碰撞花岗岩

图 4-9 阳山金矿花岗岩类构造环境判别图解

(底图 a、b 据 Pearce et al.,1984;底图 c 据 Pearce et al.,1996;底图 d 据 Harris et al.,1986)

4.1.3 成矿构造特征

在成矿构造方面，主要从以下不同层次开展了研究工作：①控制区域成矿环境的构造体系研究，由于在第 2 章区域地质特征中，已经对控制区域成矿的勉略构造带和玛曲-南坪-文县逆冲推覆构造带特征进行了详细阐述，这里就不再重复介绍了。②控制矿带的构造体系研究，以穿越阳山金矿的地质剖面为主，结合重点构造露头的详细观察，研究控制矿带总体分布的构造性质及其活动特征，确定阳山金矿带控制边界构造，分析其内部构造活动特点。③控制岩体、矿脉和矿体的构造体系研究，通过对重点矿段、主要矿体控制构造的观察研究，查明控制矿脉、矿体就位的构造性质、规模、产状等特征和活动规律，系统并详细测量不同构造的产状要素。

通过上述工作，开展了成矿带内构造活动的分期配套研究，结合构造控岩、控矿特点，明确主要控矿构造的类型、性质、规模、空间分布及其控矿的具体特征。

在成矿空间方面，根据阳山等典型矿床现有勘查成果，主要从以下 3 个方面开展研究工作：①不同地层岩性结构面的控矿特征研究，因为赋矿地层主要为泥盆系，所以重点查明千枚岩、砂岩、灰岩、硅质岩、重晶石岩等相互关系和变化规律，以及不同岩性层结构面与矿体的相互关系，确定这类结构面的成矿特点。②不同类型结构面控矿特征研究，主要针对阳山金矿内控矿构造开展，重点查明韧-脆性剪切带活动特点，如它们主要形成的部位是否迁就岩性界面、不整合面等活动，它们的活动规模、性质，控岩与控脉情况等,确定重要含矿和赋矿构造结构面。③岩浆岩脉与地层岩性接触带研究,重点查明花岗斑岩脉、花岗岩脉、花岗细晶岩脉等不同岩脉的空间分布特征等,观察岩脉侵入地层层位、构造性质特点,查明岩脉与不同性质地层岩石接触带的特征和蚀变情况,进一步明确到底哪些性质和类型的接触面对于成矿更为有利。

4.1.3.1 金矿带控矿构造特征

阳山金矿带夹持于碧口地块、秦岭微板块以及松潘-甘孜造山带之间,为西秦岭地区重要的金成矿带之一。阳山金矿带经历了新元古代—早古生代俯冲造山、晚古生代—三叠纪碰撞造山和中—新生代陆内造山等复合造山运动。晚三叠世—早侏罗世,进入碰撞后的伸展状态,这一过程的时限不长,但却对本区构造演化和成矿具有重要意义,包括一系列断裂、韧性剪切、大规模推覆及褶皱构造在内的大量控制矿带的构造体系正是在这阶段形成的。燕山期,进入陆内阶段,又在前期构造体系基础上,叠加发育了中浅层次的脆性构造,并对早期构造体系进行改造,在成矿带内形成了一系列弧形构造系统。下面描述主要控矿构造。

1) 文康断裂带

文康断裂带呈北东—南西向沿碧口地块北缘分布,向东一直延伸到汉中盆地北缘,向西则延伸至松潘-甘孜三叠纪复理石带中。在略阳县以南,该断裂带的东段与略阳断裂会聚在一起,后者作为勉略构造带的主体部分。该区段中出露了多个大小不一的超基性—基性岩块体,被认为是南秦岭中一条晚古生代缝合带已得到共识,并且这2个断裂在略阳地区的会聚应是后期的挤压变形造成的。在汉中盆地北侧,该断裂带中的早—中泥盆世地层千枚岩中发育有一条数百米宽的近东西向糜棱岩带,向北陡倾,倾角70°左右。糜棱岩中发育大量大小不等的乳白色石英团块,原岩应为石英脉,它们的剪切变形及旋转方向指示文康断裂带具有压扭特征,水平运动方式为左行旋转。

文康断裂带的主体部分构成碧口地块的北界,宽度在2~5km之间,在康县以西表现最为明显,岩石破碎、热液活动强烈(图4-10)。在断裂带中,碧口地块的中元古代变质火山岩以及上覆的晚古生代地层均遭受了强烈的构造变形(图4-11),在区域上形成几个大小不一、呈雁列状排列的断裂和褶皱,其排列形式也表明断裂运动形式为左行剪切。文康断裂带内的这些变形向西一直延伸至松潘-甘孜造山带内,并与其三叠纪复理石中岩层发育的褶皱变形相协调一致,这表明该断裂的左旋剪切运动发生于晚三叠世或其后(王二七等,2001)。

图4-10 康县西构造破碎带及热液活动特征

图 4-11 文康断裂带内地层及岩石构造变形特征

2)汤卜沟-观音坝-月亮坝断裂(韧性剪切带)

该断裂为阳山金矿带内最重要的导矿、容矿及控矿断裂。据 1∶5 万地质图说明书(甘肃省有色金属地质地质勘查局兰州矿产勘查院第七分队,1999),该断裂在堡子坝幅被称为汤卜沟-观音坝断裂,在临江幅则被称为观音坝-月亮坝断裂。但对比分析两幅 1∶5 万构造纲要图,并结合本次野外地质调查,汤卜沟-观音坝断裂在张家山向东仍有延伸,固镇村一带地表可见多处宽大的破碎蚀变带(图 4-12),且张家山探矿钻孔 ZK11108 全孔 553.66m 均为破碎蚀变岩(图 4-13),东至桥头南坪上村一带仍可见规模较大的破碎蚀变带(图 4-14),两幅 1∶5 万构造纲要图所述断裂应为同一构造,即西起四川九寨沟县下草地,向东经甘肃文县堡子坝、观音坝,至临江月亮坝一带,且向东仍有延伸,区域延长应大于 100km,宽 3~5km。

图 4-12 固镇村破碎蚀变带及固镇村东破碎蚀变带

图 4-13 张家山钻孔 ZK11108 破碎蚀变岩特征

图 4-14 桥头南坪上村(左)及十二道拐(右)破碎蚀变带

区域地质调查资料表明,该断裂由多条平行的逆冲韧性剪切带组成的。野外观测表明,带内挤压剪切韧性变形十分强烈(图 4-15),是区域多期复合挤压应力作用下形成的。其两侧岩石组合及构造变形均存在明显差异,构成区域海西期褶皱带内北部逆冲岩片叠置区和南部紧闭褶皱区的分界线。剪切带呈北东东—南西西向展布,总体北倾,产状 340°~350°∠60°~80°,在安坝一带局部(深部)直立或反倾。在堡子坝—观音坝一带发生明显的分支复合现象,分支为 F1、F2、F3 断裂,其中主干断裂为 F1,宽 50~100m,而南部分支断裂 F2 为断裂带南边界,3 条分支断裂依次控制着安坝矿段 311 号、360 号、305 号矿化带(雷时斌,2011)。主干断裂 F1 下盘地层岩性多为粉砂质千枚岩、灰岩及石英砂岩,以前者为主,发育强烈构造挤压剪切片理化(图 4-16),片理产状与泥盆系中发育的 S_1 或 S_2 面理基本一致,是同期构造变形作用的产物。同时,变形带内发育花岗斑岩脉,经强烈的韧性剪切及片理化作用发生透镜体化、片理化(图 4-17)。此外,探矿岩芯多见韧性变形叠加后期脆性变形(图 4-18),揭示该断裂带受到后期强烈脆性变形叠加作用。

图 4-15 韧性剪切石英脉"N"形褶皱(左)及眼球状透镜体(右)

图 4-16 泥盆系挤压剪切片理化特征

图 4-17　花岗岩脉透镜体化及片理化

图 4-18　早期韧性变形叠加后期脆性变形特征

1∶5万地质图说明书将该断裂识别为海西期重要的逆冲断裂构造,而杜子图等(1998)的研究表明,松柏-何家坝-梨坪断裂为文县弧形构造带的主干断裂,其西段切割了三叠系,表明区内的断裂在三叠纪之后仍有强烈活动。本次野外观察发现,在堡子坝北部,早白垩世东河群砂砾岩覆盖于该断裂破碎带之上,表明早白垩纪之后活动强度有所减弱。根据以上分析,汤卜沟-观音坝-月亮坝断裂主要活动时代为海西期—早侏罗世,直至白垩纪早期,在白垩纪之后活动较弱。总体上看,汤卜沟-观音坝-月亮坝断裂是阳山金矿带的主体控矿构造,在成矿过程中起到通道作用,并具有多期活动性。

3)褶皱构造

阳山金矿带由东向西、由南至北跨越多个构造单元,因此,不同区段的褶皱形成于不同的构造演化阶段,其形态及变形特征也略有差异;同一构造单元多由多个构造层组成,褶皱特征一方面保留有各构造层的自身特点,另一方面则表现出继承性。褶皱构造主体发生在俯冲结束后的碰撞造山阶段,并具有多次叠加的特点。由于受到后期深层次韧性剪切及中—深层次递进变形的影响,早期形成的大型褶皱多受到后期构造作用破坏而支离破碎,仅在局部区段(岩层中)得以保留,目前能够识别出的主要为残留在硅质岩、灰岩、砂岩等能干性较强的岩层中的次级小褶皱(图 4-19)。

图 4-19　阳山金矿带不同尺度残留褶皱构造

葛条湾-草坪梁复式褶皱：位于三河口逆冲岩片叠置区，向南与金子山复向形相邻，其间发育有一系列断裂构造，向形北翼出露较全，主体为泥盆系三河口群，南翼地层受断裂带影响发育不全，向西延至泥山以西，向东延至草坪梁以东。该复式褶皱实际是区域上逆冲推覆构造体系前端在矿区范围内的直接表现，矿区内矿体的控制和产出受其影响较大（图4-20、图4-21），复式褶皱翼部常控制层间剪切破碎带的产出。该复式褶皱构造特征如下（齐金忠等，2003b）。

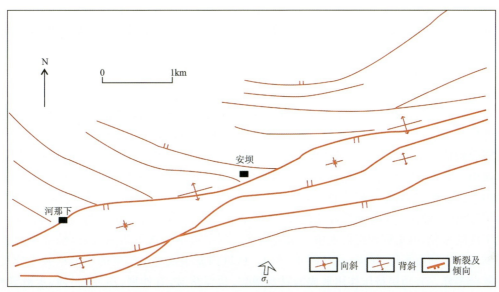

图4-20　葛条湾-草坪梁构造格架

a. 马连河公路东侧复式褶皱整体；b. 马连河公路西侧复式褶皱整体；c. 马连河公路沙场附近连续次级褶皱构造；d. 马连河公路沙场附近褶皱构造；e. 陶家坝附近褶皱构造北翼；f. 陶家坝附近褶皱构造南翼；g、h. 复式褶皱南翼陡倾地层，顺层发育破碎带

图4-21　葛条湾-草坪梁复式背斜野外地质现象

(1) 复式褶皱总体近东西向展布，产出于安昌河-观音坝断裂北侧，并与之近平行。褶皱枢纽总体呈北东东向，近水平，略向东倾伏。褶皱地层为泥盆系三河口群浅变质地层（图4-21）。

(2) 复式褶皱南翼地层产状较陡，被安昌河-观音坝断裂破坏，缺失较严重。而北翼地层较缓，地层相对出露齐全。在纵向上，该复式褶皱在安坝东部出露较好，在葛条湾一带因构造错动导致南翼缺失；在草坪梁一带由于D_2sh^5灰岩向南的推覆及覆盖，也造成地层缺失。

(3) 由于地层受剥蚀程度不同，复式褶皱内部结构在地表产出形式上存在差异，其中在葛条湾西部靠近马连河一带的海拔为1300m，而在安坝一带海拔为1900m，整个褶皱被一个斜向的侵蚀面切割，造成在葛条湾一带不同岩性地层出露较多，并且出现了北东东向、北西西向两组构造共存。而在安坝以东由于地层差异性切割不明显，地层类型减少，并且断裂构造也以北东东向构造为主，北西西向构造不发育（图4-20）。

(4) 两翼层间剪切带极为发育，多为安昌河-观音坝断裂的次级断裂，构成了阳山金矿带矿体的主要赋存构造部位。金子山复式褶皱位于葛条湾-草坪梁复式褶皱以南，两复式褶皱构造之间为走向与轴向近平行的断裂构造。金子山复式褶皱整体位于文县紧闭褶皱区，褶皱主体出露于矿带南部金子山一带，轴部沿草坡山—金子山一线分布，总体走向为NE80°。复式褶皱核部地层较新，为中上泥盆统；翼部地层较老为中下泥盆统；南翼地层层序正常，出露完好，产状340°∠70°～80°；北翼遭受断裂破坏，地层出露较差，局部倒转。轴面大部分地段向北陡倾，产状340°～10°∠70°，发育轴面劈理，产状340°∠50°，由于岩层能干性的差异，可见劈理折射现象。褶皱轴部和翼部地层中次级褶皱发育，轴部变形更为强烈，次级褶皱轴面与主轴面平行，倾向一致（图4-21）。区域内露头或更小尺度的小型褶皱十分发育，而且褶皱样式复杂多样。有顺层挤压作用形成的纵弯褶皱、顶厚褶皱，有伸展、逆冲、斜冲、走滑等构造作用形成的顺层掩卧褶皱、平卧褶皱、尖棱褶皱、斜歪倾伏褶皱、倾竖褶皱、叠加褶皱等。两类褶皱现象反映了类似多次南北向挤压应力或长期持续南北向挤压应力作用特点，早期顺层韧性剪切变形，形成顺层掩卧和紧闭同斜褶皱，近南北向收缩挤压应力作用下，形成纵弯褶皱，构成区内褶皱的格架。

4) 推覆构造

在安昌河-观音坝断裂带附近推覆构造较为发育，该特征与区域构造特征一致。根据野外观察，区内有两个方向的推覆，即由南向北的推覆和由北向南的推覆。其中由北向南的推覆是勘查区内起主要控矿作用的构造系统，前述的汤卜沟-观音坝-月亮坝断裂实际上也是该推覆构造系统的重要组成部分。

桥头-张家山推覆构造：在桥头一带表现得较为清晰，由一系列的推覆面组成，推覆构造上盘为灰白色灰岩，下盘为硅化砂岩夹千枚岩，断层面北倾，倾角20°～30°，推覆方向由北向南。在桥头一带推覆作用使得下盘的硅化砂岩及千枚岩褶皱变形，并使得总体砂岩夹千枚岩产状变陡，造成上下盘地层呈现假角度不整体接触（图4-22a）。另外，受推覆作用影响，在张家山一带形成多处由灰岩构成的飞来峰。

葛条湾南部推覆构造：见于葛条湾南靠近马连河一带，整个推覆构造出露约150m，推覆体上盘为中薄层灰岩，下盘为中厚层灰岩夹硅质岩（石英岩状砂岩），断层面产状为200°∠47°，推覆方向由南向北，上盘中薄层灰岩强烈挠曲，下盘岩石近于直立，显示了较为强烈的南北向挤压（图4-22b）。该推覆构造对矿区基本没有控制作用。

阳山金矿区内多期次和多条推覆构造可能是造成矿区局部地层缺失或重复，局部形成飞来峰的重要原因。如在草坪梁东部砂岩、千枚岩出露较少，而在葛条湾、张家山等地砂岩、千枚岩出露较多，均可能与推覆体剥蚀程度有关。在推覆构造活动过程中，伴随着中深或中浅层次的韧性剪切作用，使矿带内的控矿构造体系进一步复杂化。另外，推覆构造本身存在重要的构造面，由于上覆灰岩透水性相对较差，这种构造面对矿液的运移有一定的影响，目前探矿工程揭露的缓倾斜矿体可能与由北向南的推覆构造有关。

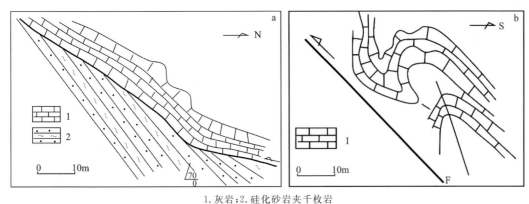

1.灰岩；2.硅化砂岩夹千枚岩

图 4-22 桥头(a)和葛条湾(b)推覆构造素描图

以上对区域不同尺度、不同形式构造及其运动学特征的分析表明,区域构造以逆冲推覆和左行剪切为特点。

4.1.3.2 矿区控矿构造体系

在矿区范围内,作为上述一系列构造的次级或附属构造,发育了诸多不同性质、不同规模和不同类型的控矿构造体系,主要包括脆性断层(破碎带)、韧性变形带、层间褶皱、强烈片理化带等。除此之外,经野外调查和坑道观察,特别是构造-岩性-蚀变综合填图,成矿空间还包括能干性岩石与非能干性岩石的转换面、脉岩或脉岩块体与地层岩石的接触面等。现将控制矿脉、矿体的主要构造描述如下。

1) 断裂构造

北东东向断裂构造:发育在阳山金矿葛条湾—安坝一带,汤卜沟-观音坝断裂主要由 3 条北东东向断裂分支复合而成。这 3 条断裂带均产出于草坪梁-葛条湾复式褶皱与金子山复式褶皱的两翼,且多顺片理发育,但是在转折端处变为切层(图 4-20)。在阳山金矿区北侧,发育安昌河-观音坝主干断裂,其宽度大于 200m,断裂带内发育有砂质、泥质碎裂岩以及碎裂岩化灰岩、千枚岩、硅质岩、花岗斑岩等,断层破碎带的产状为 340°~350°∠45°~60°,阳山 13 号矿化带赋存于该断裂带之中,其中的矿体及矿化花岗斑岩脉的产状与断裂带产状基本一致(图 4-20)。在上述主断裂的南侧还存在两条北东东向的次级断裂,其中一条位于主断裂旁边,沿断裂有花岗斑岩脉侵入,该断裂长约 1500m,宽 3~10m,断层面清晰,断裂带内粉砂质、泥质碎裂岩,碎裂岩化千枚岩,花岗斑岩较发育,其产状为 350°∠55°,其中碎裂岩化千枚岩及花岗斑岩均已发生黄铁矿化,在东端该断裂与北西西向断裂构造相交切。另一条北东东向的次级断裂位于主断裂南 700m,沿断裂亦有花岗斑岩脉断续出露,断层面清晰,断裂带内粉砂质、泥质碎裂岩,碎裂岩化千枚岩,花岗斑岩较发育,该断裂地表出露长约 150m,宽 3~10m,但遥感影像显示其长度超过 2000m,产状为 340°∠35°,其中碎裂岩化千枚岩及花岗斑岩均已发生黄铁矿化(图 4-20、图 4-21)。

北西西向断裂构造:北西西向断裂构造在矿区也十分发育,这些构造应属于安昌河-观音坝断裂的分支断裂。从遥感影像与野外考察资料可知,阳山金矿带北西西向断裂主要发育于安坝里—河那下与高楼山—磨家沟一带(图 4-23)。如图 4-23 所示,高楼山-磨家沟断裂发育于阳山金矿东部,西起上窑北侧,经高楼山农场,至磨家沟,东西长约 1200m。该断裂在高楼山农场西侧宽达 50m 以上,黄铁矿化较为发育。在高楼山东侧沿断裂曾有民间采矿点,表明该断裂为含矿断裂。

此外,在堡子坝镇附近,发育一系列北西西向次级断裂,断裂近平行发育,在地表可见碎裂岩化千枚岩所构成的构造破碎带,长度从几百米至一千多米不等,宽几十米,沿断裂发育多条花岗斑岩脉,并且在这些北西西断裂带附近发育更小的次级断裂。该北西西向断裂产状一般为 15°~35°∠50°~75°,沿断裂

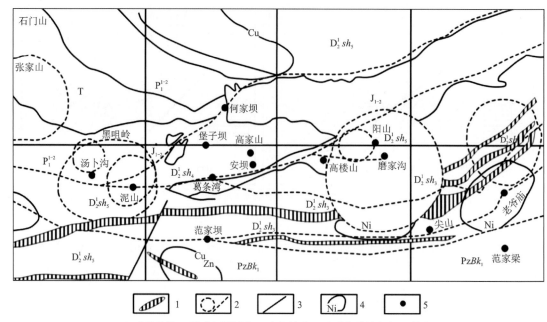

1. 硅质岩带；2. 遥感解译断裂；3. 确定断裂；4. 地球化学异常点；5. 村庄

图 4-23　阳山金矿区遥感解译图(齐金忠,2001)

发育有较弱的黄铁矿化。

北北西向断裂构造：北北西向断裂构造较前两组构造发育稍差，在观音坝村南部可见，断裂带长约 500m，宽 10～20m，断面清晰，产状 70°∠55°，沿断裂有花岗斑岩脉侵入。断裂带内岩石破碎，发育断层碎裂岩、断层泥，并且黄铁矿化较为发育，沿断裂有多处民间采矿点。

在高楼山、观音坝矿段，北西西向断裂与北东东向断裂相互交切，并在其中发育花岗斑岩脉，构成了该矿段的基本构造特征。

除了以上描述的构造结构面，根据野外观测矿化体产出特征，还存在由岩石能干性差异形成的岩性结构面(花岗斑岩与千枚岩结构面、灰岩与千枚岩结构面、砂岩与千枚岩结构面)及不同成分层之间的接触结构面(如碳泥质千枚岩与钙泥质千枚岩接触面)等。

2) 韧性剪切带

野外观察和综合研究表明，伴随着区域构造活动，发育了一系列强烈的不同层次的韧性、韧-脆性剪切带，并具有多期叠加复合特征。基于野外对多层次、多体制、多尺度和多因素的构造解析，详述如下。

中深层次顺层韧性剪切变形：最早形成的是中深构造层次的顺层韧性剪切变形，表现为以成分层(S_0)或层面为变形面的顺层掩卧褶皱和面内紧闭同斜褶皱构造等，并且伴随强烈的面理置换作用，形成区域性的透入片理(S_1)。S_1 片理在能干性较弱的岩层中对 S_0 置换较为彻底，而在能干性较强的岩层中则置换较弱，并在局部残留 S_0 层理特征。经过本期变形，区域内泥盆系发生区域性褶皱构造，但受到后期构造破坏，仅在局部得以保存。强烈的改造作用使泥盆系成为局部无序、整体有序的构造岩石地层单元。在西部的马连河和中段的磨坝等地区，常见薄层灰岩在韧性变形变质过程中形成一系列平行的垂直于层面(片理面)的张性裂隙，并被方解石脉充填(图 4-24)。随着韧性剪切作用进一步加强，在区域性褶皱基础上进一步演化形成中型褶皱和大量露头尺度较小的褶皱(图 4-25)。中型褶皱如控制铧厂沟金矿、干河坝金矿的水泉湾倒转向斜，控制塘坝金矿的塘坝-周家沟背斜，控制北金山金矿的月照复背斜，控制阳山金矿的葛条湾-草坪梁复式褶皱，控制联合村金矿、新关金矿的上草地-东峪口背斜等。这些褶皱多受后期脆韧性断裂破坏而不完整，且野外观测表明褶皱两翼基本与面理平行，仅在转折端可见到轴面劈理与 S_1 面理直交或斜交，表明本期构造置换并不强烈。该期构造变形主要与中国大陆南北板块拼合后西秦岭地区早—中三叠世强烈的同碰撞褶皱造山作用相关，且西秦岭地区同碰撞花岗岩年龄集

图 4-24 薄层灰岩中垂直层面的方解石充填脉(a)和发育褶曲的薄层灰岩(b)

图 4-25 早期韧性剪切构造中的变形现象

中于 245~217Ma 之间(张宗清等,2006;Jiang et al.,2010;胡健民等,2004;Qin et al.,2007,2008a,2008b;张成立等,2008;孙卫东等,2000;Sun et al.,2002a,2002b;Jin et al.,2005),因此,本期韧性剪切变形发生在于 245Ma 左右。虽然持续时间相对较短(245~220Ma;Dong et al.,2011),但变形强烈,并沿构造面理或小角度斜切面理侵入中酸性脉岩。

中部层次韧-脆性剪切变形:该期变形发生于中部构造层次,以逆冲剪切变形为显著特点。该期变形主要沿早期形成的褶皱两翼的成分层或强弱能干性岩性结构面发育,并对褶皱进行叠加改造和破坏。在马连河一带常见早期韧性变质变形,发育有垂直于层面方解石脉的薄层灰岩发生强烈褶曲(图 4-26)。阳山金矿区内常见的早期侵入中酸性脉岩多发生片理化、透镜体化,是该期构造活动的产物。早期以岩片内北东东向逆冲推覆剪切为特征,形成区内的脆韧性断裂,致使各地层单元之间进一步的叠置拼贴,不同构造岩片呈逆冲推覆剪切变形带相接触。受递进变形影响,早期及同期沿构造面理或小角度斜切面理侵入的酸性花岗岩脉及同构造石英脉也发生褶皱变形,厚—大花岗岩脉边部发育片理化,小规模岩脉透镜化发育强烈,其运动方向均指示由北向南的逆冲推覆剪切变形特征。晚期开始进入左行韧性剪切变形阶段,剪切带沿早期的构造界面或能干性差异的岩性结构面发育,主要以剪切变形和不对称剪切褶皱为特征。此阶段岩片内不同岩层间进一步叠置拼贴。该期构造变形主体发生在晚印支期—早侏罗世西秦岭造山带的碰撞-伸展造山作用的转换期(220~190Ma)。

3)脆性节理与裂隙

该期构造变形发生于浅部构造层次下,表现为早期的韧脆性变形叠加后期的脆性变形,反映了区域构造由中深层次向浅层次的转变过程,以不同规模和方向的节理、裂隙和构造破碎带等为主体(图4-26)。该期构造是区内第二期成矿作用的主要控矿构造,其间常充填石英-方解石脉、石英-辉锑矿脉等。构造破碎带叠加在早期构造之上可形成规模较大、品位较高的矿体。从构造间的相互关系判断,该期构造主要形成于中侏罗世—白垩纪后造山陆内构造演化阶段。

图4-26 后期脆性变形特征

4)劈理面、接触面和转换面构造

野外观察与研究表明,伴随上述一系列构造活动而形成的各类劈理面、不同类型或岩性的接触面和转换面构造也是阳山金矿区重要成矿结构面(图4-27)。一是在韧性剪切作用过程中形成的强烈片理化带,它们多发育于非能干岩性层中,以千枚岩、板岩等为主体。受多期变形的影响,它们通常在复式褶皱的两翼出现。二是能干性岩石与非能干性岩石的转换面,在阳山金矿区最重要的是中薄层灰岩或砂岩与千枚岩等的转换面,大量矿化或矿化体定位于非能干性岩石一侧。三是脉岩(特别是在早期构造过程中被拉断、变形等形成的脉岩团块、透镜体、香肠体或其他不规则状体)与围岩的接触面,特别是其与千枚岩的接触面。许多矿体定位于接触面的千枚岩一侧,部分脉岩团块本身也发生强烈矿化蚀变而成为矿体的一部分。在这种情况下,脉岩实际上也扮演着能干性岩层的角色。在阳山金矿区早期找矿勘查过程中,脉岩被认为是重要的找矿标志之一。

图 4-27 成矿结构面类型及其特征

4.2 矿床地质特征

4.2.1 矿化带地质特征

阳山金矿床自 1997 年发现以来,至今已历二十余年。据勘查资料,通过原国土资源部门验收的以 333 类型为主的金资源量已超过 300t。该矿床从西至东由泥山、葛条湾、安坝、高楼山、阳山、张家山等 6 个矿段组成,发现并勘查各种类型的矿体或矿化体 100 余条,集中分布在 305 号、360/366 号、311 号、370 号等多个矿化带内,前人习称为"脉群"。各矿化带总体呈北东东向平行展布。根据目前地质勘查成果和已提交的勘查报告,各矿化带具有以下特征。

311 号矿化带:分布在 42~37 号勘探线之间,控制长度 3800m;分布在矿区西侧 42~08 号勘探线之间,控制长度 1600m;分布在矿区 08~35 号勘探线之间,控制长度 2200m。矿区内由北向南有 335 号、329 号、327 号、325 号、321 号、311 号、324 号、324-1 号、326 号、328 号、330 号、330-2 号、306 号、336 号、336-1 号、336-2 号、338 号、338-1 号、340 号、342 号、344 号共 21 条矿脉,其中 311 号、330 号、340 号为主要矿脉,次要矿脉 13 条,其他小矿脉 5 条。各矿脉大致呈平行、近等间距分布,间距一般为 20~40m。矿脉在平面上呈波状,在走向上多呈尖灭再现而形成多个工业矿体,工业矿体之间多由低品位矿体及矿化带连接。

305号矿化带：位于矿区最南部，分布在6～31号勘探线之间，控制长度1900m，由南向北由316号、313号、314号、315号、305号、307号6条矿脉及5条平行小矿脉组成，305号及314号脉为主要矿脉，305号矿化带出露位置较高，在0～7号勘探线、29～35号勘探线地表有出露，其余为第四系覆盖，覆盖厚度7～75m。矿脉大致呈平行、近等间距分布，间距一般为30～50m。在中段平面图上呈波状，在走向上多呈尖灭再现而形成多个工业矿体，工业矿体之间多由低品位矿及矿化带连接。

360号矿化带：位于305号矿化带北侧，分布在8～35号勘探线之间，向东延至37号勘探线，控制长度2200m，由南向北由364号、360号、360-Ⅵ号3条主要矿脉和11条平行分布的次要矿脉组成，360号脉群出露位置标高较低，矿脉主要为盲矿体，仅在草坪梁一带（29～35号勘探线）地表有出露。在中段平面图中反映矿脉大致呈平行、近等间距分布，间距一般为50～80m，走向整体稳定，在33号勘探线附近矿脉局部陡倾。360号脉群在走向上矿化连续，矿脉控制最大垂深510m，一般为200～300m。

370号矿化带：位于金昌沟北侧，与311号脉平距700～1000m，目前共发现了5条矿脉，其中以372号、370号、371号脉为主，矿脉均赋存于花岗斑岩脉上下盘破碎碳质千枚岩中。其中372号脉位于10～11号勘探线之间，由7个钻探工程按320m×(160～400)m×160m间距控制，矿脉长度880m；圈定2个矿体，其中Ⅰ号矿体由5个钻探工程控制，控制长度500m，矿体走向95°～100°，倾向5°～10°，倾角57°，控制最大斜深300m，矿体厚度0.55～7.35m，平均值为2.93m，品位为$1.14×10^{-6}$～$3.30×10^{-6}$，最高值为$9.47×10^{-6}$，平均值为$2.79×10^{-6}$。370号脉位于02～15号勘探线之间，由1个坑探工程、9个钻探工程按(160～320)m×160m间距控制，矿脉长度1140m；圈定一个矿体，控制长度1140m，矿体走向95°～100°，倾向5°～10°，倾角53°～55°，控制最大斜深400m，矿体厚度0.85～3.07m，平均值为1.59m，品位为$1.64×10^{-6}$～$4.20×10^{-6}$，最高值为$4.86×10^{-6}$，平均值为$2.50×10^{-6}$。

370号、371号、372号等矿脉在岩性、构造、岩脉、蚀变、矿化类型等方面与311号脉群存在一定差异，载金矿物主要为黄铁矿，细—粗粒、自形—半自形立方体状黄铁矿呈星点状、稀疏浸染状、条带状分布，金矿化与硅化关系最为密切，局部钻孔破碎石英脉中见自然金。

4.2.2 矿体地质特征

正如上述，阳山金矿床的矿体大多为隐伏矿体，主要分布在305号、360号、311号和370号这4个矿化带内，并以南部305号和360号两个矿化带为主，约占全部矿体的90%（图4-28）。具有矿体成群集中分布，数量众多，规模变化大、小矿体众多、品位不均匀、形状和产状都较复杂的特点。主矿体长一般在126～485m之间，最长的305-2号矿体达1100m，平均厚度一般在2.61～8.15m之间，364-106号矿体厚度达12.46m。经计算19个主矿体的厚度变化系数为51.36%～125.32%，属稳定至较稳定，品位变化系数为77.95%～148.37%，属均匀至较均匀，矿体斜深一般在50～500m，矿体长度一般都大于倾向延伸。小矿体，长度一般在25～50m之间，平均厚度在0.85～6.17m之间。各带内矿体形态复杂，多呈脉状、大透镜体状、囊状、扁豆状，局部见马鞍状，其他不规则状等。矿体沿走向和倾向方向上普遍具有尖灭再现、分支复合等特点。区内矿体主要呈北东东向展布，部分矿体呈北东、北西走向。305号矿化带分布在矿区次级向斜的南翼，带内的305号矿脉组和314号矿脉组以北倾为主，在矿区东边29号勘探线附近有少数几条矿体向南倾斜（如305-64号矿体等）。360号矿化带分布在矿区次级褶皱的两翼及核部，带内的364号矿脉组分布在褶皱南翼，以南倾为主；360号矿脉组分布在褶皱北翼，以北倾为主。

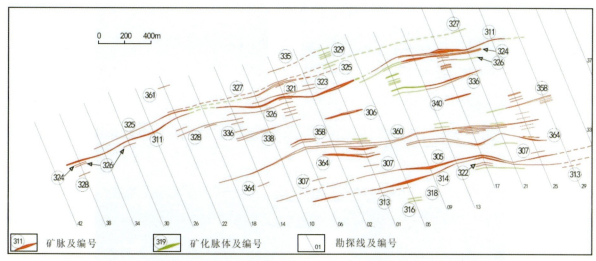

图 4-28　阳山矿带安坝矿段 1750m 中段脉群分布示意图

据坑道调查和钻孔揭露,矿体主要产出于以下几种空间中,相应地也可以划分出不同类型。

一是产出于构造破碎带内。这些构造破碎带通常是切穿矿区构造的次级或附属断层,宽一般几米到十余米,少数可达 50m 以上,主要形成构造破碎蚀变岩型矿体。矿体多呈脉状,以北倾为主,倾角较大,一般在 50°以上,是矿区内矿化较好、规模较大的矿体。目前,在 305 号和 360 号两个矿化带中圈定的矿体多属此类。个别大者连续长度可达 600~800m,宽 10~30m,沿走向或倾向常发生局部膨大,最宽可达 50m 以上,金品位也相对较高(多大于 $5×10^{-6}$)。多数长几十米到 200m,但厚度 1~3m 居多,在构造破碎带内近平行排列,金品位也较低(多小于 $5×10^{-6}$)。这类矿体的典型特征是由强烈破碎的蚀变岩组成,岩石成分复杂,碎裂程度不一,硅化相对较强,矿物组合也较复杂。

二是产出于与层间褶皱或揉皱相伴的片理化带(包括褶皱的转折端)内。一般产出在千枚岩层位中,当千枚岩与薄层灰岩或砂岩等能干性岩相邻时,常是矿化较好部位。此类矿体数量较多,但分布不均匀。其总体产状与片理产状基本一致,并依片理产状变化而变化,局部可见小角度斜切片理,以北倾为主,也有部分南倾。倾角一般为 30°~45°。各个矿化带内均可发育。单个矿体以薄脉状、透镜状为主,一般长 50~200m,厚 1m 到几米,金品位 $3×10^{-6}$~$8×10^{-6}$。这类矿体基本上由蚀变千枚岩组成,整体硅化相对较弱,常见石英细脉穿插。

三是产出于矿化带内的脉岩或脉岩团块的上下盘或其两侧(即接触带中)(图 4-29)。在矿区南部 305 号和 360 号两个矿化带中较普遍。在许多地段,包括脉岩本身也发生强烈矿化而成为矿体的一部分。产状常因脉岩产状不同而不同,以北倾为主,倾角可陡可缓,变化较大。实际勘查中,常可利用脉岩产状,结合金品位追踪和圈连矿体。但并非整个矿体均与脉岩完全一致,当脉岩形态复杂时,又体现出总体受片理控制的特点。此类矿体规模相对较大,与构造破碎带内的矿体同位可相伴产出。这类矿体既有蚀变千枚岩型,又有蚀变花斑岩型,还有蚀变碎裂岩型等,类型较多。

四是产出于不同方向或规模的节理、裂隙内。主要以石英(石英-方解石)细脉或石英-辉锑矿脉的形式产出,规模较大的石英-辉锑矿脉一般均切穿早期矿体(图 4-30),常见尖灭再现或局部膨缩现象,一般长 20~100m,宽 0.5~5m,其中常见自然金,品位较高。而石英细脉一般规模较小,产状不一,常穿切千枚岩、灰岩或脉岩,宽仅 1cm 至几厘米,延伸较短,局部密集发育时可形成小型矿化体。受 X 型节理控制的石英脉体常呈雁行状斜列近平行或等距产出。

γ.花岗斑岩;Ph.千枚岩

图 4-29 脉岩、脉岩团块矿化特征

图 4-30 节理、裂隙矿化特征

4.2.3 矿石特征

阳山金矿中矿石按氧化程度可分为原生矿石和氧化矿石。原生矿石一般产出于地表 30m 以下,灰白色—深灰色,矿石中多含黄铁矿、毒砂和辉锑矿等金属硫化物,其含砷量较高,常用的堆浸方法难以提取其中的 Au。氧化矿石多产出于地表至地下 0～30m 的深度,矿石中褐铁矿化发育,多呈黄褐色和棕褐色,其 Au 含量与原生矿石中硫化物含量有密切关系。

原生矿石按原岩又可以划分为蚀变岩型和石英脉型两大类。其中蚀变岩型又可进一步划分为蚀变千枚岩型、蚀变花岗斑岩脉型、蚀变砂岩型、蚀变灰岩型和蚀变碎裂岩型(构造破碎蚀变岩型)5 种类型,其中以黄铁矿化蚀变千枚岩型、黄铁矿化蚀变花岗斑岩型和构造破碎蚀变岩型最为发育,为区内主要的矿石类型;蚀变砂岩型和蚀变灰岩型仅局部发育,基本不具研究意义。蚀变碎裂岩型矿石是早期蚀变岩型矿体经构造破碎蚀变后叠加矿化的产物,因而一般矿体规模较大,且品位较高,反映它们并非同一期成矿作用的产物。石英脉型矿石可进一步分为石英脉型、石英-方解石脉型和石英-辉锑矿脉型。前二者在矿区极为常见,但个体规模均很小,多为厚度不到10cm的细脉,具有多种产状,从成矿早期到晚期均可形成。石英-辉锑矿脉型矿石在矿区相对少见,但规模多较大(厚者可达2~3m),主要充填在后期脆性裂隙或节理控制的破碎带中,并随其产状变化而变化,多为穿切地层片理和早期矿化(体)(图4-30),以石英和辉锑矿为主,多见自然金,其他矿物少见。

阳山金矿中主要的矿石结构有自形粒状结构、他形粒状结构、环带及环边结构、放射状结构、包含结构、交代残余结构、草莓状结构、压碎结构等(图4-31)。

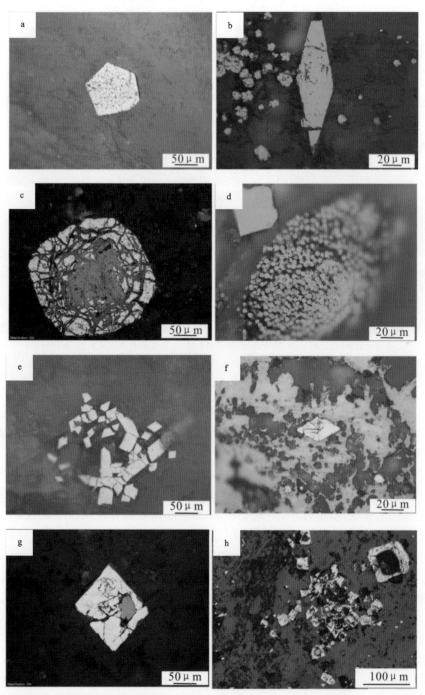

a. 自形粒状的黄铁矿;b. 菱形的毒砂,包含结构;c. 交代残余结构的黄铁矿;d. 草莓状黄铁矿;e. 柱状的毒砂,压碎结构;
f. 他形的辉锑矿和自形的毒砂,包含结构;g. 菱形的毒砂,压碎结构;h. 自形粒状黄铁矿,环带结构

图4-31 阳山金矿带常见矿石结构

阳山金矿带矿石构造主要有稀疏浸染状构造、稠密浸染状构造、脉状和团块状构造等(图4-32)。

a.花岗斑岩脉,脉状构造;b.蚀变灰岩,团块状构造;c.蚀变斜长花岗斑岩脉,脉状构造;
d.蚀变碳质千枚岩,浸染状构造;e.蚀变砂岩矿石,团块状构造
图4-32 阳山金矿带矿石构造

阳山金矿区内的矿石中金属矿物种类较多,主要有自然金、银金矿、毒砂、黄铁矿、辉锑矿,其次有砷黄铁矿、钛铁矿、钒钛磁铁矿、磁铁矿、磁黄铁矿、闪锌矿、方铅矿、白铁矿、硫锑铅矿、软锰矿、硬锰矿、褐铁矿等,偶见黄铜矿或铜蓝。

矿石类型不同,矿化叠加程度不同,其矿物组合有明显差异。金属矿物中以黄铁矿分布最为广泛,在各类型矿石中均可见及,但在氧化带矿石中黄铁矿多转变为褐铁矿。原生矿石中,黄铁矿多呈他形立方体状或是五角十二面体状,粒度较小,一般小于3mm。而毒砂的含量仅次于黄铁矿,多呈放射状、针状集合体产出于石英脉两侧或是蚀变千枚岩和花岗斑岩脉中。其次为蚀变碎裂岩型矿石,但在石英脉型矿石中基本不见。矿石中毒砂的含量可局部高于黄铁矿,并常以包裹黄铁矿形式产出,表明形成时间要晚于黄铁矿。辉锑矿也是一种常见的金属硫化物,且与自然金共生,主要见于石英-辉锑矿脉型矿石中,其次为构造破碎蚀变岩型矿石,而在蚀变千枚岩型、蚀变花岗斑岩脉型等矿石中基本不见,除非有后期石英细脉穿插。

脉石矿物主要有石英、绢云母、黏土类矿物(高岭石、蒙脱石等)、白云石、方解石,其次有绿帘石、绿泥石、重晶石、雄黄、石榴子石、叶蜡石,微量矿物有锆石、电气石、透辉石、臭葱石、萤石等。

前人多将阳山金矿床定义为微细浸染型金矿床,其主要依据就是金以不可见形式产出于矿石中。但详细研究和观察表明,阳山金矿床中金的粒度与赋存状态因矿石类型的不同而不同。

在蚀变千枚岩型、蚀变花岗斑岩型和破碎蚀变岩型矿石中,金主要以自然金形式呈显微—次显微金状存在于金属矿物中。齐金忠等(2003b)对安坝矿段 305 号矿带内部分矿体细浸染状黄铁矿化花岗斑岩矿石中自然金进行镜下统计,分析表明矿石中的自然金主要赋存于黏土矿物、毒砂、黄铁矿、褐铁矿和臭葱石中,可分为 3 种赋存状态:①以包裹体形式赋存于毒砂、褐铁矿和黏土矿物中,占镜下统计数的 85.46%;②以粒间金形式赋存于黏土矿物中,占镜下统计数的 12.72%;③以裂隙金形式赋存于黄铁矿的微裂隙中,占镜下统计数的 1.82%。金矿物嵌布粒度细微,显微镜下见到的最大金矿物颗粒粒径仅 $5\sim6\mu m$,大部分粒径为 $2\sim3\mu m$ 或更小。

镜下统计分析结果(齐金忠等,2003b)表明阳山金矿金矿物以自然金为主,其次为银金矿。金矿物主要赋存于毒砂、黄铁矿、褐铁矿、辉锑矿和黏土矿物中。随着勘探程度的深入,发现了自然金-石英-辉锑矿脉。电子探针分析结果显示,黄铁矿中 w_{Au} 为 $0\sim0.089\%$(平均 0.045%),毒砂中 w_{Au} 为 $0\sim0.031\%$(平均 0.010%),辉锑矿中 w_{Au} 为 $0\sim0.009\%$(平均 0.003%),显示大部分金呈微细粒进行时存在,且主要的载金矿物为黄铁矿和毒砂。自然金中 Au 含量为 $93.69\%\sim96.30\%$,Ag 含量为 $2.98\%\sim5.94\%$,而其他元素含量甚微。自然金 Au/Ag 值为 $15.77\sim31.96$,相对较高。对自然金颗粒从中心向外进行分析,结果表明其边缘 Au 含量略高,但变化幅度不大,总体成分较为均匀。与西秦岭其他金矿相比,也可见及自然金(图 4-33)。

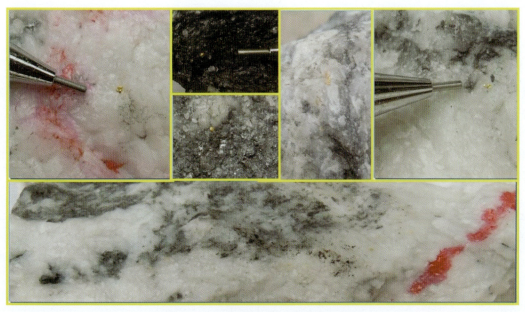

图 4-33 阳山金矿床中发现的自然金

这里需要特别指出阳山金矿区的自然金问题。阳山矿床发现之初,矿床勘查工作者认识到矿石中的金主要以自然金形式呈微细浸染状存在于金属矿物中(齐金忠等,2003a),因而将该矿床确定为微细浸染型。但随着勘查工作的深入和勘查范围的扩大,齐金忠等(2006b)、张复新等(2007)分别报道了在矿区石英脉中发现自然金的事实,尽管是偶然得见。近年来,随着矿床详查和勘探工作的推进,进一步观察和研究发现矿床中的自然金并不少见。在蚀变的千枚岩型矿石中,金多呈微细浸染状出现,次显微金多赋存于含砷黄铁矿及毒砂晶格缺陷之中,显微金及肉眼可见的自然金产出于含硫化物石英细脉中。在石英-黄铁矿脉(含毒砂,但通常不含辉锑矿)中,金通常产出在黄铁矿、石英晶粒边缘、粒间及晶粒内部包裹体中(齐金忠等,2005;张复新等,2007);而在石英-辉锑矿脉型矿石(通常不含毒砂)中,金粒度明显较大,部分粒度可达 $2\sim3mm$,主要见于石英中,有时可见多粒自然金集中成团分布。自然金也可产出在辉锑矿内或石英与辉锑矿的接触面上,呈带状分布。根据含金石英脉产状特征及相关的矿物组合,初步认为,这两种自然金并非同一期成矿作用的产物。

此外,在石英-碳酸盐细脉中也可见及自然金(图 4-34),常与黄铁矿共生。由于石英-辉锑矿脉常切穿其他类型的矿体,或与其他类型矿石相伴产出。在以其他类型矿化为主的矿体中,有时也可发现自然金。目前,对这些自然金的研究还显薄弱,其与显微金在成分、性质等方面有何异同,尚需开展进一步研究。

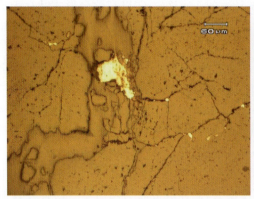

图 4-34　阳山金矿石英脉(左)及碳酸盐细脉(右)中的自然金

4.2.4　矿化样式

原生金矿石常见的矿化样式为微细浸染状矿化,其次为脉状-细脉状矿化。浸染状矿化主要发育于千枚岩、酸性岩脉、大理岩化灰岩和变质石英砂岩中,可见于变质成岩期和成矿期的各个阶段(表 4-3)。其中矿化千枚岩和矿化酸性岩脉普遍见于 6 个金矿床中(图 4-35a、b);而矿化大理岩化灰岩主要见于观音坝矿床;矿化变质砂岩只出现于各个矿床的少数矿点。脉状-细脉状矿化较为少见,但在成矿期和成矿后的各个阶段都有发育(表 4-3)。

表 4-3　阳山金矿带变质成岩期-成矿期及成矿后的主要矿化样式

矿化样式		变质成岩期 (Py_0)	变质成矿期早阶段 (Py_1)	变质成矿期主阶段 ($Py_2 + Apy_2$)	岩浆热液成矿期 ($Py_3 + Apy_3 + Stn$)	成矿后 (Py_4)
微细浸染状矿化	层状—半块状粗粒黄铁矿		*			
	平行于面理的浸染状硫化物		*	*		
	浸染状硫化物	*	*	*	*	
脉状-细脉状矿化	黄铁矿-石英脉		*			
	揉皱含金硫化物-石英脉			*		
	黄铁矿-毒砂-辉锑矿-石英-方解石脉				*	
	黄铁矿-石英-方解石脉					*

注:" * "表示本期/阶段存在的矿化样式;空白表示不存在该矿化样式。

a. 花岗岩脉中的浸染状硫化物；b. 千枚岩中的浸染状硫化物；c. 千枚岩中的层状—半块状粗粒黄铁矿；d. 千枚岩中的平行于面理的浸染状黄铁矿；e. 黄铁矿-石英脉，平行于灰黑色含钙质千枚岩的面理；f. 千枚岩中的揉皱含金硫化物-石英细脉，细脉中见黄铁矿；g. 白色断线为花岗岩脉与千枚岩的接触面，白线的左侧为花岗岩脉，右侧为千枚岩，两者都可见较多的黄铁矿和毒砂；接触面靠近千枚岩的一侧发育 25cm 宽的辉锑矿-石英脉，叠加在黄铁矿-毒砂矿化之上；h. 接触带靠近千枚岩一侧的黄铁矿-毒砂-辉锑矿-石英脉；i. 成矿后石英脉中的黄铁矿化切穿了较早形成的矿化

图 4-35 阳山金矿带的主要矿化样式

一般的浸染状矿化广泛见于变质成岩期和成矿期的各个阶段，尤其是浸染状黄铁矿贯穿于变质成矿期和岩浆热液成矿期。变质成矿期早阶段发育的层状—半块状粗粒黄铁矿主要发育于千枚岩中(图 4-35c)，变质成矿期主阶段平行于面理的浸染状黄铁矿和毒砂一般平行于千枚理分布(图 4-35d)，占到千枚岩体积的 1%~7%，黄铁矿一般具有更早阶段形成的黄铁矿核部。

少量的金赋存于变质成矿期早阶段和主阶段的硫化物-石英脉中。变质成矿期早阶段的石英脉一般宽 1~2cm，发育 15%~30% 的黄铁矿，黄铁矿粒径为 0.001~5mm，主要赋存于安坝金矿段北段的千枚岩中(图 4-35e)。变质成矿期主阶段的揉皱细脉一般宽 1~3mm，主要见于安坝金矿段的千枚岩中(图 4-35f)；细脉中见自形黄铁矿和毒砂矿物；黄铁矿的粒径一般为 15~25μm，毒砂的粒径为 0.05~2mm。

岩浆热液成矿期的烟灰色石英-方解石脉中发育黄铁矿、毒砂和辉锑矿。脉宽 2~50cm，主要见于安坝金矿床的千枚岩破碎带中，经常发生碎裂(图 4-35g、h，图 4-35a)。在花岗岩脉和少量的变质石英砂岩中可见宽 2~5mm 的辉锑矿-石英细脉，石英脉一般为近北东向，切穿了更早形成的浸染状矿化和脉状矿化(图 4-36)。来自于 8 个成矿晚阶段硫化物-石英脉样品的金品位为 $1.6 \times 10^{-6} \sim 25 \times 10^{-6}$。黄铁矿、毒砂和辉锑矿占石英脉体积的 5%~10%。黄铁矿为他形—自形晶，粒径为 0.005~0.05mm；毒砂为自形晶，粒径为 0.005~0.1mm；辉锑矿为他形晶，充填在石英或方解石晶体的空隙中，叠加在早期形成的黄铁矿和毒砂之上(图 4-35g、h)。

成矿后的石英-方解石脉中见到稀疏浸染状分布的细粒黄铁矿,切穿了之前的浸染状矿化和3种脉状—细脉状矿化(图4-35i;表4-3)。黄铁矿为自形晶,平均粒径为0.01mm。

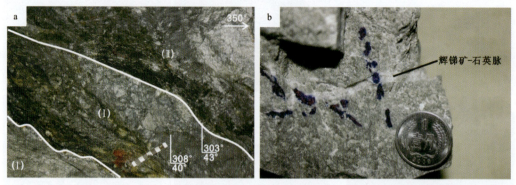

a.破碎带中的辉锑矿-石英脉和石英角砾;b.花岗岩脉中的辉锑矿-石英脉;Ⅰ.辉锑矿-石英脉和石英角砾;Ⅱ.千枚岩

图4-36 阳山金矿带的辉锑矿

4.2.5 成矿蚀变特征

4.2.5.1 蚀变类型

阳山金矿各个矿段发育的蚀变类型相似,且较为发育。主要蚀变类型包括硅化、黄铁矿化、毒砂化、辉锑矿化、褐铁矿化、绢云母化、绿泥石化、绿帘石化、泥化、碳酸盐化、高岭石化、蒙脱石化等(表4-4,图4-37～图4-40)。其中硅化、黄铁矿化、碳酸盐化分布最为广泛,几乎遍及整个矿区,而毒砂化、绢云母化、绿泥石化、绿帘石化在千枚岩、中酸性脉岩中较为普遍,并和矿化关系密切。泥化在岩脉与地层接触处更为发育。辉锑矿化主要见于石英脉中,而褐铁矿化主要见于近地表的氧化矿石中。

表4-4 阳山金矿各矿段蚀变类型分布特征

地质体	蚀变类型	葛条湾	安坝北段	安坝南段	高楼山	阳山
岩浆岩	绿泥石化	***	***	***	***	***
	绿帘石化	***	***	***	***	***
	泥化	**	**	**	**	**
	硅化	***	***	***		
	碳酸盐化				*	
	绢云母化	***	***	***	***	***
千枚岩	绿泥石化	*		*		
	绿帘石化	*		*		
	硅化	***	***	***	**	**
	碳酸盐化	*			**	**
灰岩	硅化	**				
	碳酸盐化					

注:"*"表示蚀变分布的范围,"***"为常见,"**"为一般,"*"为少见,空白表示未见。

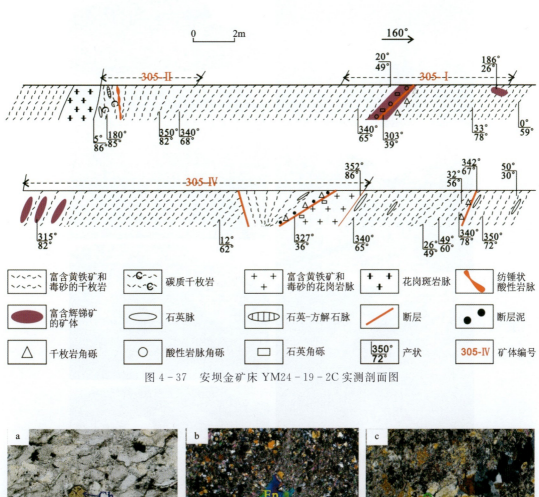

图 4-37　安坝金矿床 YM24-19-2C 实测剖面图

a. 石英中的绿泥石；b. 花岗斑岩中的绿帘石；c. 花岗岩中的石英脉；d. 硅质岩中的方解石-黄铁矿脉；
e. 花岗岩中的绢云母；f. 灰岩中的方解石脉

图 4-38　阳山金矿带各矿床蚀变类型及特征

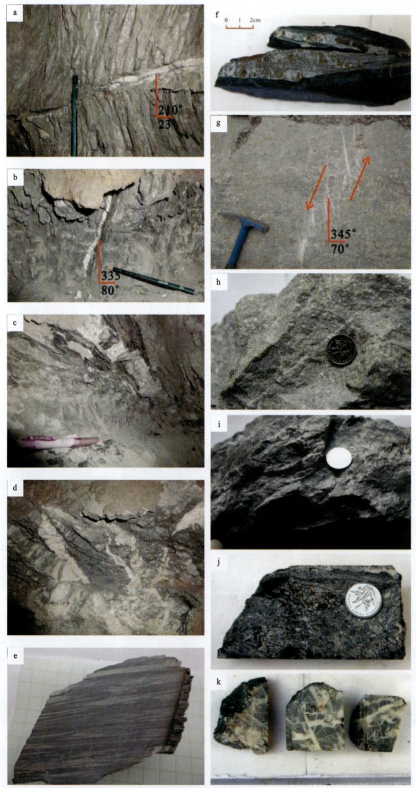

a. 穿插千枚岩的石英脉,无矿化(安坝);b. 顺层石英脉,边缘与地层接触处矿化(安坝);c. 千枚岩中宽 4~6cm 的石英脉,石英脉边缘矿化好(安坝);d. 千枚岩中的粗大、白色、顺层石英脉,宽约 40cm,无矿化(安坝);e. 灰黑色千枚岩中的顺层透镜状石英脉,无矿化(安坝北段);f. 碳质千枚岩中的顺层透镜状石英脉-黄铁矿(安坝北段);g. 黑云母花岗岩中的雁列式石英脉(安坝);h. 花岗岩中的石英脉(安坝);i. 黑色千枚岩中的辉锑矿-石英脉(安坝);j. 角砾岩中的石英角砾,无矿化(阳山);k. 灰岩中的石英-方解石脉(阳山)

图 4-39 阳山金矿带石英脉特征

硅化：广泛发育于金矿带的各个金矿体中，并贯穿于成矿的全部过程。硅化有两种形式，一种是透入性的硅化。岩脉（花岗岩脉、花岗斑岩脉、黑云母花岗岩脉、黑云母花岗斑岩脉、斜长花岗斑岩脉）或地层（千枚岩、灰岩）发生硅化，形成了更为坚硬的岩石。另一种硅化表现为广泛发育的石英脉，主要包括相对粗大的石英-辉锑矿脉和较小的石英脉或石英-碳酸盐脉。其中石英脉的期次和与矿化的关系如下（图4-38，图4-39）。

①最早的为千枚岩中的顺层石英脉，石英脉的形成可能是同构造变形分泌结晶脉，其形成机制与变形过程中物质的溶解、迁移、重结晶作用密切相关。在部分顺层石英脉的边缘和中心可见黄铁矿-毒砂矿化。顺层石英脉可以发生顺地层的褶皱弯曲，是和地层一起受到顺层挤压变形作用形成的。②千枚岩中的切层石英脉不受地层变形的影响，是地层变形后形成的，切层石英脉中未见矿化。③千枚岩中也可见透镜状的石英脉，有的透镜状石英脉中矿化较好，石英脉是受到水平方向的拉张作用而形成的。④脉岩中的石英脉，粗细不等，多数矿化较差，少数可在其中见到零星辉锑矿。⑤破碎带中的石英脉，可能来自附近的千枚岩地层或脉岩中的石英脉，也可能是在破碎带形成过程中或其后由热液带来的，石英脉往往较为粗大，发生了破碎变形。少数石英脉含有细粒的黄铁矿。⑥辉锑矿-石英脉，石英脉为烟灰色，往往为团块状或粗脉状。镜下观察表明，这种石英脉中也可见到细粒的毒砂和黄铁矿。⑦角砾岩，由早期的岩石破碎，经过胶结而成。⑧晚期的石英-方解石脉，往往矿化较差。

绢云母化：广泛发育于金矿带的各个金矿体中，可产于泥盆纪地层的变质作用过程中，以及与成矿相关的热液蚀变过程中。变质期的绢云母化蚀变主要表现为变质流体改造原岩（泥岩类沉积岩），形成顺千枚理定向排列的鳞片状绢云母。酸性岩脉普遍发育绢云母化，表现为斜长石或黑云母蚀变为绢云母、石英、金红石、毒砂等矿物。目前认为酸性岩脉中的绢云母为成矿期产物，可见于成矿期主阶段，并使岩脉呈现灰绿色。

高岭石-蒙脱石化：常见于断裂或破碎带发育的千枚岩、酸性岩脉以及两者的接触带，为长石、绢云母等矿物的蚀变产物。该蚀变与金矿化的关系较为密切，可能为成矿期晚阶段的蚀变产物，但也可见于成矿后的表生作用过程。

碳酸盐化：有两种表现形式，一种是面状的碳酸盐化，其中方解石、白云石、菱镁矿、菱铁矿等碳酸盐矿物均匀地分布在岩石中；另一种是以方解石-石英脉的形式出现在成矿期晚阶段或石英脉成矿后，切穿了早期的矿化。

金红石化：普遍存在于蚀变酸性岩脉中，可见黑云母蚀变为绢云母、金红石、石英和黄铁矿，且蚀变矿物沿着黑云母解理分布。

绿泥石化：花岗岩脉、花岗斑岩脉、黑云母花岗岩脉、黑云母花岗斑岩脉、斜长花岗斑岩脉，以及千枚岩中发育了广泛的绿泥石化，其中岩脉比千枚岩更常见绿泥石化。原岩中的长石、黑云母等矿物发生绿泥石化，生成绿泥石、石英及黏土矿物。常常与绿帘石化、泥化、黄铁矿化伴生。

绿帘石化：是较少发育的蚀变类型，主要见于蚀变花岗斑岩和石英脉中，为斜长石、黑云母的蚀变矿物，或者是成矿流体沉淀下来的矿物。

黄铁矿化：主要发育在破碎带及两侧各种围岩中，多呈浸染状或星点状产出。可分两期：第一期微细粒状半自形—他形晶黄铁矿，晶形多为他形粒状，少数为五角十二面体、立方体，有的黄铁矿聚集呈草莓状分布，粒径多小于0.01mm，有的沿千枚岩片理或裂隙聚集分布，呈细脉状或显微条带状分布，有的沿变余砂岩的填隙物间呈星点状分布，常与微细粒毒砂共生，是矿区的主要类型，其含金性高，与金有明显的正相关性；第二期为自形—半自形黄铁矿，粒径相对较粗，以中细粒为主，粒径一般为0.1~0.5mm，最大可达0.8mm，晶形多为五角十二面体，少见立方体，但其含金性较差，且不均匀。

毒砂化：多发育在花岗斑岩中，在千枚岩或灰岩中也有发现。可分两期：第一期细—微粒毒砂，晶体以自形为主，少数为半自形，粒径为0.02~0.05mm，晶形多呈针状、菱形状，常与微细粒状黄铁矿共生，呈细脉状或点线状分布；第二期中细粒自形晶毒砂，粒径较粗，粒径为0.2~0.8mm，晶形呈矛状、菱形、柱状、柱板状，常见到被微细粒的黄铁矿和针状毒砂细脉穿切，有的受挤压破碎作用明显，被拉断成竹节状或碎裂状等。电子探针分析两期毒矿化都含金,其含量与矿石品位有正相关关系。

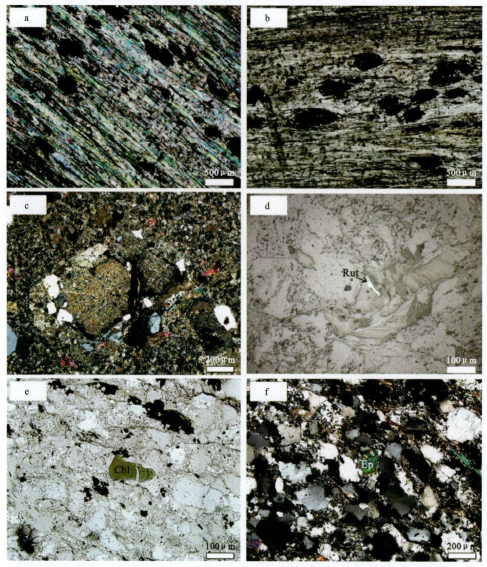

a. 千枚岩中变质期绢云母化,正交偏光;b. 千枚岩中的硅化和绢云母化,单偏光;c. 花岗斑岩中的斜长石斑晶蚀变为绢云母和石英,正交偏光;d. 花岗岩中顺白云母解理发育的金红石化,反射光;e. 变质石英砂岩中绿泥石化,单偏光;f. 变质石英砂岩中的硅化和绿帘石化,正交偏光。Rut. 金红石;Chl. 绿泥石;Ep. 绿帘石

图4-40　阳山金矿发育的蚀变类型

4.2.5.2　空间分布特征

金矿带热液蚀变类型较多,蚀变范围较广,蚀变的多期次、多类型叠加现象较为普遍,导致蚀变的空间分布比较复杂。为进一步查明矿区矿化蚀变的空间分布特征及其与矿化的关系,在安坝矿段选择矿化较好的地段开展了3.5km²的以构造-岩性-蚀变为主的试验性填图(图4-41)。结合典型剖面测量发现,虽然在矿区范围内,由于多期次、多阶段蚀变叠加,蚀变范围总体较大,蚀变分带性似不明显,但在局部地段的千枚岩围岩和矿体中,可见到较好的蚀变分带现象。

从图4-41可以看出,不同类型的蚀变大多伴随构造蚀变矿化带发育,并以千枚岩地层中最为普遍。可划分4条规模较大的蚀变矿化带。矿体通常定位于矿化带内蚀变类型复杂、蚀变相对强烈的地

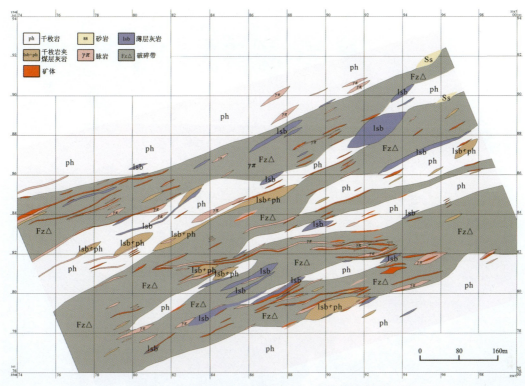

图 4-41 阳山金矿安坝里北 1825 中段实测地质图

段。在脉岩发育相对密集的地区,硅化、绿泥石化、绢云母化相对强烈,近地表的脉岩还见强烈的泥化。填图成果表明,先查明蚀变带的分布范围,在此基础上结合蚀变类型和蚀变矿物组合及蚀变强度的综合分析,有利于预测、确定可能存在矿体的区段,从而提高找矿效率。

在新关金矿外围的露天采矿掌子面上,可以清晰地识别出与蚀变花岗斑岩型矿体有关的蚀变分带现象。图 4-42)右上方是侵入到薄层灰岩夹千枚岩中的中粒花岗斑岩脉,其中常见钾化和褐铁矿化,近地表铁染明显,颜色发红;由其向外为强烈风化和蚀变的细粒花岗岩,发育强烈的绢云母化、硅化、绿泥石化、高岭土化和泥化等蚀变,总体呈褐黄色;再向外为蚀变的灰岩或砂岩,其中存在较强烈的黄铁矿化、毒砂化、硅化、褐铁矿化、绿帘石化和碳酸盐化等,总体呈深褐色;再向的外褐黄色部分又是一条细粒花岗岩脉。总体上看,中心矿化部位硅化强烈,向外绢云母化、绿泥石和绿帘石化,再向外则常见方解石化等碳酸盐化。而黄铁矿化则在各带均较发育,且具有一定的分带。此现象在阳山金矿带东部的塘坝金矿发育更为明显。

4.2.6 成矿期与成矿阶段

长期以来,人们对阳山金矿床成矿期与成矿阶段的研究所取得的认识仍然模糊。到目前为止,对阳山金矿床成矿期成矿阶段的研究和划分显得较为混乱。代表性研究成果包括:齐金忠等(2003a)最早将本区成矿期界定为热液成矿期和表生期,将热液期划分为无矿石英阶段、石英-黄铁矿阶段、石英-黄铁矿-毒砂阶段和石英-碳酸盐阶段 4 个成矿阶段。可以注意到,在这一研究中并未划分出后人普遍确定的石英-辉锑矿阶段。但在其后期研究中(齐金忠等,2005,2006a)指出该矿床可能存在着三期成矿。程斌等(2006)的研究将热液成矿期划分为早期热液成矿阶段、早—中期热液成矿阶段、含黄铁矿碎裂石英脉状矿化阶段和辉锑矿-石英-方解石脉状矿化阶段等 4 个阶段。杨荣生等(2006)将阳山金热液成矿过程划分为早阶段、主阶段和晚阶段 3 个阶段,即早阶段的石英-绢云母-黄铁矿组合、主阶段的多金属

图 4-42 新关金露采点矿化蚀变现象

硫化物组合和晚阶段的碳酸盐石英网脉。其中主阶段又包括 3 个亚阶段,分别为以黄铁矿为主的黄铁矿-毒砂-石英阶段,以发育毒砂为特征的毒砂-黄铁矿-石英阶段,以及以局部发育自然金为特征的自然金-辉锑矿-石英碳酸盐阶段。此后,李晶等(2007)、毛世东等(2012)多次引用了这种划分方案。张复新等(2007)首次考虑到可能存在着多期成矿的问题,并将成矿过程划分为沉积预富集期、岩浆-构造-热液成矿期和表生氧化期 3 个期次,其中岩浆-构造-热液成矿期又可按矿物特征与组合划分为 6 个成矿阶段。李楠等(2012)则将阳山金矿成矿划分为成岩期和热液成矿期,其中热液成矿期包括了早阶段、主阶段、晚阶段和后阶段,并厘定了相应阶段的矿物生成顺序。通过上述研究与讨论,本书认为,对阳山金矿床热液成矿期成矿阶段的认识,以下地质事实不可忽略。

第一,阳山金矿床存在不同类型的矿体或矿化体,它们各自的矿化样式和控制因素并不相同。其中,蚀变千枚岩和蚀变花岗斑岩脉型矿化主体发育在千枚岩岩段内及侵入于其中的花岗斑岩脉附近,主要受推覆-韧性剪切变形相关的片理化构造及能干性岩石和非能干性岩石的结合面控制。以透镜状、囊状、短薄脉状或其他不规则状为主,产状较为复杂。独立的石英-辉锑矿脉型矿化主要定位于张性的脆性构造中,主要呈脉状展布,相对完整,形态简单,具有尖灭膨缩的特点。构造破碎蚀变岩型矿体主要产出于压性或压扭性脆性构造破碎带中,其矿化体由构造带通过区域成分相对复杂的各类破碎蚀变岩组成,产状多数较陡,与破碎带总体一致,形态也相对简单,且多数规模较大。前文已多次述及,区内推覆-韧性或韧-脆性剪切构造变形主要发生在区域碰撞期及碰撞与伸展造山的转换期,即印支中晚期到早侏罗世(200～190Ma);而张性、压性或压扭性质脆性构造主要发生了陆内造山构造阶段,即燕山期,并叠加前期构造之上。由此可以推断,蚀变千枚岩型、蚀变花斑岩脉型矿化应发生于印支晚期—早侏罗世,而石英-辉锑矿脉型矿化发生在燕山期(126～144Ma),实际为间隔时间达 50～60Ma 的两期成矿作用产物。构造破碎蚀变岩型矿石则是两期成矿叠加的结果。

第二,不同类型矿化体存在相互穿插关系。野外地质调查表明,蚀变千枚岩和蚀变花岗斑岩型矿体通常独立存在,几乎没有穿插关系,而石英-辉锑矿脉,无论规模大小,多数是穿切早期变形变质岩石和以此为基础形成的蚀变岩型矿体中,也表明它们不是同一次成矿事件的产物。

第三,不同类型矿石的矿物组合具有明显差异。蚀变千枚岩型和花岗斑岩脉型矿石中金属矿物以黄铁矿为主,前者还含有草莓状黄铁矿、毒砂等,金矿物呈微细浸染状。石英-辉锑矿脉矿石中金属矿物则以辉锑矿为主,黄铁矿次之,没有毒砂,常见颗粒较大的自然金。构造破碎蚀变岩型矿石则兼具上述二者的特征。

第四,不同类型矿化体围岩蚀变存在差异。研究表明,以石英-辉锑矿脉为核心的围岩蚀变与以蚀变千枚岩和蚀变花岗斑岩为主体的矿体围岩蚀变,在蚀变类型、蚀变矿物组合和分带性上也存在着一定差异。其中前者与阳山金矿带东部的塘坝金矿床中脉状矿体的蚀变特征较为相似。

第五,不同类型矿石化学成分存在差异。我们后面研究还将讨论到,区内不同类型矿化体的矿石在微量元素、同位素及成矿流体来源及其物理化学性质等方面也存在差异。

综合上述表明,阳山金矿床的金矿体是两次成矿作用的产物,反映在该区发生了两期主要成矿地质事件,即具有2个热液成矿期。第一期成矿发生在三叠纪与早侏罗世之交,主要受推覆-韧(-脆)性剪切"两型一体"的变形变质构造控制,根据同位素示踪结果(参见成矿地质体部分的讨论),其成矿流体以变质体流体为主。金主要呈显微金,特征含金矿物是细粒黄铁矿和毒砂。基于该期成矿形成的矿体或矿化体分布广、数量多、形态产状复杂,将其称为"大范围成矿作用"。第二期成矿主体发生在中侏罗世—白垩纪,受陆内造山阶段的脆性构造和相关的岩浆活动控制。相应的岩浆岩体,即该期次成矿的成矿地质体主要处于隐伏状态。其成矿流体的性质正在进一步研究中,根据阳山金矿带内及同一成矿带其他矿床研究的分析结果,推断成矿流体主要为岩浆流体,但可能有其他性质流体的混合。金主要以自然金形式出现,特征矿物在阳山地区的现有勘查深度上为辉锑矿,但结合邻区矿床分析,可能还有黄铜矿、方铅矿和闪锌矿等。基于该期成矿形成的矿体数量少,矿化相对集中,金品位高,且大量见自然金,本书将其称为"高强度成矿作用"。

以上述讨论为基础,我们对阳山金矿的成矿作用初步划分变质热液和岩浆热液2个成矿期,每个成矿期内,结合阳山金矿带内典型矿床研究成果,又可以划分为若干个成矿阶段。

Ⅰ.变质热液成矿期

Ⅰ-1(M1):石英-绢云母-黄铁矿阶段(成矿早阶段),常形成石英-黄铁矿细脉或条带,但多数受到了韧性剪切变形,而成为石香肠、透镜体或团块。

Ⅰ-2(M2-1)和Ⅰ-3(M2-2):Ⅰ-2(M2-1)砷黄铁矿-毒砂-石英阶段和Ⅰ-3(M2-2)毒砂-含砷黄铁矿-石英阶段是成矿主阶段,这2个阶段野外难以区分可以合并一个成矿阶段。但对有关矿区镜下研究可发现其金属矿物含量具有显著差异。

Ⅰ-4:石英-碳酸盐阶段,在构造破碎蚀变岩型矿体中,常见本阶段形成的石英-方解石脉的碎屑或团块。

Ⅱ.岩浆热液成矿期

Ⅱ-1:石英-黄铁矿阶段(在阳山金矿区偶见),形成石英-黄铁矿细脉,其中黄铁矿多以细粒立方体晶形为主。

Ⅱ-2(M3):石英-自然金-多金属硫化物阶段(成矿早阶段),该阶段在阳山金矿区现有勘查深度和范围内发育不好,但在邻区的塘坝等金矿则是主要成矿阶段。多金属硫化物中出现黄铁矿、黄铜矿、方铅矿和闪锌矿等金属矿物。

Ⅱ-3(M4):自然金-辉锑矿-石英阶段(成矿主阶段),该阶段在阳山金矿区现有勘查空间发育较好,常见规模较大的石英-辉锑矿脉。

Ⅱ-4:石英-碳酸盐阶段,与前一成矿期的石英-碳酸盐阶段产物相比,该阶段石英-碳酸盐脉较为完整和新鲜,并主要充填在脆性构造裂隙中。在阳山金矿区及其外围比较发育,分布广泛。其他矿区偶见。

4.2.7 控矿因素分析

4.2.7.1 赋矿沉积岩石建造的含金性分析

区域地质调查和水系沉积物测量成果表明(表 4-5、表 4-6),区域上只有碧口群和泥盆系中 Au、Ag、As、Sb、Bi、W、Mo 含量高于地壳克拉克值。基于此,结合地层岩石与金矿的关系,泥盆系及变质基底碧口群可以作为区域金成矿的矿源层,它们可能直接或间接地为成矿提供了矿质来源,因此是成矿地质体的考察对象。

表 4-5 阳山金矿带区域地层元素含量特征表

元素	Au	Ag	Cu	Pb	Zn	As	Sb	Bi	Hg	W	Mo
碧口群	4.5	0.18	36.7	20.5	104.5	15.5	1.42	0.197	0.07	1.75	1.94
泥盆系	4.6	0.23	42.2	21.1	124.8	19.3	2.13	0.25	0.10	1.89	3.75
石炭系	1.5	0.14	37.9	19.9	97.9	16.5	1.72	0.24	0.20	1.75	3.07
二叠系	1.9	0.08	27.3	18.7	73.1	16.5	1.36	0.21	0.11	1.77	0.84
三叠系	1.4	0.08	31.8	21.5	79.5	15.4	1.16	0.23	0.09	1.92	0.7
侏罗系	1.5	0.07	28.1	21.3	72.5	13.5	1.09	0.26	0.04	1.79	0.68
岩浆岩	1.5	0.12	31.7	20.7	90.6	10.7	0.83	0.24	0.05	1.42	1.81
地壳克拉克值	3.0	0.08	75.0	8.0	80.0	1.0	0.2	0.006	0.09	1.0	1.0

注:地壳克拉克值 Hg 据黎彤(1990),其他元素据 Taylor(1985);其余阳山金矿带地层及岩浆岩元素含量据甘肃省地质矿产勘查开发局化探队研究分队,1986;Au 单位为 10^{-9},其他单位为 10^{-6}。

表 4-6 阳山金矿带地层及各类矿石元素含量对比表

元素	Au	Ag	Cu	Pb	Zn	As	Sb	Bi	Hg	W	Mo
矿区地层	2.3	273.0	21.4	28.4	78.8	32.9	3.14	1.51	0.21	2.99	1.31
泥盆系	4.1	231.0	42.2	21.1	125.0	19.3	2.13	0.25	0.10	1.89	3.75
矿区岩浆岩	55.0	50.3	5.69	22.7	33.0	103.0	81.2	3.44	123.0	95.0	5.72
岩浆岩型矿石	2 296.0	93.0	9.23	45.9	102.0	166.0	223.0	10.7	42.2	50.3	9.11
灰岩型矿石	81.7	116.0	15.4	50.8	67.0	1 800.0	59.3	13.5	160.0	233.0	6.04
千枚岩型矿石	2 666.0	183.0	29.5	48.6	106.0	6 181.0	50.3	0.34	305.0	17.6	1.33
砂岩型矿石	671.0	170.0	16.5	73.6	34.6	526.0	5.62	28.1	152.0	526.0	5.62
石英脉型矿石	870.0	32.2	10.8	36.0	86.3	984.0	80.4	3.79	31.9	822.0	31.2

注:矿区地层为矿区及外围未受矿化影响的样品数据统计;泥盆系据甘肃省地质矿产勘查开发局化探队研究分队,1986;Au 单位为 10^{-9},其他单位为 10^{-6}。

1)碧口群岩石的含金性

碧口群是工作区最古老且分布范围最广的变质基底,勘查结果显示在碧口地块内部中也有不少金矿点存在,因此其含金性一直受到人们的关注。已有研究表明,在西秦岭地区,随着地层变老,其岩石的含金性有增高的趋势,也就是说最老的碧口群含金性最高。本次对碧口地块不同区段、不同岩性的微量元素进行了分析,结合前人研究结果一并列于表4-7。结果表明,碧口群不同层位岩石金含量总体较高,且不同层位(岩性)金含量差异较大。其中,蚀变火山岩(绿泥片岩)金含量最高,为 $33.7\times10^{-9}\sim150\times10^{-9}$,平均值为 91.8×10^{-9};其次为小角度斜切片理的石英脉,金含量为 $14\times10^{-9}\sim39\times10^{-9}$,平均值为 23.2×10^{-9};板岩类金含量 $4\times10^{-9}\sim13\times10^{-9}$,平均值为 8.2×10^{-9},具有给成矿提供矿源的潜力。

表4-7 碧口群不同岩性微量元素含量特征表

样号	岩性	Au	Ag	Cu	Pb	Zn	As	Sb	Bi	Hg	W	Mo
13BK-1	绿泥片岩	150	0.04	33	5	91	88	4.4	0.03	0.106	0.7	0.6
13BK-2	绿泥片岩	33.7	0.05	41	3	88	17	1.4	0.03	0.090	0.3	0.6
13BK-3	石英脉	16.5	0.07	29	13	78	26	1.3	0.05	0.081	0.6	1.3
13BK-4	石英脉	14.0	0.12	51	15	110	1.3	1.3	0.12	0.081	0.8	3.2
13BK-5	石英脉	39.0	1.58	17	45	45	23	1.3	0.55	0.064	0.5	1.8
13BK-6	石英脉	23.4	0.14	16	20	19	7.8	1.0	0.17	0.055	0.6	1.2
13BK-7	砂泥质板岩	5.9	0.08	27	9	98	10	1.1	0.04	0.058	1.2	0.7
B6K-1*	砂泥质板岩	10.0	0.20	32	9	99	17	2.5	0.22	0.02	1.2	1.4
BK-0*	砂泥质板岩	4.0	0.21	128	15	74	6.7	0.20	0.13	0.01	0.7	0.8
BK-2*	砂泥质板岩	13.0	0.59	15	15	47	25	1.4	0.24	0.23	1.1	4.3

注:武警黄金指挥部中心实验室测试,2013;"*"武警黄金地质研究所报告,2003;Au含量单位为 10^{-9},其他元素含量单位为 10^{-6}。

2)区域泥盆系的含金性

矿区内的泥盆系为一套巨厚浅海相碎屑岩-碳酸盐岩沉积建造,泥盆系是主要的赋矿层位,岩性以千枚岩、砂岩和灰岩为主。王学明等(1999)对区域泥盆系不同岩类的含金性开展过研究,结果表明(表4-8),砂质岩类金含量最高,金含量平均值为 7.78×10^{-9};其次为碳质岩类,金含量平均值为 4.52×10^{-9};再者为泥质岩类,金含量平均值为 3.31×10^{-9};而碳酸盐类含金最低,金含量平均值为 2.61×10^{-9},低于地壳克拉克值。

表4-8 区域泥盆系不同岩类金含量特征表

岩类	样品数/件	金含量/$\times10^{-9}$
砂质岩类	16	7.78
泥质岩类	14	3.31
碳质岩类	15	4.52
碳酸盐类	7	2.61

注:据王学明等,1999。

同时,对阳山金矿带内康县西豆坝-碾坝-塘坝及文县黎坪-板石铺-磨坝2个重要区段发育的破碎蚀变带及其旁侧围岩不同岩性岩石进行采样分析,结果表明(表4-9):围岩地层含金量并不高($2.2\times10^{-9}\sim2.4\times10^{-9}$),均低于地壳克拉克值,而采自破碎蚀变带的8件样品金含量平均值为 18.3×10^{-9},明显高于地层金含量。测试结果反映以下地质问题:①区域上破碎蚀变带旁侧围岩地层是文康地区高金背景区中的低异常区段,金元素发生了迁移;②碧口地块北缘发育破碎蚀变带,沿构造带的流体活动萃取了围岩地层中的金元素,使其发生了预富集。

表 4-9 阳山金矿带康县—临江一带不同岩性金含量特征表

岩性	样品数/件	金含量/$\times 10^{-9}$
千枚岩	7	2.4
砂质板岩	6	2.3
石英脉	6	2.2
破碎蚀变岩	8	18.3

注：武警黄金指挥部中心实验室测试，2013。

3）阳山金矿区泥盆系的含金性

对阳山金矿区不同类型岩石的含金性进行分析（表4-10），结果显示，矿区内未受矿化影响的泥盆系千枚岩金含量最高，金含量平均值为4.1×10^{-9}；其次为板岩，金含量平均为3.1×10^{-9}；再者为砂岩，金含量平均为2.9×10^{-9}；而灰岩中金含量略低，为1.6×10^{-9}。与区域地层对比，矿区各类岩石金含量均略高，但仍低于区域金背景值，反映阳山金矿区为区域高金背景区中的低异常区段，揭示金成矿过程中地层中的金发生了活化并向矿体迁移，即地层为金成矿提供部分成矿物质。张复新等（1998，2000，2001）研究成果也表明秦岭地区含矿岩系金丰度值偏高，进一步说明地层较高的金含量是成矿有利因素之一。

表 4-10 阳山金矿区不同岩石金含量统计表

岩石类型	样品数/件	金含量/$\times 10^{-9}$
千枚岩	51	4.1
砂岩	31	2.9
板岩	53	3.1
灰岩	22	1.6

注：武警黄金指挥部中心实验室测试，2013。

综上所述，区域上的基底碧口群浅变质火山-沉积岩系和泥盆系各岩性金丰度较高，均高于中国大陆地壳及整个地壳的金丰度。同时，泥盆系千枚岩中见有少量沉积成岩期细粒草莓状黄铁矿集合体。电子探针分析显示，4个测点中除1个测点含金量低于检测限外，其余3个测点的含金量为0.01%～0.21%，平均值为0.08%，也显示地层中存在金的预富集，为金成矿做了某种准备。

4.2.7.2 岩浆活动与金成矿关系

1）空间关系

前已述及，阳山金矿带的岩浆活动主要以岩脉形式产出，但脉岩与矿体的关系较为复杂。从区域上看，也是金矿相对集中地段岩脉相对较多，但未见矿化的地区也分布有大量岩脉。对单个矿床而言，各矿区的部分矿（化）体的产出也与花岗岩脉存在密切的空间关系，如阳山金矿区内有相当数量的金矿体主要产出于花岗岩脉与泥盆系围岩地层接触部位，并且部分花岗岩脉自身破碎、蚀变形成矿体。葛条湾-安坝矿段几条矿体密集带，花岗岩脉相对发育，但其北部大量出露较大规模的脉岩地区，却未发现金矿化现象。这表明，脉岩的出现并非矿化存在的必要条件，而是由于其他的原因，二者发生了空间的关联。

2）时间关系

前面详细讨论了工作区内区域岩浆活动及其与成矿时代的关联性。综合同位素测年资料表明，在阳山金矿带，至少存在两期中酸性岩浆活动。在地表广泛分布的中酸性脉大多集中形成于220～210Ma，而区内主要金矿床微细浸染状矿石中细脉状石英^{39}Ar/^{40}Ar法年龄测定获得(195.4±1.0)Ma的坪年龄和(190.7±2.3)Ma的等时线年龄(齐金忠等，2003a，2006a，2006b，2008)，矿化花岗斑岩脉中黄铁矿包裹的独居石的Th-U-Pb年龄测定获得等时线年龄为(190±3)Ma(杨荣生等，2006)。勘查区东侧铧厂沟金矿成矿期(含自然金)石英脉获得最年轻锆石U-Pb年龄(199.6±3.7)Ma，可以看出本期岩浆活动形成时间早于大规模成矿作用10～20Ma，难以证明二者具有密切的成因联系。

在部分含金石英脉中还获得了144～126Ma的锆石年龄(齐金忠等，2003a，2006a，2006b)，根据测试者对所测锆石的分析，这些锆石应是热液在其流经区域捕获的岩浆锆石，然而，目前在地表还未获得与该年龄相对应的岩浆岩(这可能与该期岩浆活动产物在地表出露较少且地表脉岩多发生强烈的蚀变和风化有关)。事实上，在阳山金矿带内部的东西两端及其所处的区域成矿带上，该期岩浆活动的产物常有发现，并且与相应地段多金属成矿具有密切联系。如在东部的塘坝金矿区，地表出露大量中酸性脉岩，岩性以花岗闪长斑岩或花岗斑岩为主，其岩性组合、变形情况及产出特征也与阳山金矿区脉岩具有明显差异，可能主要是该期岩浆活动的结果，在西部的巴西(137～129Ma)、大水(181～141Ma)、拉尔玛(134～117.5Ma)等金矿区也大量出露该时期岩浆岩，并认为与成矿具密切相关。这一年龄区间与在本区确立的第二期高强度成矿作用对应。据此可以认为本期岩浆活动在本区确实存在，并与金成矿密切相关，只不过由于各地段具体条件差异，表现不同。

由上讨论可知，对于本区岩浆岩与金成矿的关系需要慎重分析。本书研究得出的初步结论是在矿区地表出露的众多脉岩，主要形成于中、晚三叠世(202.9～223Ma)，虽然与一些金矿体具有密切的空间关系[这些脉岩在矿体定位过程中实际上扮演的是能干性岩石的作用。另据美国联邦地质调查局著名地质学家Richard Goldfarb(2012)在阳山金矿考察时认为，岩脉与矿体密切的空间关系，可能反映它们在物质来源上共用一个通道，二者并没有直接成因上的联系]，但从时间上二者相差较大，因而无法确定它们之间的成因联系。恰恰相反，地表出露不多而主体处于隐伏状态的相对大规模岩浆岩，虽然在空间上与矿体直接联系不甚密切，但在时间上则具有很好的吻合性，显示其与第二期成矿作用密切相关。有关此问题，将在下一步的研究中逐渐深入。

3)物质成分关系

阳山金矿作为阳山金矿带最具代表性、规模最大的金矿床，关于其成矿流体、成矿物质来源问题，前人通过流体包裹体及同位素测试分析开展了有益探讨。

在成矿物质来源方面，部分学者认为成矿物质主要来源于岩浆岩(但源于哪一期岩浆岩，并未明确)，并萃取了围岩地层物质成分(齐金忠，2003a，2006a，2006b，2006c，2008；2013；2014；袁士松等，2008；杨贵才等，2007；李楠等，2012；2018；2019；梁金龙，2015)，另一部分学者认为成矿物质主要来源于泥盆系千枚岩和(或)下伏的变质基底(碧口群)，而与花岗斑岩脉关系不大(杨荣生，2006；张莉等，2009；毛世东，2011；张静等，2012；李璇等，2021)。前面的讨论进一步证明，本区花岗岩类的源区主要为碧口群下伏的杂砂岩类陆壳基底，并受到碧口群和泥盆系的混染。结合有关地层岩性的含金性分析认为，成矿物质(金)主要源于泥盆系更具合理性，而混有碧口群及其下伏岩石重熔物质形成的岩浆岩可能为成矿提供一定的矿质而具有间接矿源作用(杨贵才等，2016；杨贵才，2019)。若真是如此，那么，前人关于成矿物质来源于花岗岩、碧口群或泥盆系的争论便可以形成有机统一了。

4.2.7.3 构造控矿作用分析

下面主要对区域、矿床、矿体尺度构造是如何控制成矿及控矿规律进行简单分析。

1)区域尺度控矿作用

如前所述，阳山金矿带内已发现多个大型—超大型金矿床，详细分析它们的空间产出特征可以发现，由于碧口地块北缘断裂带具有左行剪切运动学性质，阳山金矿带整体呈北东东向展布，局部呈东西向阶梯状、分段产出、局部富集、以近等距的矿集区形式产出，即由西向东划分为联合村-阳山、北金山-塘坝、干河坝-铧厂沟3个整体呈北东向、近等距的矿集区。推测与中国南北大陆自东向西"剪刀式"碰撞拼接、碧口地块向东挤入、中生代晚期主碰撞造山后扬子板块顺时针旋转及碧口地块向西挤出构造有关（图4-43）。

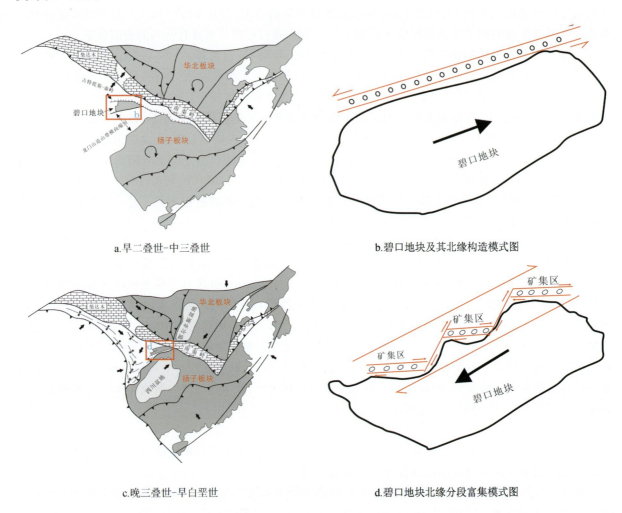

图4-43　中国南北大陆缝合碰撞及碧口地块北缘构造演化图（底图a、c据Li et al.，2007；修编）

2）矿床尺度控矿作用

阳山金矿实际上是两期成矿作用的综合产物，但主体是第一期大范围成矿作用的结果。第二期高强度成矿作用主要受燕山期陆内阶段发育的脆性构造控制，要么叠加在早期矿体或矿化体之上形成富矿段，要么以石英-多金属硫化物脉（在阳山金矿区主要表现为石英-辉锑矿脉）的形式充填在局部的张性构造空间内。后者产出的矿脉常大角度切割早期矿化的产物，且分布极不均匀。以下对矿床尺度构造控矿作用的讨论重点针对第一期成矿作用进行。阳山金矿带主要受汤卜沟-观音坝-月亮坝左行剪切断裂控制。研究表明，作为矿区主要控矿断裂的汤卜沟-观音坝-月亮坝断裂由多条分支次级断裂组成，各条断裂均具有逆冲推覆、韧性剪切并叠加后期脆性构造的一体化和多期活动特点，整体表现为宽约3km断裂带（图4-44）。调查表明，作为阳山金矿区主体组成部分的安坝里矿段、葛条湾矿段绝大部分矿体或矿化体均展布在该断裂带之中，具有明显规律（图4-45）。

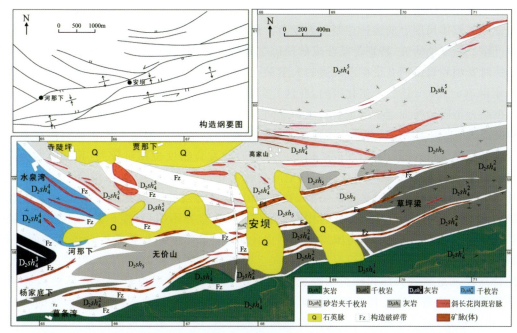

图 4-44　阳山金矿葛条湾-草坪梁实测地质及构造纲要图（据齐金忠等，2006b，修编）

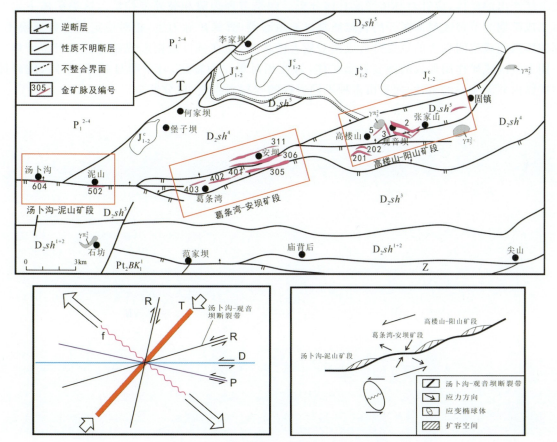

图 4-45　阳山金矿分段富集及构造模式图

3)矿体尺度控矿作用

阳山金矿区矿体尺度上的构造控制更为复杂。最新地质勘查成果表明,矿体在矿带内的分布似乎没有规律可循。但仔细研究,特别是结合成矿控矿空间的分析,它们仍具有一定的规律性。一是集中分布趋势。针对安坝和葛条湾2个矿段开展的大量钻孔和坑道资料分析表明,矿区内主要的矿体集中分布在305号和366/360号这2个矿化带内,在这2个带内又集中分布在13~21号勘探线之间。二是接触转换面控矿。不同转换面是矿区重要的成矿空间,其控矿特点前已述及,但需注意的是,并非所有地区的结构面都具有控矿作用,只有那些发育在成矿构造矿体蚀变带内的结构面才具有控矿意义。由于脉岩一般均是沿构造侵入的,因此,在成矿构造内部脉岩的发育密度也相对较大,其在后期构造改造过程形成的脉岩团块就更多,造成了脉岩与矿体空间关系十分密切的现象。如果结合矿区外围更大区域进行统计,这种现象就不那么明显了。另外,在矿带内也只有当脉岩或其团块发育在千枚岩地层中时,才具有控矿意义,而发育在砂岩、灰岩中时,由于能干性差异不明显,控矿意义不大。需要注意的是,虽然一些重要矿体定位于脉岩与围岩的接触面附近,但是矿体并非总是沿着该接触面展布,事实上,多数矿体只是其一部分与接触面重合,在走向上延长部分则往往偏离该面,表现出总体受片理化带控制的特点。三是褶皱翼部和转折端控矿。发育在千枚岩岩性层内具一定规模的褶皱两翼及其转折端是重要控矿构造。这类构造控制的矿体本身具有很好的规律性,其产状与褶皱的产状密切相关,规模也相对稳定,但由于褶皱同时受到其他构造的改造、破坏,多表现得不完整,甚至改变了其初始产状(苏秋红等,2020)。在这一部位控制的矿体往往厚度大,产状依转折端位置不同而不同,可能出现平缓产出的矿体,应针对具体情况具体分析。四是节理裂隙和破碎带控矿。这类矿体主要发生在第二成矿期。节理或局部张开的裂隙通常以充填石英-辉锑矿脉为主,相对稳定但多数规模不大,局部破碎强烈或空间较大的位置可形成相对较大的矿囊,而在破碎带则形成破碎蚀变岩型矿体。与第一期大范围成矿作用形成的蚀变岩型矿体(岩性相对单一而稳定,且未明显破碎)不同,破碎蚀变岩型矿体内并无完整的岩性,而是由多种不同岩性的碎裂岩组成,成分复杂。

5 金矿成矿作用

成矿物质通过地质作用从地壳中以分散状态经过迁移、沉淀富集而形成具有经济价值的工业矿体的整个过程称为成矿作用。成矿作用是地质作用的组成部分,成矿作用的产物是矿体。成矿过程十分复杂,成矿作用的产物也非常复杂。

阳山金矿带作为西南秦岭地区重要的金矿区,已经发现包括阳山、甲勿池、联合村、关牛湾等多个大、中型金矿床及大量金矿化点,反映该带存在着大规模的成矿作用。为什么在阳山金矿带能形成如此多的金矿床?巨量成矿物质的来源、聚集机理及成矿过程到底是怎样的?这些问题一直是人们研究的重点对象,但到目前为止,观点不一,说法较多,因此未取得一致意见。本章通过对阳山金矿床成矿物质来源、成矿流体特征、成矿流体来源和成矿物质的聚集与沉淀的系统研究,对成矿作用问题进行深入探讨。

5.1 成矿物质

5.1.1 来自载金矿物的微观信息

5.1.1.1 载金矿物晶体结构特征

阳山金矿带的金主要以不可见金的形式赋存于黄铁矿和毒砂之中,少量的金以肉眼可见的自然金形式赋存于岩浆热液成矿期的辉锑矿-石英-方解石脉及其他类型矿石中,在石英-辉锑矿脉中较为常见。

本次采用X射线衍射(XRD)和高分辨率透射电镜(HRTEM)对黄铁矿、毒砂的晶体结构进行了研究,这两种矿物主要见于第一成矿期的不同成矿阶段。选取矿化千枚岩(样品SM2-6)、酸性岩脉中的黄铁矿(样品YS-AB-10-PD4-16)和毒砂(样品YS11PD417-3-14)的XRD和HRTEM研究结果进行分析(图5-1~图5-4)。

HRTEM图像显示黄铁矿和毒砂的晶格结构非常完整,没有明显的位错和变形,也未发现金矿物富集区。通过XRD分析显示,黄铁矿的优势面网是(200)、(210)、(311)和(211),面网间距分别为2.72nm、2.43nm、1.64nm和2.22nm,均比标准黄铁矿的对应面网间距大,具有面网变宽的内部结构特点,这表明黄铁矿晶格中有其他半径较大的离子(有可能包括Au^{3+}或Au^+,半径为0.105~0.137nm)替代了半径较小的Fe^{2+}(半径为0.061~0.078nm)和S_2^{2-}。这种面网间距变宽的现象在HRTEM图像中也有显示(图5-3)。

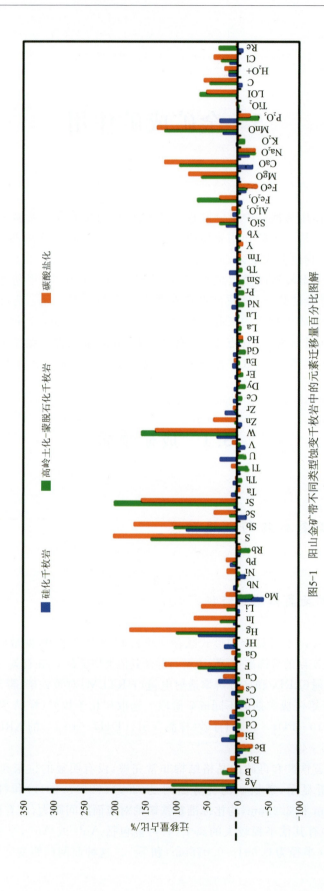

图5-1 阳山金矿带不同类型蚀变千枚岩中的元素迁移量百分比图解

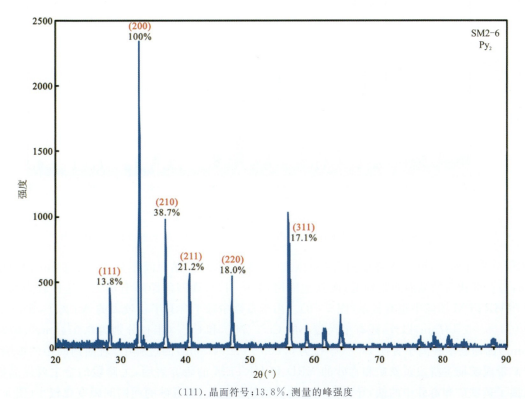

(111).晶面符号；13.8%.测量的峰强度

图 5-2 安坝金矿床 SM2-6 中 Py_2 的 XRD 衍射谱图

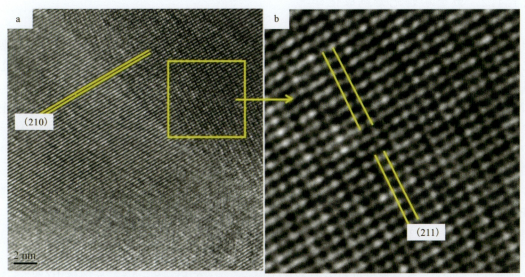

双线.测量出的面间距；(210)和(211).用 XRD 标定的晶面指数
a.(210)晶面的展布方向；b.(211)晶面存在面网间距变化

图 5-3 安坝金矿床 SM2-6 中 Py_2 的 HRTEM 图像

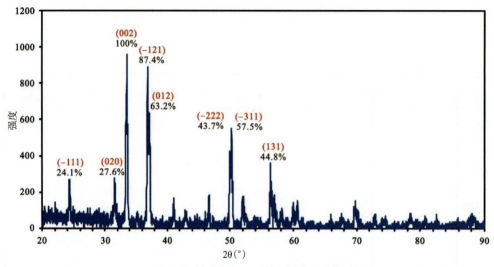

(−111).晶面符号;24.1%.测量的峰强度

图 5-4　安坝金矿床 4 号平硐 YS11PD417-3-14 主阶段 Apy_2 的 XRD 衍射谱图

XRD 分析显示,毒砂的优势面网为(002)、(−121)和(012),晶面间距分别为 2.67nm、2.44nm 和 2.42nm,与标准物质的晶面间距相近,而其他面网,如(−111)面网间距略有增大。这种较为均一的面网间距在 HRTEM 图像中也有显示(图 5-3)。由于毒砂中除了含有半径较大的 Au 离子(Au^{3+}、Au^+,半径为 0.105~0.137nm)以外,还有半径较小的 Co^{2+}、Ni^{2+} 和 Cu^{2+}(半径分别为 0.074nm、0.072nm 和 0.072nm),因而在多种离子置换 Fe^{3+}(半径为 0.055~0.064 5nm)的过程中,对面网间距的影响不大。阳山金矿带成矿期主阶段黄铁矿和毒砂的 XRD 和 HRTEM 的研究表明,主阶段的金主要以晶格金的形式置换了黄铁矿和毒砂中的铁,导致黄铁矿的面网间距变大,而毒砂的面网间距变化较小(图 5-4)。

5.1.1.2　载金矿物元素地球化学

通过研究阳山金矿带载金矿物的元素组成特征,为成矿期次阶段的划分提供元素地球化学证据,对潜在的成矿物质来源进行探讨,研究人员针对不同阶段的硫化物开展了 EMPA 和 LA-ICP-MS 研究。

(1)EMPA 实验结果

EMPA 实验数据表明,5 个阶段的黄铁矿(Py_0—Py_4)的 Fe 含量基本一致(表 5-1)。Py_2 中的 Fe 平均含量为 $453\,974\times10^{-6}\pm7204\times10^{-6}$,比 Py_0($442\,434\times10^{-6}\pm3163\times10^{-6}$)和 Py_4($446\,163\times10^{-6}\pm639\times10^{-6}$)略高,而比 Py_1($464\,603\times10^{-6}\pm5336\times10^{-6}$)和 Py_3($464\,676\times10^{-6}\pm3620\times10^{-6}$)略低。黄铁矿中的 S 含量变化范围比 Fe 大一些,通常变化于 $449\,937\times10^{-6}$~$570\,775\times10^{-6}$ 之间。Py_0 和 Py_1 中的 S 元素含量(分别为 $533\,540\times10^{-6}\pm25\,350\times10^{-6}$ 和 $524\,986\times10^{-6}\pm10\,063\times10^{-6}$)比晚阶段黄铁矿($Py_2$、$Py_3$、$Py_4$)中的 S 含量(分别为 $501\,251\times10^{-6}\pm15\,724\times10^{-6}$、$514\,977\times10^{-6}\pm19\,144\times10^{-6}$、$506\,623\times10^{-6}\pm742\times10^{-6}$)高。As 在各阶段黄铁矿中都普遍存在,变化范围为 77×10^{-6}~$107\,150\times10^{-6}$ 之间,且主阶段 Py_2 含有最高的 As 含量($38\,401\times10^{-6}\pm18\,330\times10^{-6}$)。

含砷黄铁矿中 As 与 S 呈现出负相关的关系(图 5-5a)。在 Fe-S-As 三元图解中(图 5-5b),金含量不同的含砷黄铁矿均落在平行于 S-As 轴的区域,指示黄铁矿晶格中 As^- 替代 S(Fleet et al.,1993;Reich et al.,2005;Deditius et al.,2008)。这与主阶段 Py_2 具有最低的 S 元素含量(平均值为 $501\,251\times10^{-6}\pm15\,724\times10^{-6}$)以及最高的 As 元素含量(图 5-5a,平均值为 $38\,401\times10^{-6}\pm18\,330\times10^{-6}$)是一致的。

表 5-1 阳山金矿带不同阶段黄铁矿的 EMPA 数据统计分析表

矿物阶段	统计项目	As	Au	Bi	Co	Cr	Cu	Fe	Ni	S	Sb	Zn	数据个数
Py$_0$	最大值	36 295	280	1220	3715	280	10 583	446 248	4328	570 775	6159	1361	4
	最小值	280	280	441	1647	280	280	439 428	490	515 550	280	280	
	平均值	11 695	280	636	2823	280	2856	442 434	1601	533 540	1750	628	
	中值	5103	280	441	2965	280	280	442 029	793	523 918	280	435	
	标准偏差	16 607	0	390	867	0	5152	3163	1830	25 350	2940	510	
Py$_1$	最大值	30 742	808	1069	3370	557	413	474 554	1255	551 429	587	12 697	90
	最小值	130	202	441	64	280	268	441 932	273	499 620	280	107	
	平均值	5250	287	461	347	283	283	464 603	304	524 986	283	410	
	中值	608	280	441	280	280	280	464 841	280	524 951	280	280	
	标准偏差	8064	66	77	437	29	17	5336	127	10 063	32	1310	
Py$_2$	最大值	107 150	743	1280	1304	1445	2367	468 984	862	539 650	676	284	270
	最小值	6831	195	441	61	280	272	429 756	269	449 937	149	101	
	平均值	38 401	289	461	256	285	417	453 974	291	501 251	283	269	
	中值	34 887	280	441	280	280	280	455 151	280	501 367	280	280	
	标准偏差	18 330	63	75	142	72	363	7204	64	15 724	41	39	
Py$_3$	最大值	35 912	658	746	280	280	287	471 196	440	551 154	280	280	22
	最小值	77	77	77	66	280	280	458 763	280	481 409	77	104	
	平均值	15 459	275	443	239	280	280	464 676	287	514 977	260	265	
	中值	18 096	280	441	280	280	280	464 333	280	508 351	280	280	
	标准偏差	12 866	94	113	75	0	1	3620	30	19 144	58	49	
Py$_4$	最大值	32 012	280	697	565	280	280	446 615	903	507 148	280	280	2
	最小值	20 534	280	441	218	280	280	445 711	666	506 098	280	200	
	平均值	26 273	280	569	391	280	280	446 163	784	506 623	280	240	
	中值	26 273	280	569	391	280	280	446 163	784	506 623	280	240	
	标准偏差	8116	0	181	245	0	0	639	167	742	0	57	

注：测试由美国地质调查局丹佛中心完成，2011，单位为 10^{-6}。

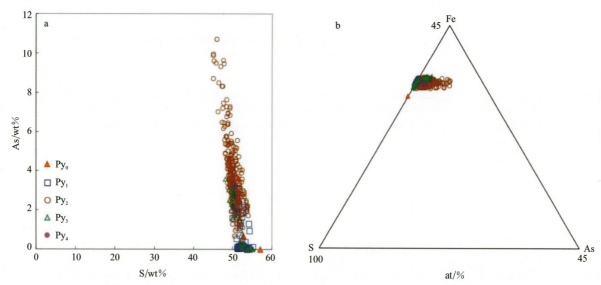

a.含砷黄铁矿中 As 与 S 呈现负相关;b.金含量不同的含砷黄铁矿的 Fe-S-As 三元图解,黄铁矿均落在
平行于 S-As 轴的区域,指示黄铁矿晶格中 As⁻替代了 S

图 5-5 阳山金矿带不同阶段黄铁矿的 Fe、As、S 和 Au 的含量及相互关系

对比主阶段的 Apy_2 和晚阶段的 Apy_3 可知(表 5-2,图 5-6),Apy_2 具有较低的 Fe 含量(354 361×10^{-6}±3957×10^{-6})和 S 含量(225 391×10^{-6}±7698×10^{-6}),以及较高的 As 含量(407 331×10^{-6}±12 512×10^{-6});而晚阶段的 Apy_3 具有较高的 Fe 含量(358 991×10^{-6}±8909×10^{-6})和 S 含量(231 242×10^{-6}±12 494×10^{-6}),以及较低的 As 含量(398 235×10^{-6}±23 500×10^{-6})。这和 Py_2、Py_3 中的 Fe、S 和 As 的相对含量是一致的(表 5-1)。另外,Apy_3 比 Apy_2 具有较多的 Sb(分别为 714×10^{-6}±461×10^{-6} 和 336×10^{-6}±178×10^{-6})(表 5-2,图 5-6)。Apy_2 和 Apy_3 中具有相似含量的 Au、Co、Cu 和 Ni(表 5-5)。

表 5-2 阳山金矿带不同阶段毒砂的 EMPA 数据统计分析表

矿物	统计项目	As	Au	Co	Cu	Fe	Ni	S	Sb	数据个数
Apy_2	最大值	445 249	1183	1080	442	361 239	888	237 164	1132	29
	最小值	384 137	237	103	280	345 203	280	206 602	259	
	平均值	407 331	331	339	295	354 361	312	225 391	336	
	中值	407 742	280	280	280	354 548	280	227 814	280	
	标准偏差	12 512	183	217	45	3957	120	7698	178	
Apy_3	最大值	455 311	859	415	384	370 536	1280	247 989	1540	11
	最小值	374 482	280	280	280	339 304	280	207 548	200	
	平均值	398 235	341	302	289	358 991	423	231 242	714	
	中值	396 978	280	280	280	358 586	280	228 518	634	
	标准偏差	23 500	174	49	31	8909	332	12 494	461	

注:测试由美国地质调查局丹佛中心完成,2011,单位为 10^{-6}。

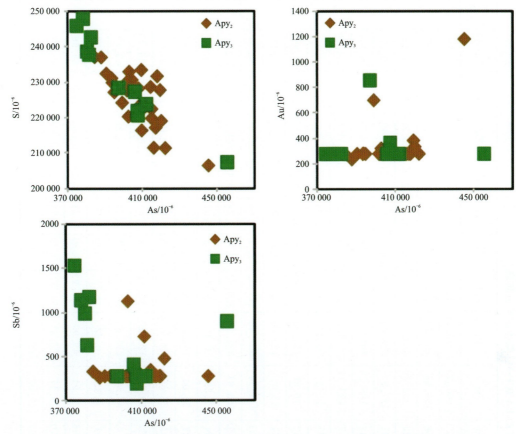

图 5-6 阳山金矿带不同阶段毒砂的 As 与 S、Au、Sb 含量关系图

辉锑矿中含有少量的 As($2972×10^{-6}±624×10^{-6}$)、Bi($655×10^{-6}±302×10^{-6}$)和 Cr($612×10^{-6}±469×10^{-6}$),可能指示出辉锑矿中 As 替代了 Sb(Nakai et al.,1986;Neiva et al.,2008),以及来自千枚岩的含 Cr 硅酸盐矿物或者氧化物包裹体的存在(Large and Bull,2011;Thomas et al.,2011)。辉锑矿中少量的 Bi 可能是以不可见的固溶体形式存在于辉锑矿结构(金属成硫化物显微包裹体)中(Thomas et al.,2011)。另外,野外常见辉锑矿中有自然金出现,但在送测的样品中,却未检测出金(表 5-3)。辉锑矿与黄铁矿具有完成不同 EMPA 数据特征,表明其可能不是在同一流体体系内结晶形成的。

表 5-3 阳山金矿带辉锑矿的 EMPA 数据统计分析

统计项目	As	Bi	Cr	S	Sb
最大值	3413	868	943	292 875	706 875
最小值	2530	441	280	290 459	698 287
平均值	2972	655	612	291 667	702 581
中值	2972	655	612	291 667	702 581
标准偏差	624	302	469	1708	6073

注:测试由美国地质调查局丹佛中心完成,2011,单位为 10^{-6}。

(2)LA-ICP-MS 实验结果

对来自安坝和泥山金矿床的 11 件黄铁矿样品开展了 LA-ICP-MS 的研究,共得到有效数据 168 个。表 5-4 和图 5-7 为 Py_0—Py_3 的 LA-ICP-MS 分析结果的统计表。Ga、Te 和 Tl 在所有的黄铁矿类型中含量均较低,而其他元素,例如 As、Au、Bi、Co、Cu、Mn、Mo、Ni、Pb、Sb、V 和 Zn 元素在不同阶段的黄铁矿中表现出了不同的特征(表 5-4,表 5-5,图 5-8～图 5-10)。

表 5-4 阳山金矿带不同阶段黄铁矿的 LA-ICP-MS 数据统计分析表

矿物	统计项目	Ag	As	Au	Bi	Co	Cu	Ga	Mn	Mo	Ni	Pb	Sb	Te	Tl	V	Zn	Co/Ni	Au/Ag	数据个数
Py$_0$	最大值	4.16	12 942.83	32.81	72.24	980.26	98.61	3.58	226.77	15.23	5 660.90	2 075.41	112.25	19.79	5.97	40.16	1 174.83	0.90	7.89	6
	最小值	1.18	169.22	0.09	0.30	123.09	28.04	1.95	31.68	1.68	159.08	107.12	8.41	15.53	0.23	7.12	29.49	0.17	0.07	
	平均值	1.74	2 909.86	5.69	13.01	375.85	62.41	3.31	116.78	6.22	1 332.39	683.12	50.80	19.08	4.18	22.02	220.38	0.57	1.49	
	中值	1.27	764.60	0.35	0.76	254.88	56.89	3.58	80.96	3.71	527.76	328.24	34.71	19.79	4.79	21.21	29.49	0.68	0.27	
	标准偏差	1.19	4 980.13	13.29	29.04	315.31	29.24	0.67	85.20	5.62	2 135.26	791.06	38.68	1.74	2.20	10.52	467.58	0.30	3.14	
Py$_1$	最大值	20.11	60 562.94	510.55	4 051.80	2 261.63	951.39	6.38	97.31	110.73	2 582.17	3 089.11	871.09	112.39	23.23	534.15	2 731.81	19.77	234.20	49
	最小值	0.25	109.36	0.05	0.37	0.37	2.42	0.75	6.02	1.04	2.79	0.46	0.41	5.47	0.08	4.52	5.90	0.05	0.02	
	平均值	3.64	9 250.04	19.90	133.41	265.34	116.84	3.37	19.33	6.22	210.82	412.95	103.85	22.83	1.89	29.01	129.88	3.15	9.58	
	中值	1.92	4 488.22	1.69	17.02	195.50	54.77	3.58	13.67	3.11	82.06	125.76	45.82	19.79	0.23	18.22	29.49	1.79	1.47	
	标准偏差	4.06	13 339.41	73.48	587.01	365.53	187.65	1.46	16.63	16.21	414.14	667.48	177.32	24.02	4.68	74.21	435.63	3.84	34.51	
Py$_2$	最大值	8.99	48 106.91	423.60	89.06	946.68	852.62	4.57	37.92	117.98	605.64	824.94	320.91	28.75	0.79	39.17	1 261.80	16.97	882.86	106
	最小值	0.22	2 102.91	0.07	0.08	0.52	5.43	0.85	5.68	0.64	2.39	0.19	0.51	5.66	0.07	4.30	6.59	0.06	0.05	
	平均值	1.67	28 356.75	62.95	6.97	84.15	268.03	3.38	10.79	4.22	53.04	102.08	75.21	17.95	0.21	16.33	41.76	2.29	73.14	
	中值	1.27	29 568.88	47.50	3.90	44.57	175.36	3.58	9.92	3.11	26.66	56.92	46.05	19.79	0.23	16.64	29.49	1.43	33.05	
	标准偏差	1.40	9 869.87	71.22	10.63	144.92	231.17	1.34	4.19	11.27	89.82	122.92	80.92	5.18	0.09	6.65	120.26	2.80	111.49	
Py$_3$	最大值	1.27	20 924.47	76.97	7.87	62.12	227.09	3.58	202.92	141.03	47.98	233.89	677.40	19.79	0.23	21.21	465.38	2.24	63.49	7
	最小值	0.39	5 954.84	16.01	0.21	9.61	21.35	3.58	9.02	3.11	4.38	0.62	2.71	19.79	0.23	21.21	29.49	1.09	39.98	
	平均值	0.88	13 364.30	42.62	3.01	34.71	98.13	3.58	82.00	51.96	23.91	49.99	192.93	19.79	0.23	21.21	169.65	1.66	49.56	
	中值	1.08	14 366.65	43.92	2.19	44.71	83.43	3.58	57.97	19.70	21.17	25.38	54.53	19.79	0.23	21.21	52.89	1.40	48.33	
	标准偏差	0.44	5 197.88	22.21	2.97	20.31	69.83	0.00	79.47	60.57	17.03	82.21	265.94	0.00	0.00	0.00	178.85	0.54	9.76	

注:测试由美国地质调查局丹佛中心完成,2011,Co/Ni,Au/Ag 无量纲,其他单位为 10^{-6}。

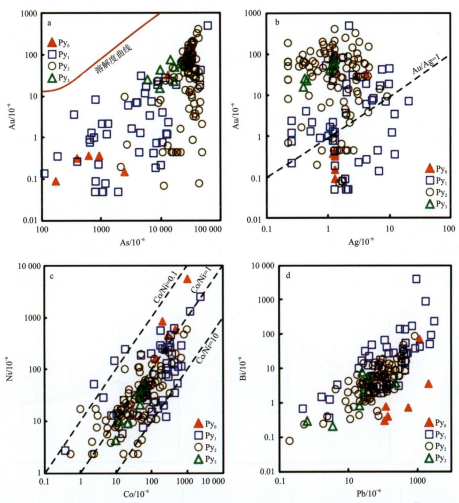

a. 黄铁矿中的 Au 与 As 呈正相关,红线为含砷黄铁矿中 Au 的溶解度曲线(修改自 Reich et al.,2005);b. 黄铁矿中的 Au 与 Ag 含量以及 Au/Ag 值;c. 黄铁矿中的 Co 与 Ni 含量及 Co/Ni 值;d. Bi 与 Pb 呈正相关关系

图 5-7 不同阶段黄铁矿(Py_0—Py_3)的微区原位 LA-ICP-MS 测试元素变化图解

表 5-5 阳山金矿带不同硫化物类型的岩石学和地球化学特征

硫化物类型	岩相学特征	地球化学特征
变质成岩期黄铁矿(Py_0)	草莓状或胶状构造,由粒径 1~5μm 的黄铁矿颗粒组成,或者呈他形晶体被后期热液黄铁矿包裹	富集 S(平均值为 53.35%)、As、Au、Bi、Co、Cu、Mn、Ni、Pb、Sb、Tl、V、Zn;亏损 Fe(平均值为 44.24%)
成矿期早阶段黄铁矿(Py_1)	粒径 5~10μm,少数达 100μm;自形—半自形立方体或五角十二面体,呈浸染状分布于围岩中,或者被含金的 Py_2 包裹;Py_1 也呈集合体状分布于黄铁矿-石英脉中或者呈粗粒层半块状分布于千枚岩中	富集 Fe(平均值为 46.46%)、Ag、As、Au、Bi、Cu、Sb、V;亏损 Co、Mn、Ni、Pb、Tl、Zn
成矿期主阶段黄铁矿(Py_2)	粒径 10~200μm,少数可达 500μm;自形—半自形晶体;与毒砂(Apy_2)共生,包裹了 Py_1;矿物包裹体包括锆石、闪锌矿、方铅矿、硫锑铅矿、脆硫锑铜矿、金红石和磷灰石	富集 As、Au 和 Cu;亏损 S(平均值为 50.13%)、Co、Mn、Ni、Pb 和 Zn
成矿期晚阶段黄铁矿(Py_3)	粒径 7~570μm,自形晶体;呈浸染状分布于围岩中,与毒砂(Apy_3)和辉锑矿共生,产于石英-方解石脉中	富集 Fe(平均值为 46.47%)、As、Au、Cu、Mn、Mo、Sb 和 Zn;亏损 Ag、Bi、Co、Ni 和 Pb

续表 5-5

硫化物类型	岩相学特征	地球化学特征
成矿后黄铁矿（Py_4）	粒径 5～10μm，半自—自形晶体，产于石英±方解石脉中，切穿了早期的矿化	亏损 Fe（平均值为 44.62%）和 S（平均值为 50.66%）
成矿期主阶段毒砂（Apy_2）	粒径 0.002～2μm，自形菱柱状晶体，截面为菱形；呈浸染状分布于围岩和石英脉中，与 Py_2 共生	富集 As（平均值为 40.73%）；亏损 Fe（平均值为 35.44%）和 S（平均值为 22.54%）
成矿期晚阶段毒砂（Apy_3）	粒径 0.03～0.1μm，自形菱柱状晶体，截面为菱形；与 Py_3 共生于辉锑矿-石英-方解石脉中，或者呈分散浸染状分布于酸性岩脉中	富集 Fe（平均值为 35.90%）和 S（平均值为 23.12%）；亏损 As（平均值为 39.82%）
成矿期晚阶段辉锑矿（Stn）	呈他形晶体存在于石英/方解石晶体间隙	富集 S（平均值为 29.13%）；亏损 Sb（平均值为 70.26%）

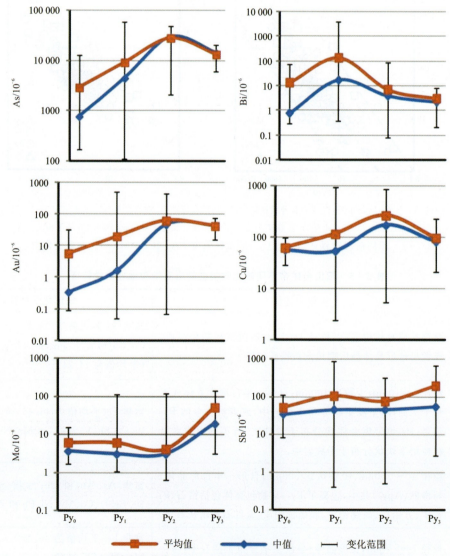

图 5-8　不同阶段黄铁矿（Py_0—Py_3）的微区原位 LA-ICP-MS 测试元素（As、Au、Bi、Cu、Mo、Sb）变化范围、平均值、中值图解

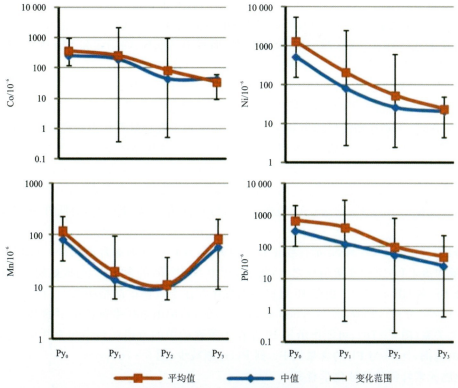

图 5-9　不同阶段黄铁矿(Py_0—Py_3)的微区原位 LA-ICP-MS 测试
元素(Co、Mn、Ni、Pb)变化范围、平均值、中值图解

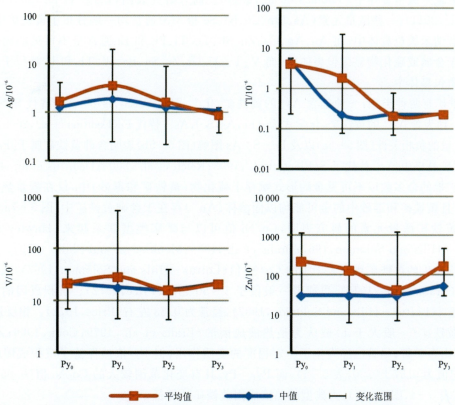

图 5-10　不同阶段黄铁矿(Py_0—Py_3)的微区原位 LA-ICP-MS 测试
元素(Ag、Tl、V、Zn)变化范围、平均值、中值图解

Py_0富集 As、Au、Bi、Co、Cu、Mn、Ni、Pb、S、Sb、Tl、V 和 Zn。与 Py_0 相比，Py_1 富集 Ag、As、Au、Bi、Cu、Fe、Sb 和 V，而亏损 Co、Mn、Ni、Pb、Tl 和 Zn。Py_2 富集 As、Au 和 Cu，而亏损其他的元素。与 Py_1 相比，Py_3 富集 As、Au、Cu、Fe、Mn、Mo、Sb 和 Zn，而亏损 Ag、Bi、Co、Ni 和 Pb；与 Py_2 相比，Py_3 含有较多的微量元素(表 5-4，表 5-8)。

图 5-7a 显示出黄铁矿中 As 与 Au 存在正相关关系，且 Py_2 具有最高的 Au、As 含量。所有阶段黄铁矿的 As 和 Au 含量均落在了含砷黄铁矿的 Au 溶解度曲线之下，指示黄铁矿中的 Au 在这些黄铁矿中是以固溶体(Au^+)形式存在的(Reich et al.，2005)。这对于金的赋存状态研究具有重要意义，而且可以为金矿石的选冶工作提供有用信息。6 件 Py_0 样品中只有 1 件样品的 Au/Ag 值大于 1，其余 5 件样品的 Au/Ag 值均小于 1。Py_1 和 Py_2 表现出变化范围较大的 Au/Ag 值，从 0.02 变化到大于 200。Py_1 的 Au/Ag 值有的大于 1，有的小于 1，而 Py_2 的 Au/Ag 值多数都大于 1，且 Py_2 比 Py_1 含有较多的 Au 和较少的 Ag(表 5-7，图 5-7b)。Py_3 的 Au/Ag 值都大于 1，与 Py_2 相似，但较 Py_2 具有更低的 Ag 含量(表 5-4，图 5-7b)。

所有阶段的黄铁矿中 Co 与 Ni 都存在正相关的关系，且 Co/Ni 值通常为 0.5~9(图 5-7c)。Py_0 中 Co 与 Ni 含量均落于 Co/Ni=1 等值线之上，指示 Py_0 中 Ni 比 Co 的含量高，与成矿期黄铁矿通常 Co 多于 Ni 的特征不一样(图 5-7c)。由于 Bi 可以呈固溶体存在于黄铁矿晶格中，或存在于金属、硫化物显微包裹体中(Large et al.，2007，2009；Thomas et al.，2011)，阳山金矿带黄铁矿中的 Bi 与 Pb 呈现较为明显的正相关关系(图 5-7d)，可能指示了 Bi 存在于黄铁矿中的方铅矿显微包裹体中。而 Py_0 偏离了热液黄铁矿的范围，且 Bi 与 Pb 的含量从 Py_1 到 Py_3 逐渐减少(图 5-7d)。

(3)硫化物元素特征值地球化学意义

黄铁矿中的微量元素有以下几种赋存状态：①位于黄铁矿晶格中的不可见固溶体；②位于其他硫化物矿物的纳米级包裹体中；③位于其他硫化物中的可见毫米级包裹体中；④位于硅酸盐矿物或者碳酸盐矿物中的可见毫米级包裹体中(Thomas et al.，2011)。前人研究表明(Large et al.，2007，2009，2011；Thomas et al.，2011)：一些微量元素(As、Mn、Co、Ni、Se 和 Mo)通常均一地分布于黄铁矿中，位于黄铁矿晶格中或者纳米级包裹体中；而 Au、Ag、Cu、Zn、Sb、Te、Tl、Pb 和 Bi 通常呈不可见的固溶体的形式存在或者位于金属或硫化物显微包裹体中；而 V、Ti、Al、Cr、Zr、Sn、Ba、W、Th 和 U 常位于黄铁矿中的非硫化物显微包裹体中。

含砷黄铁矿有两种类型：一种是含 As^- 的黄铁矿，化学式为$[Fe(S,As)_2]$，As^- 替代 S(Simon et al.，1999)，而另一种为含 As^{3+} 的黄铁矿，化学式为$[(Fe,As)S_2]$，As^{3+} 替代 Fe(Deditius et al.，2008)。阳山金矿带 As 与 S 含量的负相关性(图 5-5a)以及 Fe-S-As 图解(图 5-5b)表明含砷黄铁矿属于$[Fe(S,As)_2]$类型，其中黄铁矿晶格中 As^- 替代了 S(Fleet et al.，1993；Reich et al.，2005；Deditius et al.，2008)。

阳山金矿带的金多数以不可见金的形式赋存于硫化物(黄铁矿和毒砂)中，仅在岩浆热液成矿期见到了自然金，且黄铁矿和毒砂中的金可能均以固溶体(Au^+)存在于含砷黄铁矿中(图 5-7a)。

不少对黄铁矿微量元素的研究表明，Co/Ni 值可以与矿床类型联系起来(Hawley and Nichol，1961；Loftus-Hills and Solomon，1967；Bralia et al.，1979；Mookherjee and Philip 1979)。火山成因的未与铅锌矿物共生的黄铁矿具有大于 1 的 Co/Ni 值(Loftus-Hills and Solomon，1967)，或者大于 5 甚至常大于 10(Bralia et al.，1979)，再或者一般位于 5~50 之间(Price，1972)。沉积成因的黄铁矿一般 Co/Ni 值小于 1(Loftus-Hills and Solomon，1967)，经常为 0.63 左右(Price，1972)。相反地，Co/Ni 值变化较大的黄铁矿(一般大于 1)被认为是热液成因的(Bralia et al.，1979；Cook，1996；Zhao et al.，2011)。在阳山金矿带，尽管已经发生了一定程度的变质作用，但 Py_0 依然保持了沉积成因的 Co/Ni 值(小于 1，平均值为 0.57±0.30，表 5-4)，而 Py_1—Py_3 具有变化范围较大的 Co/Ni 值(0.05~19.77，平均值为 2.52，表 5-4，图 5-7c)，为典型的热液成因黄铁矿的特征。

通过对若干造山型和卡林型金矿床的研究，Large 等(2009)指出和同生成岩期黄铁矿相比，热液成因的黄铁矿具有典型的较高的 Co/Ni 值，这与此次的研究结果是一致的。因此，在变形复杂的阳山金矿带,黄铁矿中的 Co/Ni 值可以作为一个重要的指数,来区分成矿前的黄铁矿与成矿期黄铁矿。

热液成因的黄铁矿具有较高的 Au/Ag 值(Py_1、Py_2 和 Py_3 的中值分别为 1.47、33.05、48.33),高于变质成岩期的 Py_0 的 Au/Ag 值(中值为 0.27,表 5-4),这与 Large 等(2009)和 Thomas 等(2011)的研究结果一致。Py_2 和 Py_3 的 Au/Ag 值比 Py_1 的 Au/Ag 值更高,说明 Py_2、Py_3 所在的硫化物阶段是阳山金矿带的主要金来源。

黄铁矿中的 Pb 和 Zn 可能是以含铅、锌矿物(例如方铅矿和闪锌矿)的显微包裹体或(Huston et al.,1995;Large et al.,2009)固溶体的形式存在于黄铁矿的晶格中,或者以纳米级颗粒的形式分散于黄铁矿中(Large et al.,2009;Thomas et al.,2011)。Py_0 比 Py_2 含有较多的 Pb 和 Zn(表 5-4),但是在显微镜图像或者背散射电子图像中并未发现方铅矿或者闪锌矿的显微包裹体,所以推测 Pb 和 Zn 是以固溶体或者纳米级颗粒的形式存在于 Py_0 中,可能是成岩期黄铁矿遗留下来的。成矿期(Py_1—Py_3)可见有方铅矿和闪锌矿分散于硫化物矿物中,因此推测变质成矿热液可能携带有少量的 Pb 和 Zn。

Cu 表现出与 Pb、Zn 不同的演化趋势。Py_2 含有相对较高的 Cu 值,指示 Py_2 中含有较多的黄铜矿显微包裹体或者与 Cu 相关的固溶体(Large et al.,2009;Thomas et al.,2011),这也与显微镜下可观察到与成矿期主阶段 Py_2 共生的少量黄铜矿是一致的。由于 Py_2 含有最高的 Au 和 Cu,显著区别于 Py_0 和 Py_1,可能指示出与成矿期早阶段和晚阶段相比,主阶段的成矿流体含有较高的 Cu。

Bi 与 Pb 的正相关关系指示 Bi 在黄铁矿中主要赋存在富 Bi 的方铅矿或 Pb-Bi 硫盐矿物显微包裹体中(Huston et al.,1995)。与 Py_0 相比,Py_1、Py_2 和 Py_3 都显示出 Bi 与 Pb 存在明显正相关性,这与热液成矿期发育方铅矿或硫盐矿物包裹体是一致的。

Py_3 和 Apy_3 中的高 Sb 含量(表 5-2,表 5-3)与成矿期晚阶段发育较多的辉锑矿的地质现象是一致的,指示成矿期晚阶段的流体富含 Sb 元素。

(4)硫化物化学演化过程及成矿物质来源

变质沉积岩成矿的造山型金矿在初始沉积经历几十个百万年之后的变质作用过程中,Au、As 和相关的元素从同生期/成岩期黄铁矿中释放出来。当变质作用达到了绿片岩相或角闪岩相时,这些元素就会聚集在变质成矿流体中(Goldfarb et al.,2005;Pitcairn et al.,2006,2010;Large et al.,2007,2009,2011,2012)。阳山金矿带大面积出露的泥盆系千枚岩-大理岩化灰岩-变质石英砂岩经历了广泛的变质作用,且已经达到了绿片岩相(董瀚,2004)。基于以上研究,可推测出地层中的初始沉积型黄铁矿(具有草莓状或胶状结构,且已经发生了变质作用)可能比 Py_0 具有更高的金和相关的微量元素含量。Py_0 具有较高含量的 As、Au、Bi、Co、Cu、Mn、Ni、Pb、Sb、V 和 Zn,推测成岩期黄铁矿可能具有更多微量元素,当它演化成为 Py_0 或者更加脱挥发分的黄铁矿,甚至在更深变质作用下转变为磁黄铁矿的过程中可能为阳山金矿带提供了丰富的金资源。变质成岩期 Py_0 演化到成矿后 Py_4 的矿物组合以及黄铁矿地球化学演化过程如图 5-11 所示。

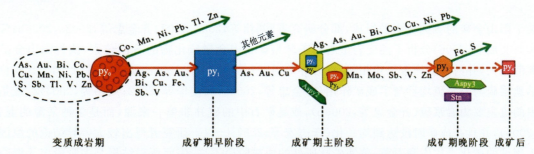

图 5-11 不同阶段矿石矿物组合及黄铁矿地球化学演化特征
(红色箭头之下的元素为增加的元素,绿色剪头之上的元素为减少的元素)

富有机质的泥盆系以及成岩期黄铁矿富含其他微量元素,尤其是 Co、Ni、Pb 和 Zn(冯建忠等,2005)。但是,矿石中仅见少量含这些元素的硫化物,因而,与 Au 和 As 类似,它们可能也从黄铁矿中释放出来,并成矿流体进行运移(秦艳和周振菊,2009)。泥盆系围岩(千枚岩、碳质千枚岩、砂质千枚岩、泥质千枚岩和大理岩化灰岩)中的有机碳含量平均值为 0.93%。变质沉积岩中的有机碳可能在流体氧化还原反应和矿质沉淀中发挥了重要作用。

与 Py_0 相比,Py_1 含有较多的 Ag、As、Au、Bi、Cu、Fe、Sb 和 V,较少的 Co、Mn、Ni、Pb 和 Zn,揭示出在比绿片岩相矿物组合更高温度的变质作用过程中,岩石的脱挥发分作用产生的初始变质成矿流体具有更高含量的 Ag、As、Au、Bi、Cu、Fe、Sb 和 V 元素。

与 Py_1 相比,成矿期主阶段的 Py_2 亏损大部分微量元素,但是显著富集 As 和 Au,且轻微富集 Cu 元素。As 和 Au 元素的富集可能与富含 Au 和 As 的早阶段黄铁矿(Py_0 和 Py_1)和围岩的广泛的相互作用有关。同时,Py_2 中 As 和 Au 元素的大量带入,可能制约着其他元素进入 Py_2。在硫化作用过程以及 As、Au 沉淀的过程中,围岩中富集的一些元素,例如 Co、Ni、Mn、Pb 和 Zn,可能形成了方铅矿、闪锌矿或其他硫盐矿物(硫锑铅矿、脆硫锑铅矿、脆硫锑铜矿、砷黝铜矿和车轮矿)。

Py_2 含有最多的 As 元素,平均值为 $28\,356.75\times10^{-6}\pm9\,869.87\times10^{-6}$,且多数黄铁矿为细粒的矿物,指示含砷黄铁矿中的 As 以 $[Fe(As,S)_2]$ 固溶体的形式存在,且含砷黄铁矿经历了快速沉淀的过程(Cook and Chryssoulis,1990;Huston et al.,1995;Simon et al.,1999)。离子置换机制可以解释黄铁矿中 Au 与 As 的强烈正相关关系,因为 AsS^{3-} 与 Au^{3+} 可以价态互补进入矿物晶格。因而黄铁矿中的 As、Au 关系可能揭示出 Au^{3+} 替代 Fe^{2+}、AsS^{3-} 替代 S_2^{2-} 的双交代机制(Cook and Chryssoulis,1990;Huston et al.,1995;Abraitis et al.,2004)。

与 Py_1、Py_2 和 Apy_2 相比,成矿期晚阶段的 Py_3 和 Apy_3 含有较高含量的 Sb(表 5-2,表 5-4)。并且在该阶段可见较多的辉锑矿,意味着成矿期晚阶段流体富含 Sb 元素。黄铁矿中的辉锑矿显微包裹体也支持了这一点。Py_3 比 Py_2 含有较低的 As 和 Au,Apy_3 比 Apy_2 含有较低的 As,同时,成矿期晚阶段的硫化物-石英±方解石脉中可见自由金,这些都可以说自然金从黄铁矿或毒砂的晶格中释放出来,形成了游离自然金,这种现象可见于温度或压力变低的条件下(Boyle,1979;Groves et al.,1998)。

Py_3 具有和 Py_1 类似的地球化学特征,揭示出成矿期晚阶段的流体特征可能与早阶段类似,但是 Py_3 含有更多的 Au、As、Mn、Mo 和 Sb。由于 Mo 和 Mn 可能来源于围岩,较低温度的晚阶段成矿流体比早阶段较高温度的成矿流体含有更多的成矿元素(Au、As 和 Sb)。

5.1.2 同位素地球化学

5.1.2.1 S 同位素

关于阳山金矿的 S 同位素的组成,部分研究者(刘伟等,2003,2007;齐金忠等,2003a,2006b;郭俊华等,2002;文成敏,2006)分析了蚀变岩型与石英脉型矿石中金属硫化物的 S 同位素,认为阳山金矿 S 同位素离散性大,并与滇黔桂金三角相似(袁万春等,1997;齐金忠等,2003a;贾大成等,2001),S 同位素特征显示地层硫与岩浆硫均参与了成矿作用(齐金忠等,2003a;郭俊华等,2002;刘伟等,2003)。或是阳山金矿中的硫主要为岩浆硫(齐金忠等,2006b),或是矿石中的硫并非单一来源,而是多种来源的混合(程斌等,2006),并且在成矿时没达到均一化(李志宏等,2007)。以上研究者得出较大差异结论的原因主要是用于测试的矿化千枚岩和石英-黄铁矿脉所处的成矿阶段不详,因而所得结果是多阶段多元混合的信息,不能有效反映各个成矿阶段的硫元素来源及 S 同位素的演化。罗锡明等(2004)、杨贵才等(2007,2008)对矿带内的黄铁矿石英脉中的黄铁矿进行了 S 同位素测定,但未厘定各黄铁矿的形成阶段,由于黄铁矿为贯通性矿物,可以出现在各个成矿阶段,因而其测试结果同样没有明确的地质意义。

杨荣生(2006)研究了阳山金矿中未矿化蚀变千枚岩中草莓状黄铁矿的 $\delta^{34}S_{CDT}$ 值,发现其主要介于

−29.0‰～−24.6‰ 之间,而该地区灰岩地层中产出黄铁矿的 $\delta^{34}S_{CDT}$ 值则介于 15.3‰～17.5‰ 之间。其将千枚岩中的黄铁矿解释为生物成因,灰岩中的黄铁矿的硫则主要来自海水硫酸根离子的还原作用。相较于成岩阶段 S 同位素研究,杨荣生(2006)将赋矿岩石建造解释为热液成矿期硫物质的主要来源,在成矿作用过程中,流体与泥盆系千枚岩发生水-岩反应,并从围岩中带走大量的硫,致使热液成矿期成矿流体具有较大范围的 $\delta^{34}S$ 值。其研究没有给出令人信服的成岩-成矿期次划分证据。蚀变花岗斑岩脉型矿石中 S 同位素比较集中,同样可以由成矿流体与赋矿围岩发生反应所致,只要赋矿围岩的 S 同位素的值比较集中就会导致矿化阶段 S 同位素值比较集中。

本书在前人研究(杨荣生,2006;罗锡明等,2004;齐金忠等,2003b,2006a;杨贵才等,2008;阎凤增等,2010)的基础上,详细划分了成矿期和成矿阶段,分期分阶段开展了 S 同位素研究(Li et al.,2018,2019)。

工作区存在多种形态的黄铁矿,甚至在同一变质成岩-成矿阶段也存在多种黄铁矿晶形(表 5-6)。经分析,他形集合体黄铁矿的硫同位素值只有一个,为 7.6‰;立方体黄铁矿的 S 同位素值为 −12.1‰～12.5‰,极差为 24.6‰;五角十二面体黄铁矿的 S 同位素值为 −0.7‰～7.6‰,极差为 8.3‰;五角十二面体和八面体聚形黄铁矿的 S 同位素值为 −2.1‰～1.2‰,极差为 3.3‰;五角十二面体、八面体和立方体聚形黄铁矿的 S 同位素值只有一个,为 0.8‰。

表 5-6 阳山金矿带围岩和硫化物 S 同位素测试结果

序号	样品号	岩性	成矿期/阶段	$\delta^{34}S/‰$	参考文献
1	AB10PD4-103-a	千枚岩	Py_0	7.6	
2	AB10PD4-103-b	千枚岩	Py_0	12.5	
3	YS-NS-10-06	砂岩	Py_0	−4.2	
4	YS-AB-10-HC-05-a	花岗岩脉	Py_1	−0.3	
5	YS-AB-10-HC-05-b	花岗岩脉	Py_1	−0.7	
6	SM1-3	花岗岩脉	Py_1+Py_2	0.7	
7	YS-AB-10-NC-05	斜长花岗斑岩	Py_1+Py_2	−1.7	
8	YS-AB-10-PD1-01	斜长花岗斑岩脉	Py_1+Py_2	−1.6	
9	YS-AB-10-PD1-04	斜长花岗斑岩	Py_1+Py_2	−2.1	本书
10	YS-AB-10-PD2-02-a	斜长花岗斑岩	Py_1+Py_2	0.8	
11	YS-AB-10-PD2-02-b	斜长花岗斑岩	Py_1+Py_2	1.2	
12	AB10PD4-108(2)	花岗斑岩	Py_2	−2.1	
13	AB10PD4-101	千枚岩	Apy_1	−4.2	
14	AB10PD4-102	花岗斑岩	Apy_1	−1.4	
15	AB10PD4-114	千枚岩	Apy_1	3	
16	AB10PD4-115	千枚岩	Apy_1	2	
17	YS-AB-10-PD2-02	斜长花岗斑岩	Apy_1	1.4	
18	YS-AB-10-PD4-21	黑云母斜长花岗斑岩	Apy_1	0.6	
19	YS-ZK1709-10-03	千枚岩	Apy_1	−3.7	

续表 5-6

序号	样品号	岩性	成矿期/阶段	$\delta^{34}S/‰$	参考文献
20	SM1-2	花岗斑岩	Apy_1	0	本书
21	SM2-1	千枚岩	Apy_1	0.1	
22	SM2-3	千枚岩	Apy_1	−0.7	
23	SM2-4	黑云母花岗斑岩	Apy_1	0.1	
24	SM2-6	千枚岩	Apy_1	−2.5	
25	AB10PD4-108(2)	花岗斑岩	Apy_1	−1.3	
26	AB10PD4-113	花岗斑岩	Apy_1	−1.7	
27	AB10PD4-116	黑云母花岗斑岩	Apy_1	−0.5	
28	YS-AB-10-PD4-16	斜长花岗斑岩	Apy_1	1.5	
29	AB10PD4-108(1)	千枚岩中石英脉	Stn	−4.7	
30	YS-AB-10-1haodong-01	千枚岩中石英脉	Stn	−5.7	
31	YS-AB-10-4haodong-01	千枚岩中石英脉	Stn	−4.5	
32	YS-AB-10-NC-05	石英脉	Stn	−5.4	
33	YS-AB-10-PD1-01	石英-方解石脉	Stn	−5.8	
34	YS-AB-10-PD1-05	石英-方解石脉	Stn	−6.6	
35	SM2-2	石英-方解石脉	Stn	−5.8	
36	SM4-1	石英-方解石脉	Stn	−4.8	
37	AB10PD4-118	石英脉	Stn	−4.8	
38	Y-31	千枚岩	Py_0	−24.6	杨荣生等,2006
39	Y-32	千枚岩	Py_0	−25.5	
40	Y-33	千枚岩	Py_0	−29	
41	Y-PD112BYY	灰岩	Py_0	15.3	
42	Y-GLBYY	灰岩	Py_0	17.5	
43	LJ-6	泥盆系	Py_0	10.9	罗锡明等,2004
44	PDG-21	泥盆系	Py_0	10.1	闫凤增等,2010

注:测试由美国地质调查局丹佛中心完成,2011。

Py_0以立方体和他形集合体为主,成矿期黄铁矿以五角十二面体、八面体和立方体的聚形为主,而立方体单晶较少。同一样品中不同晶形的黄铁矿 S 同位素值差别较大,但有的硫同位素值比较接近,立方体和他形黄铁矿的 S 同位素值为−0.3‰,五角十二面体黄铁矿的 S 同位素值为−0.7‰。

不同成矿期成岩-成矿阶段硫化物以及不同形态学特征黄铁矿的δ^{34}S 如图 5-12 和表 5-6 所示。千枚岩中的变质成岩期黄铁矿具有较大的δ^{34}S 值范围(−29‰~24.6‰);泥盆系中变质成岩期黄铁矿的δ^{34}S 值范围为 10.1‰~10.9‰;灰岩中变质成岩期黄铁矿的δ^{34}S 值范围为 15.3‰~17.5‰(罗锡明等,2004;闫凤增等,2010)。第一成矿期黄铁矿具有较大的δ^{34}S 值范围(−2.1‰~1.2‰),平均值为−0.6‰;毒砂的δ^{34}S 值范围为−4.2‰~3‰,平均值为−0.5‰,该范围在变质沉积岩的δ^{34}S 值范围内,该范围同时也符合造山型金矿的范围(−27.2‰~24‰)和卡林型金矿的范围(−32.1‰~20‰)。第二成矿期的黄铁矿、毒砂和辉锑矿的δ^{34}S 值范围为−6.6‰~3‰,该范围的一些值与花岗岩脉的δ^{34}S 值较为接近,而且其塔式效应更加明显,即表明岩浆硫的特征。

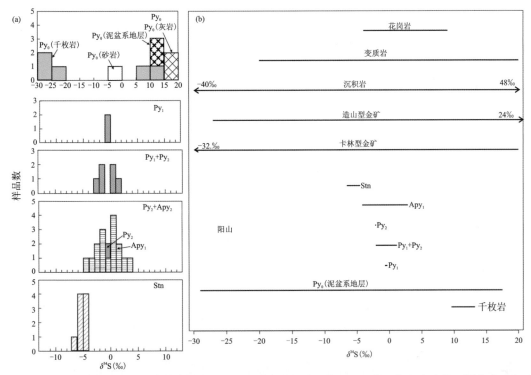

图 5-12 阳山金矿带成岩期和成矿期黄铁矿 $\delta^{34}S$ 范围直方图(a)、阳山金矿带 4 个成矿阶段 S 同位素对比(b)，以及其他矿床的 S 同位素范围(据 Yang et al.,2016)

阳山金矿带内成岩期的黄铁矿较大的 $\delta^{34}S$ 值范围和沉积岩中的相似,同时与大理岩化灰岩的 $\delta^{34}S$ 值范围(15.3‰～17.5‰)、同时期的海水的 $\delta^{34}S$ 值范围相似,这说明硫来源于海水中硫酸盐离子。泥盆系成岩期黄铁矿的 $\delta^{34}S$ 值范围(10.1‰～10.9‰)与千枚岩的范围相似,这说明泥盆系为成岩期黄铁矿提供了硫元素。成岩期不同晶形的黄铁矿 $\delta^{34}S$ 值不同,这很可能是细菌的作用所致。成矿期的黄铁矿 $\delta^{34}S$ 值范围为 $-2.1‰～1.2‰$,且成矿期不同晶形的黄铁矿范围相似,这说明变质地层和花岗岩脉提供了硫源。根据 Barnes(1997)提出的关于达到同位素平衡的共生硫化物的 S 同位素分馏计算公式,可得到共生的黄铁矿与辉锑矿的 S 同位素值应该相差 3.8‰(第二成矿期的热液温度取 278℃),那么与辉锑矿共生的黄铁矿的 S 同位素值应该为 $-2.8‰～-0.7‰$,与第一成矿期黄铁矿的 S 同位素值($-2.1‰～1.2‰$)也比较接近。

总体来看,阳山金矿中硫化物 $\delta^{34}S$ 值的总平均值接近于 0‰,且伴随着矿化的进行,正态分布趋于明显,表明 S 同位素来源复杂,但是趋于均一化。从以上分析可以得出,第一成矿期成矿流体中的 S 同位素主要来源于赋矿岩石建造,即在泥盆世可能混入少量岩浆硫。该地区大面积出露碧口群,泥盆系的沉积物源主要为碧口群,归根结底,S 同位素来源为泥盆系与碧口群变质基底;而第二成矿期则主要与岩浆活动有关。

5.1.2.2 Pb 同位素

阳山金矿带碧口群、泥盆系千枚岩、花岗岩脉与硫化物(黄铁矿、毒砂)中经过测试和年龄校正的 $^{206}Pb/^{204}Pb$、$^{207}Pb/^{204}Pb$、$^{208}Pb/^{204}Pb$ 数据如表 5-7 所示。从安坝和泥山矿段矿体中挑选出 15 件硫化物矿物,其 $^{206}Pb/^{204}Pb$ 值范围为 18.037～18.533,$^{207}Pb/^{204}Pb$ 值范围为 15.554～15.686,$^{208}Pb/^{204}Pb$ 值范围为 38.195～39.020。黄铁矿 Py_1、Py_2、Py_3 共 3 个世代,$^{206}Pb/^{204}Pb$、$^{207}Pb/^{204}Pb$、$^{208}Pb/^{204}Pb$ 值范围分别为 18.037～18.227、15.554～15.684、38.195～39.752。毒砂有 Apy_2 和 Apy_3 2 个世代,$^{206}Pb/^{204}Pb$ 值、$^{207}Pb/^{204}Pb$、$^{208}Pb/^{204}Pb$ 值范围分别为 18.048～18.533、15.562～15.686、38.234～39.020。

表 5-7 阳山金矿带围岩及硫化物 Pb 同位素组成统计表

岩性	样品编号	成矿阶段	$^{208}Pb/^{204}Pb^{*}$	$^{207}Pb/^{204}Pb^{*}$	$^{206}Pb/^{204}Pb^{*}$	$^{208}Pb/^{204}Pb^{\#}$	$^{207}Pb/^{204}Pb^{\#}$	$^{206}Pb/^{204}Pb^{\#}$	参考文献
花岗斑岩	AB10PZB-1		38.454	15.576	18.808	37.963	15.543	18.154	本书
花岗斑岩	AB10PZB-2		38.294	15.564	18.469	38.096	15.551	18.221	
花岗岩	AB10PZB-4		38.309	15.567	18.162	38.13	15.55	17.831	
花岗岩	AB10PZB-5		38.644	15.638	18.498	38.428	15.621	18.148	
花岗斑岩	AB10PZB-6		38.245	15.557	18.179	38.125	15.539	17.81	
斜长花岗斑岩	ZK363-2		38.428	15.583	18.236	38.159	15.561	17.804	
花岗斑岩	AB10PD1W-1		38.942	15.64	18.98	38.454	15.602	18.226	
花岗岩	AB10PD1W-2		38.363	15.558	18.244	38.107	15.537	17.821	
斜长花岗斑岩	YS-AB-10-PD2-02		38.29	15.563	18.241	38.097	15.535	17.68	
花岗斑岩	AB10PD4-108(2)		38.385	15.579	18.584	38.18	15.548	17.986	
黑云母斜长花岗斑岩	YS-AB-10-PD4-18		38.281	15.566	18.193	38.12	15.546	17.791	
黑云母斜长花岗斑岩	YS-AB-10-PD4-21		38.341	15.572	18.359	38.113	15.541	17.747	
千枚岩	GTW10GD-1		39.545	15.713	18.817	38.805	15.686	18.285	
千枚岩	GTW10GD-4		40.156	15.742	19.253	39.229	15.712	18.653	
千枚岩	ZK1716-1		39.602	15.682	18.943	38.949	15.66	18.515	
千枚岩	ZK1716-2		40.291	15.744	19.252	39.106	15.709	18.564	
千枚岩	YS-AB-10-PD4-12		39.855	15.738	19.019	39.152	15.718	18.621	
千枚岩	AB10PD4-104		39.346	15.719	18.702	38.991	15.705	18.428	
千枚岩	AB10PD4-107		42.751	15.848	20.924	41.642	15.809	20.163	
千枚岩	YS-AB-10-PD4-03		40.395	15.746	19.261	39.297	15.714	18.616	
黄铁矿	AB10PD4-103	Py_1	38.611	15.684	18.182	—	—	—	
黄铁矿	AB10PD4-108(2)	Py_2	38.264	15.566	18.1	—	—	—	
黄铁矿	SM1-3	Py_1+Py_2	38.195	15.554	18.037	—	—	—	
黄铁矿	SM2-4	Py_1+Py_2	38.242	15.569	18.16	—	—	—	

续表 5-7

岩性	样品编号	成矿阶段	$^{208}Pb/^{204}Pb$ *	$^{207}Pb/^{204}Pb$ *	$^{206}Pb/^{204}Pb$ *	$^{208}Pb/^{204}Pb$ #	$^{207}Pb/^{204}Pb$ #	$^{206}Pb/^{204}Pb$ #	参考文献
黄铁矿	YS-AB-10-PD2-02	Py_1+Py_2	38.258	15.561	18.224	—	—	—	本书
黄铁矿	YS-AB-10-PD4-17	Py_1+Py_2	38.752	15.68	18.227	—	—	—	本书
黄铁矿	YS-NS-10-04	Py_1+Py_2	38.577	15.614	18.225	—	—	—	本书
黄铁矿	YS-NS-10-05	Py_3	38.296	15.574	18.087	—	—	—	本书
毒砂	AB10PD4-113	Apy_2	38.246	15.562	18.048	—	—	—	本书
毒砂	AB10PD4-114	Apy_2+Apy_3	39.015	15.686	18.489	—	—	—	本书
毒砂	AB10PD4-115	Apy_2	38.962	15.68	18.417	—	—	—	本书
毒砂	SM1-2	Apy_2	38.28	15.574	18.423	—	—	—	本书
毒砂	SM2-3	Apy_2+Apy_3	38.9	15.686	18.349	—	—	—	本书
毒砂	SM2-4	Apy_2	38.234	15.568	18.115	—	—	—	本书
毒砂	SM4-2	Apy_2+Apy_3	39.02	15.681	18.533	—	—	—	本书
毒砂	YS-AB-10-PD4-16	Apy_2	38.294	15.571	18.305	—	—	—	本书
碧口群			38.999	15.597	18.438	38.688	15.582	18.137	张本仁等,2002
碧口群			40.069	15.928	18.763	39.566	15.907	18.347	李晶等,2007
碧口群			39.157	15.833	18.017	38.929	15.82	17.763	李晶等,2007
碧口群(千枚岩)			38.945	15.814	17.91	38.803	15.806	17.755	周乐尧,1991
碧口群(千枚岩)			38.128	15.471	17.644	37.824	15.456	17.35	周乐尧,1991
碧口群(千枚岩)			38.064	15.553	18.016	37.759	15.538	17.72	周乐尧,1991
碧口群(粉砂岩)			38.394	15.552	18.126	38.087	15.537	17.829	周乐尧,1991

"*"表示校正使用年龄为208Ma；"#"表示初始值；"—"表示没有可用的数据。

阳山金矿带围岩 Pb 同位素范围表现为：$^{206}Pb/^{204}Pb$ 为 17.644~20.924，$^{207}Pb/^{204}Pb$ 为 15.471~15.928，$^{208}Pb/^{204}Pb$ 为 38.064~42.751。金矿带花岗岩脉 Pb 同位素范围表现为：$^{206}Pb/^{204}Pb$ 为 18.162~18.980，$^{207}Pb/^{204}Pb$ 为 15.557~15.640，$^{208}Pb/^{204}Pb$ 为 38.245~38.942。金矿带花岗岩脉 Pb 同位素范围表现为：$^{206}Pb/^{204}Pb$ 为 18.162~18.980，$^{207}Pb/^{204}Pb$ 为 15.557~15.640，$^{208}Pb/^{204}Pb$ 为 38.245~38.942。金矿带碧口群 Pb 同位素范围表现为：$^{206}Pb/^{204}Pb$ 为 17.644~18.763，$^{207}Pb/^{204}Pb$ 为 15.471~15.928，$^{208}Pb/^{204}Pb$ 为 38.064~40.069。金矿带千枚岩中 Pb 同位素范围表现为：$^{206}Pb/^{204}Pb$ 为 18.702~20.924，$^{207}Pb/^{204}Pb$ 为 15.682~15.848，$^{208}Pb/^{204}Pb$ 为 39.346~42.751。碧口群的 Pb 同位素组成与花岗岩脉和千枚岩的部分范围重合。通过围岩样品的 U、Th 和 Pb 含量和成矿年龄（李楠，2013）对 Pb 同位素组分进行了校正。校正后围岩中的 Pb 同位素表现为：$^{206}Pb/^{204}Pb$ 为 17.350~20.163，$^{207}Pb/^{204}Pb$ 为 15.456~15.907，$^{208}Pb/^{204}Pb$ 为 37.759~41.642。校正后的 Pb 同位素比测试值要低。同样的，花岗岩脉、碧口群和千枚岩中 Pb 同位素表现出相同的结果（图 5-13）。

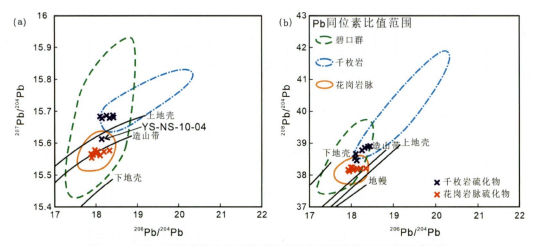

图 5-13 阳山金矿带赋矿围岩及不同成矿阶段硫化物的 Pb 同位素图解

阳山金矿带的 Pb 同位素组分落到碧口群的范围内。然而，花岗岩脉中硫化物的 Pb 同位素范围值落在千枚岩中硫化物的 Pb 同位素范围值内，这说明 Pb 来源于千枚岩，并且与硫化物的种类没有关系。YS-NS-10-04 样品表现出不同，千枚岩中黄铁矿的 Pb 值落在花岗岩脉的范围内，这可能是由于千枚岩发育较强的硅化或石英脉。因此，阳山金矿带的矿床赋矿岩石为硫化物和部分金的形成提供了物源。

这些硫化物的 Pb 同位素跨越地壳和造山带 Pb 同位素的范围，这说明赋矿岩石和硫化物中 Pb 来源于上地壳并与造山带有关，后者与西秦岭造山带的构造演化历史一致。因此，金也来源于上地壳并与造山带有关。

5.1.2.3 铷-锶和钐-钕同位素

$^{87}Sr/^{86}Sr$ 值是判断成岩成矿物质壳幔来源的重要指标，通过测定并对比工作区的地层、酸性岩脉和硫化物的 Sr 同位素组成，可以辅助判定成矿流体和成矿物质来源（Barnes et al.，1997；韩吟文等，2003；李志昌等，2004）。

由于金成矿时代、岩浆岩以及赋矿地层的年代相差较大，必须考虑到 ^{87}Rb 的衰变与 ^{87}Sr 的累积效应，需要对 $^{87}Sr/^{86}Sr$ 进行时间校正（Pettke and Diamond，1997；苏文超等，2000；彭建堂等，2001；孙祥等，2009；田世洪等，2011）。花岗斑岩中五角十二面体的黄铁矿的 Sr 同位素数值见表 5-11。用成矿年龄 208Ma（李楠等，2013）校正过的黄铁矿 $(^{87}Sr/^{86}Sr)_i$ 值范围为 0.706 27~0.713 04；毒砂为 0.712 58~0.712 94；泥盆系有最高的值，范围为 0.713 67~0.718 82；花岗斑岩脉为 0.708 65~0.713 95；碧口群有最低的值，范围为 0.703 43~0.710 06（表 5-8，表 5-9，图 5-14）。根据毒砂以及各个可能来源的

表 5-8 阳山金矿带碧口群、泥盆系、酸性岩脉和成矿期毒砂的 Sr 同位素组成

岩性	样品号	Rb	Sr	$^{87}Rb/^{86}Sr$	$^{87}Sr/^{86}Sr$	±2σ	$(^{87}Sr/^{86}Sr)_i$*	参考文献
花岗斑岩	AB10PZB-1	163.3	87.5	5.411	0.729 115	14	0.713 109	本书
花岗斑岩	AB10PZB-2	161.3	96	4.873	0.727 322	15	0.712 908	
花岗岩	AB10PZB-4	104.4	202	1.497	0.713 083	15	0.708 655	
斜长花岗斑岩	ZK363-2	110.5	208.1	1.537	0.715 11	14	0.710 564	
花岗斑岩	AB10PDIW-1	168.9	57.2	8.573	0.739 313	15	0.713 954	
花岗斑岩	AB10PDIW-2	21.8	160.8	0.392	0.713 298	15	0.712 138	
斜长花岗斑岩	YS-AB-10-PD2-02	209.3	93.2	6.513	0.731 57	10	0.712 305	
花岗斑岩	AB10PD4-108(2)	180.1	105.2	4.962	0.727 527	14	0.712 85	
黑云母斜长花岗斑岩	YS-AB-10-PD4-18	201.5	83.4	7.008	0.732 736	11	0.712 007	
黑云母斜长花岗斑岩	YS-AB-10-PD4-21	209	113.1	5.355	0.727 049	14	0.711 209	
砂岩	31	207.9	126.5	4.766	0.732 92	—	0.718 822	刘红杰等，2008
砂岩	32	146.9	115.7	3.681	0.727 2	—	0.716 312	
砂岩	33	221.3	151.4	4.24	0.730 83	—	0.718 288	
砂岩	39	42.7	209	0.592	0.715 42	—	0.713 669	
花岗斑岩	561	142.6	233.1	1.771	0.715 08	—	0.709 841	
花岗斑岩	4030	197.7	141.1	4.062	0.724 67	—	0.712 655	
花岗斑岩	PD1309	140.4	72.7	5.598	0.725 65	—	0.709 091	
花岗斑岩	4034	157.5	88.7	5.145	0.725 58	—	0.710 361	
碧口群(火山岩)	1	—	—	0.092	0.704 47	—	0.704 198	Yan et al.,2003
碧口群(火山岩)	2	—	—	0.034	0.703 53	—	0.703 429	
碧口群(变质玄武岩)	1	23.4	563	0.121	0.710 42	—	0.710 062	李晶等，2007
碧口群(变质玄武岩)	2	0.2	111	0.006	0.707 35	—	0.707 332	
碧口群(变质玄武岩)	3	0.1	143	0.003	0.706 67	—	0.706 661	

续表 5-8

岩性	样品号	Rb	Sr	$^{87}Rb/^{86}Sr$	$^{87}Sr/^{86}Sr$	±2σ	$(^{87}Sr/^{86}Sr)_i$*	参考文献
黄铁矿	461-1B-1	—	—	6.324 52	0.726 74	—	0.708 032	张莉等，2009
黄铁矿	461-1B-2	—	—	7.223 48	0.727 64	—	0.706 273	
黄铁矿	461-1B-3	—	—	4.362 82	0.721 65	—	0.708 745	
黄铁矿	461-1B-4	—	—	4.900 21	0.722 73	—	0.708 235	
黄铁矿	461-1B-5	—	—	5.823 51	0.725 17	—	0.707 944	
黄铁矿	461-1B-6	—	—	5.129 1	0.722 55	—	0.707 378	
黄铁矿	112-12-1	—	—	1.721 02	0.717 41	—	0.712 319	
黄铁矿	112-12-2	—	—	2.240 96	0.719 67	—	0.713 041	
黄铁矿	112-12-3	—	—	0.941 69	0.715 76	—	0.712 975	
黄铁矿	112-12-4	—	—	1.380 05	0.716 49	—	0.712 408	
黄铁矿	112-12-5	—	—	2.450 94	0.720 02	—	0.712 77	
黄铁矿	112-12-6	—	—	1.475 16	0.717 19	—	0.712 827	
毒砂	Jan-38	—	—	0.327	0.713 89	—	0.712 923	
毒砂	Feb-38	—	—	0.483	0.714 12	—	0.712 691	
毒砂	Mar-38	—	—	0.421	0.714 19	—	0.712 945	
毒砂	Apr-38	—	—	0.401	0.713 97	—	0.712 784	
毒砂	May-38	—	—	0.425	0.714 19	—	0.712 933	
毒砂	Jun-38	—	—	0.405	0.713 78	—	0.712 582	

注："*"校正使用年龄为 208 Ma。"—"表示没有数据。

($^{87}Sr/^{86}Sr$)$_i$值的范围,可以得出:①如果成矿流体和物质来源于泥盆系,那么酸性岩脉或者碧口群必须也提供流体和物质;②若成矿流体和物质来源于碧口群,那泥盆系或者酸性岩脉必须也提供流体和物质;③酸性岩脉可以单独提供成矿流体和物质,或者与泥盆系和碧口群同时为成矿提供来源。根据刘红杰等(2008)研究成果,阳山金矿带的酸性岩脉来源于碧口群的变质脱水熔融,因而 Sr 同位素的证据表明碧口群是阳山金矿带成矿流体和成矿物质不可缺少的来源,这与张莉等(2009)的研究结果是一致的,而泥盆系对成矿流体和成矿物质的贡献不确定。

表 5-9 阳山金矿带碧口群、泥盆系、酸性岩脉和成矿期毒砂的($^{87}Sr/^{86}Sr$)$_i$统计结果

项目	碧口群	泥盆系砂岩	花岗斑岩脉	黄铁矿	毒砂	酸性岩脉(本文)
最小值	0.703 429	0.713 669	0.709 091	0.706 273	0.712 582	0.708 655
最大值	0.710 062	0.718 822	0.712 655	0.713 041	0.712 933	0.713 954
平均值	0.706 336	0.716 773	0.710 487	0.711 100	0.712 810	0.711 969 9

注:泥盆系粉砂岩、毒砂、碧口群数据来源于表 5-8。

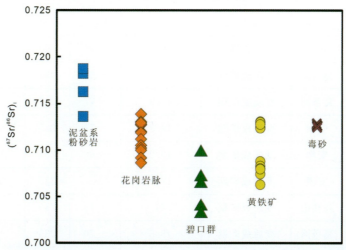

图 5-14 阳山金矿带碧口群、泥盆系、酸性岩脉和成矿期毒砂的 Sr 同位素组成示意图

Sr、Nd 同位素的一个重要应用是对花岗岩类岩石进行岩石类型的划分(李志昌等,2004;Faure,1986)。图 5-15 为阳山金矿带的酸性岩脉的$\varepsilon_{Nd}(t)$-($^{87}Sr/^{86}Sr$)$_i$关系图,从图可看出酸性岩脉可能来源于下地壳物质,并且与华南 S 型花岗岩的特征相近,是经过风化的沉积岩(泥质岩为主)熔融形成的岩浆产物。

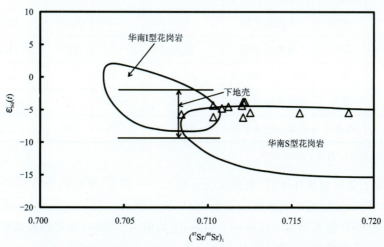

图 5-15 阳山金矿带酸性岩脉全岩$\varepsilon_{Nd}(t)$-($^{87}Sr/^{86}Sr$)$_i$图解

(华南花岗岩的数据范围据凌洪飞等,1998;下地壳数据据 Taylor and McLennan,1985)

5.1.2.4 碳-氢-氧同位素

成岩期和成矿期的石英$\delta^{18}O$范围为15.9‰~21.5‰。成岩期的石英$\delta^{18}O$平均值为18.5‰;成矿早阶段的石英$\delta^{18}O$范围为15.9‰~17‰,平均值为16.5‰;成矿主阶段的石英$\delta^{18}O$范围为17.6‰~21.5‰,平均值为19.3‰;成矿晚阶段的石英$\delta^{18}O$范围为18.4‰~21.1‰,平均值为19.7‰(Yang et al.,2016)。

根据流体包裹体的均一温度和矿物共生关系研究(成岩期为300℃,成矿早阶段、主阶段和晚阶段分别为295℃、235℃和195℃),计算后的成岩期和成矿期的$\delta^{18}O_水$范围为6.4‰~11.8‰,平均值为9.3‰(表5-10)。其中成岩期石英的$\delta^{18}O_水$为11.6‰;变质成矿早阶段石英的$\delta^{18}O_水$范围为8.8‰~9.9‰,平均值为9.4‰;变质成矿主阶段石英的$\delta^{18}O_水$范围为7.9‰~11.8‰,平均值为9.6‰;岩浆热液成矿阶段石英的$\delta^{18}O_水$范围为6.4‰~9.1‰,平均值为7.7‰。

表5-10 阳山金矿带矿物和流体的O同位素特征

	样品号	矿床	成矿阶段	$\delta^{18}O_{石英}$(‰)	δD(‰)	T(℃)	$\delta^{18}O_水$(‰)	$\delta^{13}C$(‰)
1	YS-GL-05	安坝	成岩期	18.5	-79	300	11.6	-4
2	YS-PZB-04	葛条湾	变质成矿期	17	-67	295	9.9	-3.8
3	YS-GTW-06	葛条湾	变质成矿期	15.9	-77	295	8.8	—
4	YS-GL-06	安坝	变质成矿期	19.3	-71	235	9.6	-3.6
5	YS-GL-07	安坝	变质成矿期	19.2	-68	235	9.5	-3.8
6	YS-GL-02	安坝	变质成矿期	17.6	—	235	7.9	—
7	YS-GYB-GL-07	高楼山	变质成矿期	21	-78	235	11.3	-3.7
8	YQ-1	葛条湾	变质成矿期	18.5	-70	235	8.8	-3.6
9	YS-PZB-02	葛条湾	变质成矿期	18.8	-63	235	9.1	-3.4
10	YS-PZB-7	葛条湾	变质成矿期	18.3	-61	235	8.6	-3.7
11	YS-PZB-09	葛条湾	变质成矿期	18.1	-61	235	8.4	—
12	YS-PZB-14	葛条湾	变质成矿期	19.5	-71	235	9.8	-2.5
13	YS-NS-TC-5	泥山	变质成矿期	20	-78	235	10.3	—
14	YS-NS-TC-6	泥山	变质成矿期	21.5	-74	235	11.8	-2.6
15	YS-AB-02	安坝	岩浆热液成矿期	19.7	-82	195	7.7	-3.9
16	YS-AB-03	安坝	岩浆热液成矿期	21.1	-81	195	9.1	-3.3
17	YS-PZB-10	葛条湾	岩浆热液成矿期	18.4	-56	195	6.4	-3.6

注:"—"代表没有数据;$\delta^{18}O_水$值据Zheng,1993。

成岩期和成矿期石英的包裹体中δD值范围为-82‰~-56‰,平均值为-71‰(表5-10)。成岩期石英中δD值为-79‰;变质成矿期早阶段石英中δD值范围为-77‰~-67‰,平均值为-72‰;变质成矿期主阶段石英中δD值范围为-78‰~-61‰,平均值为-70‰;岩浆热液成矿期石英中δD值范围为-82‰~-56‰,平均值为-73‰(图5-16)。

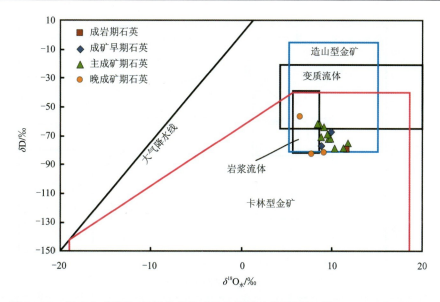

图 5-16 阳山金矿带氢-氧同位素组成及流体混合作用图解(据 Yang et al.,2016)

阳山金矿带的 $\delta^{18}O_{石英}$ 值变化范围为 15.9‰~21.5‰,成矿流体中的 $\delta^{18}O_{水}$ 值变化范围为 6.4‰~11.8‰。这些范围与典型的造山型金矿的变化范围($\delta^{18}O_{石英}$ 值范围为 10‰~22‰,$\delta^{18}O_{水}$ 值范围为 5‰~15‰)是一致的。$\delta^{18}O_{石英}$(16.5‰→19.4‰→19.7‰)从表 5-10 可以看出,变质成矿期早阶段、变质成矿期主阶段到岩浆热液成矿期表现为逐渐增大。这说明有流体与围岩的反应或有外界富含 $\delta^{18}O$ 的流体参与,而后者的可能性是较小的。因为阳山金矿带的流体包裹体未发现包裹体群,这表明高温、高盐度的流体与低温、低盐度的混合,后期有岩浆流体的加入。此外,阳山金矿矿体周围广泛发育的硅化、绢云母化、硫化和碳酸盐化,也表明流体与围岩反应是最可能的原因。

阳山金矿带石英中流体包裹体的 δD 值变化范围为 -82‰~56‰,这个范围与大多数的造山型金矿范围是一致的(-81‰~-5‰)。δD 值从变质成矿期早阶段、变质成矿期主阶段到岩浆热液成矿期表现为 -72‰→-70‰→-73‰ 的变化。杨荣生(2006b)认为在岩浆热液成矿期阳山金矿带内有含 $\delta^{18}O$ 的大气水混入,因为具有低的 δD 值。然而变质成矿期主阶段和晚阶段的 $\delta^{18}O_{石英}$ 和 δD 值与大气水的值相差较大,这说明在成矿晚阶段可能没有大气水的混入,$\delta^{18}O_{水}$ 值的减少可能仅仅是由于温度的增加。

阳山金矿带的大部分 $\delta^{18}O_{水}$ 和 δD 值投图在变质流体区域内(图 5-16),然而石英中的流体包裹体 δD 值受次生包裹体低 δD 值的影响。更加准确的 δD 值是由绢云母和白云母矿物计算得到的,其值比流体包裹体中测量值低 20‰~40‰。因此,成矿流体的 $\delta^{18}O$ 和 δD 组分应该在变质流体中,这与大多数的造山型金矿相同,与卡林型金矿差距较大(图 5-17)。因此,阳山金矿带的主要成矿流体应该是变质流体。

阳山金矿带成岩期和成矿期石英中的流体包裹 $\delta^{13}C$ 值变化范围为 -4‰~-2.5‰,平均值为 -3.5‰。其中不同阶段的 $\delta^{13}C$ 相似,并且,$\delta^{13}C$ 值比陆壳(-7‰)、地幔(-5‰)、沉积岩中有机质(-30‰~-10‰)中的要高,而比碳酸盐(0‰)中的要低。$\delta^{13}C$ 值变化范围同样与大多数的造山型金矿的变化范围(-23‰~2‰)一致(图 5-17),该范围与卡林型金矿的变化范围(-7.5‰~3.1‰)也相同。从阳山金矿带的成岩期到成矿期,$\delta^{13}C$ 和 $\delta^{18}O_{水}$ 值变化显示成岩和成矿流体来源于碳酸盐岩和部分花岗岩。

5.1.3 成矿物质来源及演化

黄铁矿的 LA-ICP-MS 微区原位微量元素研究表明,Py_0 具有较高含量的 As、Au、Bi、Co、Cu、

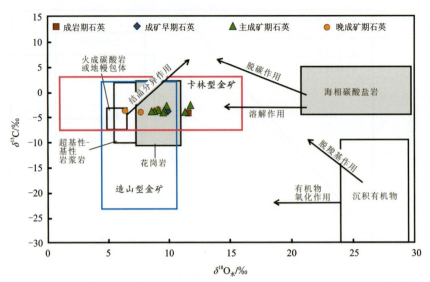

图 5-17　阳山金矿带碳-氧同位素组成及流体混合作用图解(据 Yang et al.,2016,底图据刘建明等,1998)

Mn、Ni、Pb、Sb、V 和 Zn,推测成岩期黄铁矿可能具有更多微量元素,当它演化成为 Py_0 或者更加脱挥发分的黄铁矿,甚至在更深变质作用程度演化为磁黄铁矿的过程中可能为阳山金矿带提供了丰富的金资源。另外,在成矿期主阶段,地层中已形成的黄铁矿(Py_0 和 Py_1)与围岩发生了广泛的相互作用,也可能为主阶段矿化提供了较多的金等成矿物质来源。

硫化物 S 同位素的分析以及与围岩的 S 同位素对比显示,成矿期各阶段硫化物的 S 同位素值接近于零,显示具有统一的来源,指示成矿硫源有岩浆硫的参与。硫化物 Pb 同位素与酸性岩脉、泥盆系以及碧口群 Pb 同位素比值的对比研究,揭示出泥盆系和碧口群为矿石铅提供了铅源,而酸性岩脉对第二期成矿矿石铅提供了铅源。不同阶段的铅源均较为一致,没有明显的演化规律。同时,Sr 同位素结果表明碧口群是阳山金矿带成矿流体和成矿物质不可缺少的来源,而泥盆系对成矿流体和成矿物质的贡献不确定。

5.2　成矿流体特征

5.2.1　流体包裹体岩相学

阳山金矿带可识别出成矿前、变质热液成矿期和岩浆热液成矿期的石英脉(图 5-18)。其中,成矿前的石英脉一般呈现白色或烟灰色,被矿化千枚理切穿,或者为顺千枚理的变质期石英脉,广泛分布于千枚岩中。变质热液成矿期早阶段的石英脉可见细粒黄铁矿-石英脉,主阶段可见黄铁矿-毒砂-石英脉,切穿了千枚理,脉中及边部见细粒黄铁矿及毒砂单矿物。相对于变质热液成矿期早阶段和主阶段的矿化石英脉,岩浆热液成矿期的辉锑矿-石英-方解石脉发育更普遍,常见于千枚岩和酸性岩脉接触断裂带中。

1)寄主矿物

选用的石英大多数为千枚岩和花岗质脉岩中的石英脉,少数为硅化灰岩或变质石英砂岩中的石英脉,以及脉岩中的石英颗粒。石英颗粒多为半自形,少量具有波状消光,部分发生了重结晶、破碎蚀变和定向排列;方解石具有两组菱形解理。

a. 成矿前烟灰色无矿石英脉被矿化千枚理切断;b. 切穿千枚理的成矿期石英脉,边部有铁染现象,脉中及边部见微细粒黄铁矿;c. 矿化千枚岩中的成矿期矿化石英团块;d. 成矿期含黄铁矿石英脉;e. 成矿期辉锑矿-石英脉;f. 黄铁矿-毒砂矿化千枚岩中的成矿晚阶段石英-方解石脉

图 5-18 阳山金矿带不同成矿阶段的石英脉(据李楠,2013)

2) 流体包裹体形态与分布

镜下所观察的流体包裹体主要分为两类:原生和次生。原生包裹体在石英和方解石颗粒中随机呈单个或是群体产出,形态上主要为椭球形,少数呈负晶形和不规则状。一般为 2~6μm,少数可达 16μm,不少的包裹体粒径小于 2μm,给后期的均一法测温带来了困难。而次生流体包裹体则主要沿石英中的裂隙、方解石中的节理发育,呈带状分布,多为椭球状和不规则状,一般为 2~8μm(图 5-19)。

a. 花岗岩脉中的蚀变石英颗粒,安坝矿段,正交偏光;b. 变质千枚岩中的石英-方解石脉,安坝矿段,正交偏光;c. 花岗岩脉中石英脉,安坝矿段,正交偏光;d. 花岗岩脉中蚀变方解石颗粒,安坝矿段,正交偏光

图 5-19 包裹体的寄主矿物显微照片(据张闯,2013)

3)包裹体相态组成和分类

阳山金矿带流体包裹体根据常温显微镜下状态,分为5类(图5-20,图5-21):

(1)纯液相包裹体。常温下为单一液相包裹体 L_{H_2O},数量较少。由于该类型的包裹体体积较小,不能获取显微测温的数据。

(2)气液两相包裹体(图5-20,图5-21)。常温下呈气、液两相 $L_{H_2O}+V_{H_2O}$,充填度变化较大,形状多为椭圆形或负晶形,少数不规则。

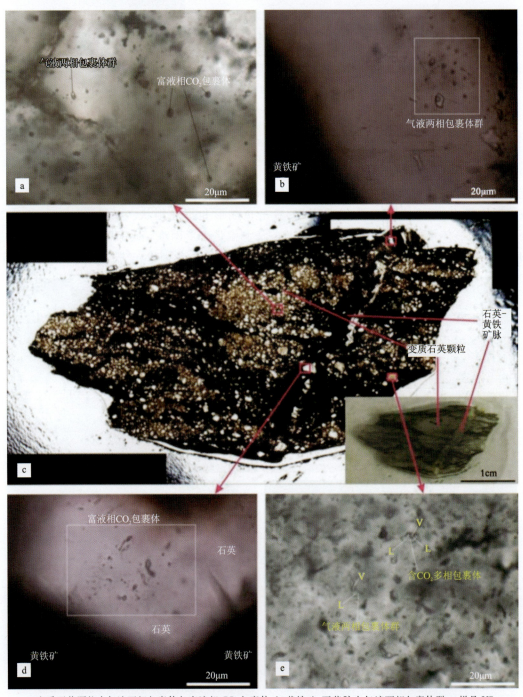

a.变质石英颗粒中气液两相包裹体与富液相CO_2包裹体;b.黄铁矿-石英脉中气液两相包裹体群;c.样品YS-FJB-03流体包裹体片整体照片;d.黄铁矿-石英脉中富液相CO_2包裹体群;e.变质石英颗粒中气液两相包裹体与含CO_2多相包裹体

图5-20 变质热液成矿期早阶段流体包裹体组成与分类(据张闯,2013)

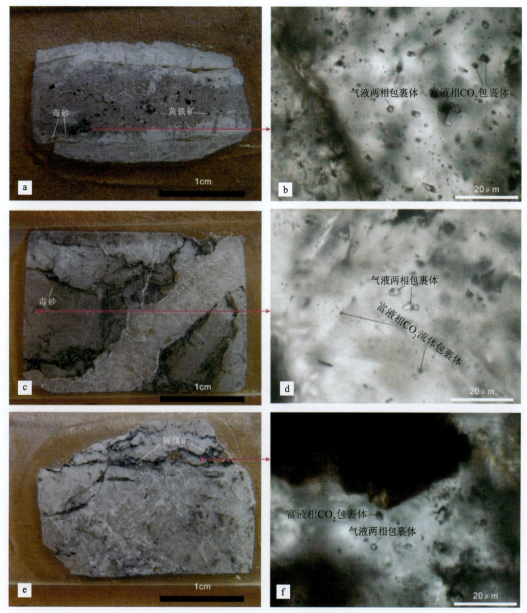

a. 样品 YS-PZB-09 流体包裹体片整体照片(M_2);b. 气液两相包裹体与富液相CO_2包裹体;c. 样品 YS-GL-02 流体包裹体片整体照片;d. 气液两相包裹体与富液相CO_2包裹体(M_3);e. 样品 YS-AB-02 流体包裹体片整体照片(M_4); f. 气液两相包裹体与富液相CO_2包裹体

图 5-21 变质热液成矿期主阶段和岩浆热液期流体包裹体组成与分类(据张闯,2013)

(3)气相包裹体。常温下为含少量液相的包裹体。充填度小于50%,加热时均一到气相。此类型的包裹体较少。

(4)含CO_2多相包裹体(图 5-20,图 5-21)。常温下为三相$L_{H_2O}+L_{CO_2}+V_{CO_2}$,充填度变化较大(10%~90%),体积大小变化也较大,长径为2~30μm。包裹体多呈椭圆形或负晶形,少数为不规则状。

(5)富液相CO_2包裹体(图 5-20)。常温下呈单一相L_{CO_2},CO_2含量可高达100%。在阳山金矿带中发现少量此类包裹体,其均一温度较低,在20℃左右均一,因而推断其为前人研究中提到的富液体CO_2包裹体。

5.2.2 流体包裹体显微测温

流体包裹体显微测温在中国地质大学(北京)地球科学与资源学院成矿流体实验室完成。显微测温采用 Linkam THMSG-600 和 MDS600 冷热台,温度控制范围为 $-196\sim600$ ℃。测试温度小于 0 ℃ 时,精度为 ±0.1 ℃,测量温度在 $0\sim30$ ℃ 之间时,精度为 ±0.5 ℃,测量温度大于 30 ℃ 时,精度为 ±1 ℃。为了保证测温数据的准确性,利用美国 FLUID Inc 公司提供的人工合成包裹体标准样品进行温度校正。测温过程的温度变化速率一般为 $0.5\sim5$ ℃/min,当接近均一温度、冰点温度和 CO_2 相转变温度时,温度变化速率则降低为 $0.1\sim0.2$ ℃/min。

此次采样的矿化样品中的流体包裹体都较小($<5\mu m$),为了保证测温的准确性,本次进行测温的流体包裹体粒径一般 $3\sim10\mu m$,部分可达到 $15\mu m$。由于一些矿化较好、品位较高的样品中流体包裹体非常小(一般小于 $4\mu m$),难以得到理想的数据,因而没有对其进行测温。本次测温准备的样品涵盖热液成矿期阶段以及区域变质阶段。测温数据如表 5-11 和图 5-22 所示。

对于成矿前变质阶段的流体包裹体,包含了上述的 5 种类型(图 5-19)。本书针对性地选择气液两相包裹体和含 CO_2 三相包裹体进行测温研究。该阶段气液两相包裹体一般呈椭圆状或是不规则状,粒径一般为 $3\sim4\mu m$,偶尔也可达到 $8\mu m$。气液两相包裹体一般均一到液相,均一温度范围较大,为 $115.6\sim336.7$ ℃,冰点温度为 $-4.9\sim-0.2$ ℃,对应盐度范围为 $0.35\%\sim7.72\%\ NaCl_{eqv}$。含 CO_2 三相包裹体多数为椭圆形,少数呈负晶形或是不规则状,粒径一般为 $2\sim8\mu m$,偶尔可达 $15\mu m$。大部分 CO_2 三相包裹体均一到液相,少量均一到气相,均一温度为 $191.6\sim308.5$ ℃。CO_2 三相包裹体的笼合物初融温度为 $-61.6\sim-57.2$ ℃,低于纯 CO_2 相的笼合物初融温度 -56.6 ℃,表明存在别的有机物质。而 CO_2 三相包裹体笼合物消失温度为 $7.3\sim9.8$ ℃,表明其盐度为 $0.41\%\sim5.23\%\ NaCl_{eqv}$。

变质热液成矿期早阶段(M1)流体包裹体 5 种类型均可见,椭圆状或不规则状,呈群或单个包裹体产出。该阶段流体包裹体小,粒径一般为 $1\sim3\mu m$,甚至更小,偶尔达到 $5\mu m$。大部分 CO_2 三相包裹体太小,无法进行精确测温学研究,只得到少量均一温度为 $214.9\sim256.2$ ℃。气液两相包裹体均一到液相,均一温度为 $213.2\sim289.1$ ℃,峰值温度为 $240\sim250$ ℃,冰点温度为 $-1.8\sim-1.1$ ℃,盐度为 $1.9\%\sim3.05\%\ NaCl_{eqv}$(表 5-11,图 5-22)。

变质热液成矿期主阶段(M2)流体包裹体 5 种类型均可见,呈椭圆状或不规则状,呈群或单个包裹体产出。该阶段流体包裹体较小,一般 $1\sim3\mu m$,甚至更小,偶尔可达到 $5\mu m$。气液两相包裹体则均一到液相,均一温度为 $136.0\sim356.5$ ℃,峰值温度介于 $220\sim240$ ℃ 之间,冰点温度为 $-8.1\sim-0.8$ ℃,对应盐度为 $1.39\%\sim11.83\%\ NaCl_{eqv}$。绝大部分的 CO_2 三相包裹体由于体积太小,无法进行精确的测温学研究,只得到少量的均一温度,介于 $209.8\sim332.7$ ℃ 之间(表 5-11,图 5-22)。

岩浆热液成矿期早阶段(M3)流体包裹体 5 种类型均可见,呈椭圆状或是不规则状,呈群或是单个包裹体产出。该阶段流体包裹体较小,一般 $1\sim3\mu m$,甚至更小,偶尔可达到 $7\mu m$。气液两相包裹体均一到液相,均一温度为 $130.0\sim367.0$ ℃,峰值温度介于 $190\sim200$ ℃ 之间,冰点温度为 $-7.5\sim-1.4$ ℃,对应盐度为 $2.4\%\sim11.11\%\ NaCl_{eqv}$。绝大部分的 CO_2 三相包裹体由于体积太小,无法进行精确的测温学研究,只得到唯一的均一温度,为 259.4 ℃(表 5-11,图 5-22)。

岩浆热液成矿期主阶段(M4),只发现前 4 种类型的流体包裹体,呈椭圆状或是不规则状,呈群或单个包裹体产出。该阶段流体包裹体较小,一般 $1\sim3\mu m$,甚至更小,偶尔可达到 $5\mu m$。气液两相包裹体则均一到液相,均一温度为 $133.5\sim208.3$ ℃,峰值温度介于 $160\sim190$ ℃ 之间,冰点温度为 $-3.9\sim-1.9$ ℃,对应盐度为 $3.21\%\sim6.29\%\ NaCl_{eqv}$。$CO_2$ 三相包裹体由于体积太小,无法进行精确的测温学研究(表 5-11,图 5-22)。

表 5-11 阳山金矿带流体包裹体测温数据表

样品号	矿体编号	样品描述	包裹体类型	气液相比/%	笼合物初融温度/℃	笼合物消失温度/℃	部分均一温度/℃	冰点温度/℃	完全均一温度/℃	盐度/%NaCl$_{eqv}$
			变质阶段流体包裹体							
YQ-1	—	无矿化变质石英脉	$L_{H_2O}+V_{H_2O}$	10~30				−4.8~−3.2	187.6~211.2	5.25~7.58
			$L_{H_2O}+L_{CO_2}+V_{CO_2}$	15~90	−60.4~−58.2	7.3~9.8	14.4~26.7		206.7~308.5	0.41~5.23
YS-PZB-07	—	无矿化变质石英脉	$L_{H_2O}+V_{H_2O}$	5~45				−4.1~−2.6	146.9~255.6	3.85~6.58
			$L_{H_2O}+L_{CO_2}+V_{CO_2}$	20~60	−61.6~−59.2	8.3~9.4	23.3~24.2		269.1~290.7	1.23~3.38
YS-PZB-15	—	无矿化变质石英脉	$L_{H_2O}+V_{H_2O}$	5~35				−3.9~−0.2	196.7~275.9	0.35~6.26
			$L_{H_2O}+L_{CO_2}+V_{CO_2}$	15~40	−57.8~−57.3	8.0~9.7	17.4~18.9		269.8~282.8	0.62~3.95
YS-FJB-03	403	无矿化变质石英脉被M1阶段黄铁矿-石英脉切穿	$L_{H_2O}+V_{H_2O}$	5~25				−4.3~−0.3	115.6~336.7	0.53~6.87
			$L_{H_2O}+L_{CO_2}+V_{CO_2}$	30~65	−60.7~−57.2	7.9~8.4	22.7~29.7		248.8~288.5	3.19~4.14
YS-FJB-05	403	无矿化变质石英脉被M2阶段黄铁矿-石英脉切穿	$L_{H_2O}+V_{H_2O}$	5~25				−4.9~−3.7	191.8~277.4	5.99~7.72
			$L_{H_2O}+L_{CO_2}+V_{CO_2}$	15~30	−57.3	8.1~9.8	15.5~20.5		191.6~244.4	0.41~3.76
			M1							
YS-FJB-03	403	M1阶段黄铁矿-石英脉	$L_{H_2O}+V_{H_2O}$	3~15				−1.8~−1.3	238.6~289.1	2.23~3.05
			$L_{H_2O}+L_{CO_2}+V_{CO_2}$	30~50					214.9~256.2	—
YS-FJB-05	403	M1阶段黄铁矿-石英脉	$L_{H_2O}+V_{H_2O}$	10~15				−1.7~−1.1	236.3~283.7	1.90~2.89
YS-GTW-02	403	M1阶段黄铁矿-石英脉	$L_{H_2O}+V_{H_2O}$	5~15				−1.4~−1.1	249.0~251.8	1.90~2.40
YS-GL-05	372	M1阶段黄铁矿-石英脉	$L_{H_2O}+V_{H_2O}$	2~10				−1.8~−1.6	222.9~248.6	2.72~3.05
YS-GL-06	372	M1阶段黄铁矿-石英脉	$L_{H_2O}+V_{H_2O}$	3~5				−1.5	176.2~232.2	2.56
YS-GL-07	372	M1阶段黄铁矿-石英脉	$L_{H_2O}+V_{H_2O}$	5~10				−1.8~−1.5	175.2~218.5	2.56~3.05
			$L_{H_2O}+L_{CO_2}+V_{CO_2}$	15~25					191.6~244.4	—
			M2							
YS-NS-TC-6	—	M2阶段黄铁矿-毒砂-石英脉	$L_{H_2O}+V_{H_2O}$	5~20				−4.3~−2.4	207.5~245.3	4.01~6.87
YS-PZB-01	309	M2阶段黄铁矿-毒砂-石英脉	$L_{H_2O}+V_{H_2O}$	7~20				−2.7~−0.8	235.9~356.5	1.39~4.48

续表 5-11

样品号	矿体编号	样品描述	包裹体类型	气液相比/%	笼合物初融温度/℃	笼合物消失温度/℃	部分均一温度/℃	冰点温度/℃	完全均一温度/℃	盐度/%NaCl$_{eqv}$
YS-PZB-02	309	M2阶段黄铁矿-毒砂-石英脉	$L_{H_2O}+V_{H_2O}$	5~20				−4.2~−2.3	136.3~331.4	3.85~6.72
YS-PZB-04	306	M2阶段黄铁矿-毒砂-石英脉	$L_{H_2O}+L_{CO_2}+V_{CO_2}$	30~65	—	—	—	—	260.4~332.7	—
YS-PZB-09	306	M2阶段黄铁矿-毒砂-石英脉	$L_{H_2O}+V_{H_2O}$	5~20				−6.6~−2.8	156.0~332.6	4.63~9.98
YS-PZB-10	306	M2阶段黄铁矿-毒砂-石英脉	$L_{H_2O}+V_{H_2O}$	5~25				−7.0~−1.8	178.0~268.0	3.05~10.49
YS-PZB-14	306	M2阶段黄铁矿-毒砂-石英脉	$L_{H_2O}+L_{CO_2}+V_{CO_2}$	25~50	—	—	—	—	209.8~222.8	—
ZK1709-10-02	360	M2阶段黄铁矿-毒砂-石英脉	$L_{H_2O}+V_{H_2O}$	5~30				−8.1~−2.1	140.0~292.0	3.53~11.83
ZK1709-10-06	—	M2阶段黄铁矿-毒砂-石英脉	$L_{H_2O}+L_{CO_2}+V_{CO_2}$	20~50	—	—	—	—	226.0~248.6	—
		M2阶段黄铁矿-毒砂-石英脉	$L_{H_2O}+V_{H_2O}$	10~25				−7.7~−1.8	136.0~331.0	3.05~11.35
		M2阶段黄铁矿-毒砂-石英脉	$L_{H_2O}+V_{H_2O}$	<5				−4.0~−1.0	131.0~330.0	1.73~6.43
		M2阶段黄铁矿-毒砂-石英脉	$L_{H_2O}+V_{H_2O}$	5~20				−2.7	169	4.48
							M3			
YS-CPL-05	311	M3阶段毒砂-石英脉	$L_{H_2O}+V_{H_2O}$	2~30				−3.8~−2.4	143.0~237.4	4.01~6.14
YS-GL-02	372	M3阶段毒砂-石英脉	$L_{H_2O}+V_{H_2O}$	2~30				−4.3~−3.5	182.8~291.7	5.70~6.87
YS-GTW-06	403	M2阶段黄铁矿-毒砂-石英脉被M3阶段毒砂-石英脉所切穿	$L_{H_2O}+V_{H_2O}$	25					259.4	
YS-GYB-GL-07	—	M3阶段黄铁矿-毒砂-石英脉	$L_{H_2O}+V_{H_2O}$	5				−6.7	140	10.11
YS-AB-10-NC-03	—	M3阶段毒砂-石英脉	$L_{H_2O}+V_{H_2O}$	5~35				−7.5~−3.3	180.0~367.0	5.40~11.11
YS-AB-10-HC-03	—	M4阶段毒砂-石英脉	$L_{H_2O}+V_{H_2O}$	10~45				−6.1~−1.4	130.0~302.0	2.40~9.34
			$L_{H_2O}+V_{H_2O}$	5~20				−5.6~−2.0	167.0~290.0	3.37~8.67
							M4			
YS-AB-02	305	M4阶段辉锑矿-石英脉	$L_{H_2O}+V_{H_2O}$	5~10				−3.7~−1.9	133.5~150.1	3.21~5.99
YS-AB-03	313	M4阶段辉锑矿-石英脉	$L_{H_2O}+V_{H_2O}$	5~15				−3.6~−2.1	161.4~188.2	3.53~5.85
YS-NS-TC-5	—	M4阶段辉锑矿-石英脉	$L_{H_2O}+V_{H_2O}$	5~15				−3.9~−2.4	165.1~221.8	4.01~6.29

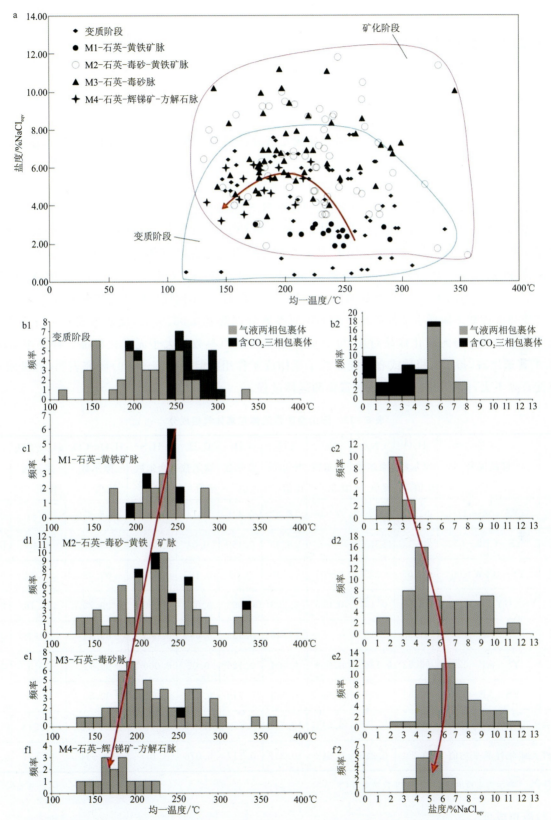

a. 变质阶段与热液成矿期流体包裹体均一温度-盐度散点图解；b1、b2. 变质阶段流体包裹体均一温度与盐度直方图；c1、c2. M1 阶段流体包裹体均一温度与盐度直方图；d1、d2. M2 阶段流体包裹体均一温度与盐度直方图；e1、e2. M3 阶段流体包裹体均一温度与盐度直方图；f1、f2. M4 阶段流体包裹体均一温度与盐度直方图

图 5-22　阳山金矿带不同成矿阶段流体包裹体均一温度-盐度直方图（据张闯，2013）

5.2.3 成矿流体成分

1) 气相成分

阳山金矿带不同成矿期不同成矿阶段的流体气相成分如表 5-15 所示。成矿流体气相成分以 H_2O 和 CO_2 为主,含量达到 98.87% 以上,与激光拉曼光谱分析结果一致,说明成矿流体为碳-水体系。CO_2 含量为 3.20%~27.46%,成矿主阶段 CO_2 含量达到 27.46%。CO_2 含量高的特征有些类似于造山型矿床。通过与无矿化的样品对比,可知除了 H_2O 和 Ar 以外,成矿期的流体中各种气体的含量都比无矿石英脉的高。流体中普遍含有一定量的 CH_4、C_2H_6 和 H_2S 等气体,它们的存在降低了含 CO_2 三相包裹体的相变温度,使得固相 CO_2 融化温度($Tm-CO_2$)低于纯 CO_2 的三相点($-56.6℃$),CO_2 水合物的融化温度高于 10℃。流体还原参数常以气相中气体克分子数之和与氧化性气体克分子数之和的比值来表示(王真光和张姿旭,1991)。在阳山金矿带,根据检测出的气相成分,确定还原参数 $R = n_{(CH_4+C_2H_6+H_2S+N_2)}/n_{CO_2}$($n$ 为摩尔数比值),从表 5-12 可以看出,不同成矿阶段的还原参数变化不大,甚至在变质热液成矿主阶段有 2 件矿化样品的还原参数分别低至 0.03、0.02,反映出成矿主阶段的还原性没有明显增强。与无矿化样品对比,可见成矿期平均还原参数略大于无矿化样品。样品中 CH_4 和 C_2H_6 的普遍出现,指示有机质或有机碳参与了流体成矿作用。但秦艳等(2009)研究表明,有机质对金的沉淀贡献不大,但可能参与了金的预富集和运移过程。

表 5-12 阳山金矿带流体包裹体气相成分

成矿阶段	样品编号	H_2O 摩尔数比值/%	N_2 摩尔数比值/%	Ar^* 摩尔数比值/%	CO_2 摩尔数比值/%	CH_4 摩尔数比值/%	C_2H_6 摩尔数比值/%	H_2S 摩尔数比值/%	H_2O+CO_2 摩尔数比值/%	H_2O/CO_2 摩尔数比值/%	R
前	YS-NS-17	81.95	0.509 9	0.036	16.92	0.449	0.14	0.002 1	98.87	4.84	0.07
M2	YS-CPL-05	81.14	0.308 3	—	18.35	0.159	0.04	0.000 4	99.49	4.42	0.03
M2	YS-GTW-06	92.69	0.227 5	0.007	6.745	0.07	0.187	0.000 7	99.43	13.74	0.07
M2	YS-GYB-GL-07	96.59	0.104	0.008	3.203	0.063	0.032	0.000 3	99.79	30.16	0.06
M2	YS-NS-10	71.98	0.329 5	—	27.46	0.135	0.094	0.003 3	99.44	2.62	0.02
M4	YS-AB-02	95.62	0.126 1	0.004	4.104	0.126	0.02	0.000 2	99.72	23.3	0.07
M4	YS-AB-03	91.62	0.197 6	0.000 8	7.933	0.219	0.029	0.000 2	99.55	11.55	0.06
成矿期样品平均值		87.37	0.258	0.011	12.102	0.174	0.077	0.001	99.472	12.948	0.053
15 件无矿化样品平均值		89.242	0.246	0.012	10.312	0.117	0.076	0	99.554	10.857	0.047

注:"—"表示为未检出结果;"*"结果仅供参考 Cl^-。

2) 液相成分

阳山金矿带成矿流体中的阳离子以 Na^+ 为主,其次为 K^+ 和 Ca^{2+},而 Mg^{2+} 含量较低,未检测出来。阴离子以 Cl^- 为主,个别样品以 SO_4^{2-} 为主,其次为 F^-(表 5-13)。通过与无矿化样品对比,可知成矿期石英脉的阴阳离子含量都较低。

表 5-13　阳山金矿带流体包裹体液相成分

成矿阶段	样品编号	F^- 含量	Cl^- 含量	SO_4^{2-} 含量	Na^+ 含量	K^+ 含量	Mg^{2+} 含量	Ca^{2+} 含量
前	YS-NS-17	—	0.069	0.354	1.46	0.27	—	0.123
M2	YS-CPL-05	—	0.615	0.72	1.5	0.159	—	0.087
M2	YS-GTW-06	0.108	0.627	—	1.14	0.246	—	0.165
M2	YS-GYB-GL-07	—	0.123	—	0.642	0.327	—	0.084
M2	YS-NS-10	—	0.036	—	1.62	0.162	—	0.084
M4	YS-AB-02	—	2.19	—	2.08	0.159	—	—
M4	YS-AB-03	—	0.939	—	1.27	0.159	—	0.177
成矿期样品平均值		0.015	0.657	0.153	1.387	0.212	0	0.103
15件无矿化样品平均值		0.015	1.19	0.361	1.798	0.474	0.009	0.211

注:"—"表示为未检出结果;"*"结果仅供参考;单位为 $\mu g/g$。

5.2.4　成矿物理化学条件

1) 盐度

如表5-11和图5-22所示,热液成矿期M1、M2、M3、M4四个成矿阶段中盐度不尽相同,但是成矿流体盐度整体较低,均不超过12%NaCl$_{eqv}$。成矿M1阶段,盐度介于1%~4%NaCl$_{eqv}$之间,而盐度的峰值则介于2%~3%NaCl$_{eqv}$之间,表明成矿流体初始盐度较低;变质热液成矿期M2阶段,盐度变化范围明显变宽,介于1%~12%NaCl$_{eqv}$之间,其峰值存在2个,一个介于4%~5%NaCl$_{eqv}$之间,且峰值明显,另一个介于9%~10%NaCl$_{eqv}$之间;岩浆热液成矿期M3阶段,盐度范围相比较变质热液成矿期M2阶段,范围有所减小,正态分布效应明显,盐度峰值介于6%~7%NaCl$_{eqv}$之间;岩浆热液成矿期M4阶段,盐度范围变得较窄,介于3%~7%NaCl$_{eqv}$之间,而且正态分布效应更加明显,峰值介于5%~6%NaCl$_{eqv}$之间。

从以上盐度演化趋势来看,成矿流体可能存在两个来源,初始来源盐度较低,但是伴随着成矿作用的进行,即到变质热液成矿主阶段,另一来源的流体混入,导致其流体的盐度升高,范围明显变宽,存在两个峰值;到岩浆热液成矿期M3阶段,两个端元的流体发生较均匀的混合,使盐度范围变窄,正态分布效应明显;到岩浆热液成矿期M4阶段,低盐度端元流体占据主导,使成矿流体盐度整体降低。

2) 密度

图5-23为热液成矿期4个成矿阶段流体密度和压力直方图,M1阶段,密度变化范围为0.747~0.868g/cm³,变化范围较窄,密度峰值区间位于0.747~0.868g/cm³之间;M2阶段,密度变化范围明显变宽,但是存在单一峰值,正态分布效应明显,其密度变化范围为0.598~0.987g/cm³,峰值区间位于0.850~0.900g/cm³之间;M3阶段,密度变化范围相比较M2阶段变窄,介于0.748~0.977g/cm³之间,峰值区间则位于0.900~0.950g/cm³之间;M4阶段,密度变化范围明显变窄,介于0.885~0.987g/cm³之间,峰值区间则位于0.900~0.950g/cm³之间。

从图可以看出,成矿初始流体密度较低,但是伴随着成矿作用的进行,即另一端元流体的混入,成矿流体的密度增加,并趋于稳定。

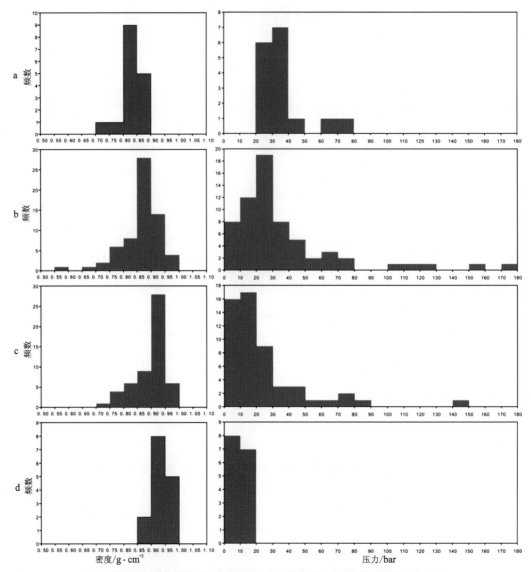

a. M1阶段流体包裹体密度与压力直方图;b. M2阶段流体包裹体密度与压力直方图;
c. M3阶段流体包裹体密度与压力直方图;d. M4阶段流体包裹体密度与压力直方图

图 5-23 阳山金矿带流体密度、压力直方图

3)压力

热液成矿期4个成矿阶段的流体包裹体类型主要为气液两相包裹体和含 CO_2 三相包裹体,但是由于含 CO_2 三相包裹体体积太小,无法得出确切的数据,本次针对性地研究了气液两相包裹体。M1阶段,成矿流体的压力变化范围为 20.02~72.49bar,峰值区间介于 30~40bar 之间;M2阶段,成矿流体压力变化范围明显变宽,为 3.06~177.44bar,峰值区间介于 20~30bar 之间;M3阶段,成矿流体压力变化范围明显变窄,为 3.48~144.52bar,峰值区间介于 10~20bar 之间;M4阶段,成矿流体压力变化范围明显变窄,为 1.92~17.99bar,峰值区间介于 0~10bar 之间(图 5-23)。

4)pH 值

前人通过流体包裹体群体成分数据计算得出阳山金矿带的 pH 值为 6.91~7.1,为中偏碱性的环境(刘伟等,2003)。但是流体包裹体群体成分含有大量的成矿前和成矿后的流体包裹体成分,是多期次、多阶段流体包裹体混合的结果,不能有效代表成矿期的成分特征,因而需要寻找更可靠的估算流体 pH 值的方法。

含金成矿流体通常会沿着围岩中的孔隙、裂隙或断裂运移,与围岩发生反应,形成的热液蚀变矿物组合可以反映成矿体系的地球化学特征(安芳和朱永峰,2011)。热液蚀变矿物中,常见的酸碱条件缓冲剂为高岭石-白云母、白云母(绢云母)+石英-方解石。在350℃条件下,高岭石在pH值<3.5的热液中才能形成,而绢云母+石英在pH值范围为3.5~5时稳定存在,这些矿物稳定存在的pH值条件随着温度降低向酸性环境移动(Rose et al.,1979;安芳和朱永峰,2011)。在250℃条件下,高岭石的稳定区间为pH值<3.1。野外观察到的高岭石发育于断裂带中,且与成矿期M4阶段的辉锑矿-石英-方解石脉共生,但由于晚阶段的石英-方解石脉比高岭石更为发育,系统应该处于石英-方解石-绢云母的稳定区间,即pH范围在4.7~5之间(图5-24)。成矿期M2阶段以绢云母-石英组合为主,pH值为3~5。

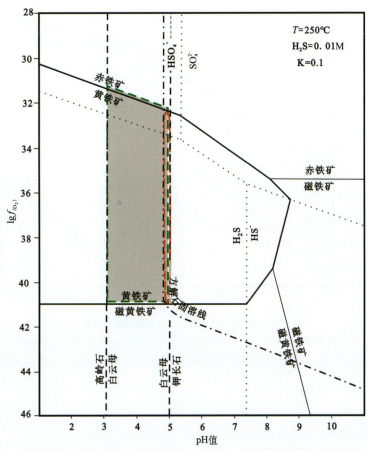

绿色断线图框阴影区示意成矿期主阶段矿物稳定区间的pH为3~5;红色断线图框内指示阳山金矿带成矿期晚阶段矿物稳定区间的pH值为4.7~5;M为磁铁矿;K为平衡常数

图5-24 Fe-S-O矿物、钾长石-白云母-高岭石、方解石稳定区间(参与底图绘制的热力学参数据Henley,1984)

5)硫逸度

阳山金矿带黄铁矿的晶形反映出成矿流体的温度为200~300℃,同时结合岩浆热液成矿期主阶段辉锑矿包裹的石英中流体包裹体显微测温数据(均一温度为271.3~288.3℃)可知,阳山金矿带的成矿期流体温度变化于270~300℃。硫化物矿物共生组合以及微量元素分析表明,岩浆热液成矿期主阶段流体富集Sb元素,且有Au从黄铁矿晶格中游离出来成为自然金,这些都反映出岩浆热液成矿流体温度略低于变质热液成矿期早阶段和主阶段。因而,根据已有的证据可知,阳山金矿带的变质热液成矿期早阶段和主阶段的成矿流体温度为288.3~300℃,岩浆热液成矿期主阶段的成矿流体温度为271.3~288.3℃。

毒砂是阳山金矿带一种常见的载金矿物,存在于成矿期的主阶段和晚阶段。毒砂成分温度计可以利用毒砂中As原子摩尔百分比以及矿物共生组合,有效地估算毒砂的形成温度和硫逸度(Kretschmar

等,1976)。Sharp 等(1985)对毒砂成分温度计进行了验证,并提出毒砂成分温度计在发生了绿片岩相或低角闪岩相变质作用的矿床中应用,且对于温度高于 300℃ 的体系,毒砂成分温度计给出的成矿温度具有较高的精度。同样,如果已知毒砂形成的温度,也可以根据毒砂中 As 原子摩尔百分比、矿物共生组合以及温度,得到较为精确的硫逸度($\lg f_{S_2}$)。阳山金矿带变质热液成矿期主阶段的流体温度为 288.3~300℃,成矿期主阶段毒砂的 As 原子摩尔百分比为 26%~33%。通过图 5-25 中的投点可得出,变质热液成矿期主阶段的硫逸度($\lg f_{S_2}$)为 10~10.4。

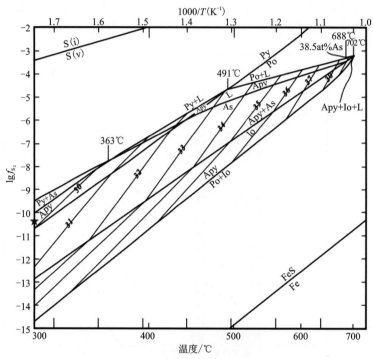

五角星为阳山金矿带毒砂平均值的投图位置

L. 硫砷液体;i. 液体;v. 气体;Py. 黄铁矿;Po. 磁黄铁矿;Apy. 毒砂;Io. 斜方砷铁矿

图 5-25 毒砂成分温度计估算硫逸度图解(据 Kretschmar et al.,1976)

6)氧逸度

S 同位素不仅可以示踪成矿物质来源(邓军等,2010a,2011;张静等,2009),还可以反映成矿物理化学条件,如氧逸度和温度等(郑永飞和陈江峰,2000;Ohmoto,1972)。

热液含硫矿物的 S 同位素组成不仅取决于源区 S 同位素组成,而且也受到含硫物质在热液中迁移和矿物沉淀时的物理化学条件[氧逸度($\lg f_{O_2}$)、pH 值、离子强度和温度]的制约,可用函数 $\delta^{34}S = f(\delta^{34}S_{\Sigma S}, \lg f_{O_2}, pH 值, I, T)$ 表示,其中 $\delta^{34}S_{\Sigma S}$ 与硫的来源有关,成矿物理化学条件借助于包裹体研究可获得,也可通过蚀变矿物和矿石矿物共生组合研究获得(Ohmoto,1972)。因而,根据矿物的 $\delta^{34}S$ 值来估计热液的 $\delta^{34}S$ 值,必须知道热液的物理化学条件(T、pH 值、$\lg f_{O_2}$ 等)。反之,通过研究矿物 $\delta^{34}S$ 的时空变化特点,并通过与其他地球化学研究相比较,可以估计成矿作用的物理化学条件(郑永飞和陈江峰,2000)。

Ohmoto(1972)首创了 $\lg f_{O_2} - pH - \delta^{34}S_i$ 图解应用于实际,将关于成矿机理的热化学解释与 S 同位素研究有机地结合起来,从而揭示了成矿过程与矿物 $\delta^{34}S$ 变异的本质联系(程伟基和支霞臣,1983)。该图解改变了人们简单地将热液矿物 S 同位素组成的分布特点与硫源相联系的研究方法,然而在应用这种 $\lg f_{O_2} - pH - \delta^{34}S_i$ 图解解释热液矿物硫同位素组成变化时,要符合"大本模式"的前提,即其应用对象必须接近或达到化学平衡和同位素平衡系统,且封闭体系内的变化必须遵守质量平衡和质量守恒定律(Ohmoto,1972;程伟基和支霞臣,1983;Zheng and Hoefs,1993)。

阳山金矿带变质热液成矿期早阶段、主阶段和岩浆热液成矿期的黄铁矿的 $\delta^{34}S$ 值变化范围较小,集中于零值附近且呈塔式分布,反映了明显一致的硫源特征,可视其满足了同位素平衡且封闭体系内质量平衡的条件。如图5-26所示,根据主阶段黄铁矿δ^{34}S值,并结合热液蚀变矿物共生组合分析得出的pH(3~5),可得成矿期流体的氧逸度($\lg f_{O_2}$)为-36.3~-34.2。

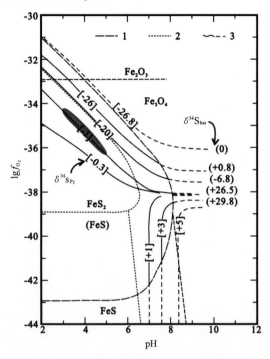

温度$T=250℃$,离子强度$I=1.0$;1. Fe-S-O矿物相界线($\Sigma S=0.1$ mol/kg H_2O);2. Fe-S-O矿物相界线($\Sigma S=0.001$ mol/kg H_2O);3. $\delta^{34}S_i$等值线;[ ]和( )中的数值分别代表$\delta^{34}S_{\Sigma S}=0$时黄铁矿和重晶石的$\delta^{34}$S值;阴影区为成矿期硫化物投点位置

图5-26 阳山金矿带成矿期$\lg f_{O_2}$-pH-δ^{34}SPy图(据Ohmoto,1972)

5.2.5 成矿流体来源及演化

变质成矿期和岩浆热液成矿期石英的δ^{18}O的值范围为15.9‰~21.5‰(表5-14)。变质期的石英δ^{18}O值为18.5‰,变质成矿期早阶段、主阶段和岩浆热液成矿期的石英δ^{18}O的数值范围分别为15.9‰~17.0‰、17.6‰~21.5‰、18.4‰~21.1‰。计算得出的变质期和成矿期石英的$\delta^{18}O_{H_2O}$值见表5-14。变质期流体的$\delta^{18}O_{H_2O}$值为11.6‰,变质成矿期早阶段、主阶段和岩浆热液成矿期的流体$\delta^{18}O_{H_2O}$值范围分别为8.8‰~9.9‰、7.9‰~11.8‰、6.4‰~9.1‰。

表5-14 阳山金矿带不同阶段氢氧同位素数值　　　　　　　单位:‰

样号	矿体	矿物	δ^{18}O	$T/℃$	$\delta^{18}O_水$	δD
变质阶段						
YQ-1	—	石英	18.5	250	9.1	−70
YS-PZB-07	—	石英	18.3	220	7.3	−61
YS-PZB-15	—	石英	19.5	250	10.1	−71
M1阶段						
YS-FJB-03	403	石英	19.7	250	10.3	−71

续表 5-14

样号	矿体	矿物	$\delta^{18}O$	$T(℃)$	$\delta^{18}O_水$	δD
YS-FJB-05	403	石英	18.5	250	10.7	-68
YS-GTW-02	403	石英	20.1	250	9.1	-78
YS-GL-05	372	石英	18.5	250	9.9	-79
YS-GL-06	372	石英	19.3	250	9.8	-71
YS-GL-07	372	石英	19.2	240	10.1	-68
M2 阶段						
YS-NS-TC-6	—	石英	21.5	230	11	-74
YS-PZB-01	309	石英	17.9	300	10.6	
YS-PZB-02	309	石英	18.8	250	9.4	-63
YS-PZB-04	306	石英	17	240	7.1	-67
YS-PZB-09	306	石英	18.1	240	8.2	-61
YS-PZB-10	306	石英	18.4	250	9	-56
YS-PZB-14	360	石英	20.1	220	9.1	-60
M3 阶段						
YS-CPL-05	311	石英	20.9	200	8.7	-76
YS-GL-02	372	石英	17.6	230	7.2	
YS-GTW-06	403	石英	15.9	230	5.5	-77
YS-GYB-GL-07	—	石英	21	250	11.6	-78
M4 阶段						
YS-AB-02	305	石英	19.7	180	6.1	-82
YS-AB-03	313	石英	21.1	180	7.5	-81
YS-NS-TC-5	—	石英	20	200	6.3	-78

变质期和岩浆热液成矿期石英中流体包裹体的δD值范围为$-82‰\sim-56‰$。变质期流体的δD值为$-79‰$，变质成矿期早阶段、主阶段和岩浆热液成矿期的δD值范围分别为$-77‰\sim-67‰$、$-78‰\sim-61‰$、$-82‰\sim-56‰$。变质期石英的$\delta^{13}C_{CO_2}$值为$-4.0‰$，变质成矿期早阶段、主阶段和岩浆热液成矿期的$\delta^{13}C_{CO_2}$值范围分别为$-3.8‰$，$-3.9‰\sim-2.5‰$，$-3.6‰\sim-3.3‰$。

阳山金矿带石英的$\delta^{18}O$值以及计算得出的成矿流体的$\delta^{18}O_水$值与全球范围内的造山型金矿的数据一致。从变质成矿期早阶段、主阶段到岩浆热液成矿期，计算出的$\delta^{18}O_水$值有所升高（9.4‰→9.7‰），指示成矿流体与富^{18}O的围岩发生反应，或者有富^{18}O的外来源流体的加入。后者的可能性较小，因为岩相学、流体均一温度和盐度特征缺少流体混合的证据。同时，阳山金矿带矿体周边广泛发育硅化、绢云母化、硫化和碳酸盐化，指示水-岩反应是导致变质成矿主阶段$\delta^{18}O_水$值较高的原因（Yang et al., 2016）。

阳山金矿带石英中流体包裹体的δD值也在大多数造山型金矿的范围内。杨荣生（2006）指出阳山金矿带晚阶段低$\delta^{18}O$值的天水加入到成矿系统，导致系统$\delta^{18}O_水$值较低。然而，变质成矿主阶段和岩浆热液成矿期的$\delta^{18}O$和δD值都较均一，且较高，指示晚阶段不可能发生流体混合。

从图5-27中可以看出，大部分样品的氢氧同位素数据位于变质流体的下部，或是岩浆水的附近，包括变质阶段石英脉。如果不考虑数据的可靠性和变质阶段的变质流体，其成矿流体一般会被认为是岩浆水。但是，根据Taylor（1974）的研究，初始岩浆水的$\delta^{18}O_水$一般介于6‰~9‰之间，而流体包裹体测温结果显示,均一温度一般为150～300℃,远低于岩浆流体的初始温度。假设是岩浆水,根据同位素分馏原理(Clayton et al.,1972),当该流体降温至150～300℃时,$\delta^{18}O_水$值将会低于6‰～9‰这一范围。而所测得的变质成矿期早阶段和主阶段的O同位素数据$\delta^{18}O_水$值绝大多数都大于9‰,说明解释为岩浆水不合理;而岩浆热液成矿期早阶段和主阶段的9个O同位素数据$\delta^{18}O_水$值只有1个大于9‰,说明岩浆热液成矿期早阶段和主阶段成矿流体应该为岩浆水。

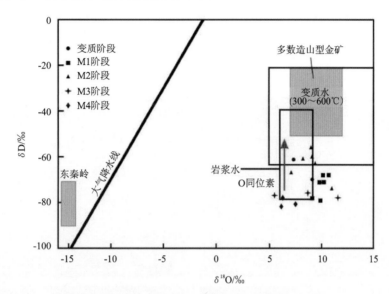

图5-27 阳山金矿带不同成矿阶段流体的$\delta^{18}O-\delta D$组成(底图据Taylor,1974)

变质成矿期早阶段和主阶段成矿流体不是岩浆水,同样也不是大气降水。在190Ma左右,大气降水的$\delta^{18}O_水$值为-15‰±1‰,而δD值为-90‰～70‰(张理刚,1985)。阳山金矿带所测得的氢氧同位素的数据要比该时期大气降水高得多,如果是大气降水,这就要求必须存在水-岩反应,且反应体系必须为封闭体系,否则不停地有大气降水的混入会使流体保持较低的氢氧同位素含量,该假设与实际情况不相符。因此,成矿流体不会是大气降水。

关于氢同位素,因为存在较多的次生包裹体,其δD值并不能代表成矿阶段。用变质阶段的δD值作为标准,成矿之后的次生包裹体如果广泛发育于成矿阶段的流体包裹体之上,那么变质阶段石英脉中也应该普遍发育。后期次生包裹体使变质阶段的δD值降低,那么同样会使成矿阶段的δD值降低,而且矿体主要产出于破碎带中,更容易受到后期构造-流体作用的改造叠加。基于此推断阳山金矿带中变质成矿期早阶段和主阶段δD值比测试所得出的结果要高,很有可能就落于变质水范围内。变质阶段和成矿阶段的数据彼此相近也从侧面证明了成矿流体很有可能为变质流体。

5.2.6 成矿流体运输

1)流体输运通道

断裂带内广泛发育的各种脉体、蚀变岩和矿体均是流体活动与运移的直接证据。但是,由于断裂带和流体的多期次活动,早期沉淀下来的热液蚀变矿物被重新溶解,这样早期的流体活动就很难识别。幸运的是,除了脉体和蚀变岩外,还有其他方法可以揭示多期次的流体活动,例如剪切带中实质性的质量和体积亏损(Streit and Cox,2000),石英中广泛发育的流体包裹体(Riller et al.,1998)以及蚀变矿物的包裹、穿插关系,蚀变矿物CL(Graupner et al.,2000;Kolb et al.,2004;Janssen et al.,2007)、SEM(Mancktelow et al.,1998;Moustafa et al.,2003)显微—超显微构造研究(Wibberley,1999;Mancktelow and Pennacchioni,2004)等。本书系统运用这些方法来判断流体的运输通道以及通道内流体运输过程中的力学和化学作用及其对矿化蚀变形成与分布的控制作用。

断裂,尤其是区域性深大断裂和矿区主干断裂,是控制岩浆和深部流体输运的主要通道(Pili et al.,1997;Weinberg et al.,2004)。在阳山金矿带中,控制成矿流体输运的构造主要为文县弧形构造带的次级断裂带——安昌河-观音坝断裂,以及斜长花岗斑岩脉与千枚岩的接触带等构造薄弱面。在矿区内,安昌河-观音坝断裂的次级断裂及其所伴生的裂隙系统则是成矿流体输运、流体-岩石交代反应和矿体定位的主要空间(图5-28a,c,d)(卢新卫和马东升,1999)。从整体来看,安昌河-观音坝断裂的次级断裂主要为草坪梁-葛条湾复背斜两翼的层间剪切带,导致矿体多产出于草坪梁-葛条湾背斜两翼,呈平行板状。断裂/裂隙系统控制了蚀变和矿化在阳山金矿带内的整体分布。

图5-28 阳山金矿带中不同尺度、类型流体运移通道

a.张家山矿段灰岩顺层断裂,两侧发育大量石英-方解石脉;b.安坝矿段4号平硐中的构造透镜体带;c.安坝矿段4号平硐中顺层剪切带,剪切带内部及两侧片理化严重;d.安坝矿段4号平硐中小裂隙,裂隙两侧发育微细浸染状黄铁矿化;e.灰岩中充填石英的裂隙;f.石英脉石英颗粒中发育的微裂隙被后期流体包裹体所充填

剪切带糜棱岩、超糜棱岩的形成经常伴随着流体活动(赵志忠,2001)。随着剪切作用的增强,早先应变较弱时分散着的颗粒尺度的流体不断彼此相连(Holyoke and Tullis,2006),在强应变带中形成了

近似平行于主剪切面的流体输运网络。在阳山金矿带中剪切带多为脆性环境下的构造产物，其中多发育后期热液蚀变成因的金属硫化物和石英脉。此外，阳山金矿带中普遍发育泥盆系碳泥质千枚岩，该千枚岩的生成主要是区域上的挤压应力作用，导致颗粒尺度的流体发生迁移汇聚，并在千枚理之间形成脉体。由于流体在流动过程中不断发生流体-岩石反应，断裂带中的糜棱面理或千枚理中普遍可以见到新生的热液矿物和石英脉。

构造透镜体带在阳山金矿带中比较常见(图5-28b)，其中透镜体多为能干性较强的石英角砾、砂岩或灰岩团块。构造透镜体的存在表明该处为软弱层和强硬层之间的构造薄弱面，其构成的流体运输网络在韧性和脆性两种变形机制下都是畅通的，且是利于成矿的(汪劲草等，2003)。阳山金矿带中构造透镜体较发育的破碎带往往矿化较好。

通过镜下观察发现，在阳山金矿带中微裂隙作用明显(图5-28e,f)。微破裂作用多发生于颗粒边界，或是晶内双晶面和节理面(Kolb et al.，2004；刘俊来和岛田充彦，1999)。微破裂作用使得岩石的孔隙度增大，使其成为流体流动的重要通道。石英脉或是千枚岩石英颗粒中经常可见呈条带状产出的流体包裹体，并且多与绢云母共生，这是流体与岩石发生反应导致矿物沉淀形成的结果。显微尺度内，与金矿化关系密切的硅化、黄铁矿化、绢云母化、毒砂矿化多产出于微裂隙的两侧，表明微裂隙是流体输运和汇聚的重要场所。

2）流体输运方式

热驱动与孔隙度较大的岩石中存在温度梯度有关，热源驱动流体流动，并引起成矿热液循环，进而导致不同来源的含矿流体混合以及成矿物质的输运及沉淀。理想状态下，成矿物质和成矿温度会沿温度梯度呈现规律性分布(岑况和於崇文，2001；Tenthorey and Gerald，2006；Kosakowski et al.，1999)。从阳山金矿带中流体包裹体的测温数据来看，产出于不同矿体的同一阶段的流体包裹体均一温度不尽相同，其间存在的高低之分表明在成矿作用过程中是存在温度梯度的(图5-29)。温度梯度的整体趋势为越靠近含矿断裂带，均一温度越高；同一矿体，埋深越大，均一温度越高(刘伟等，2003)，表明成矿流体是由断裂的深部向浅部运移，由断裂向两侧运移。

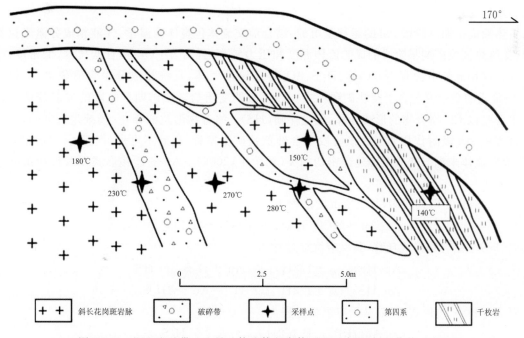

图5-29　阳山金矿带305号矿体流体包裹体测温示意图(据刘伟等，2003)

相较于热驱动，压力驱动才是阳山金矿带中最主要的流体运移驱动方式。断裂带流体的再分配是断裂带中应力积累和释放的响应(解习农和李思田，1996；Gudmundsson，2001)。断裂带张剪变形产生扩容空间形成压力差,是成矿流体通过构造泵吸作用充填的驱动力。而断裂带压剪变形地段,构造压实作用导致岩石孔隙度降低形成构造封闭,流体向引张区域流动。封闭作用引起快速流体的聚集形成异常高压流体,一定条件下发生水力破裂(Cox,1995;Hickman et al.,1995)。水力破裂是压力驱动流体输运的一种特殊方式。阳山金矿带中存在大量的水力破裂角砾岩矿石或脉体,指示了水力破裂作用的存在。同时,在同一样品中,流体包裹体测温所显示的结果表明,成矿流体处于一个比较动荡的环境,该环境动荡就可以代表压力的聚集和释放。

3)流体中金的输运机制

在自然流体中,Au 的迁移方式主要有 2 种,即以氯化物和氢硫化物的络合物的形式迁移(Seward,1973;Romberger,1986;Renders and Seward,1989)。相比较而言,氢硫化物络阴离子团是 Au 迁移的主要基团,其迁移 Au 的能力是氯离子基团的 20 倍(Seward,1991)。在酸性流体中,Au 主要以 $Au(HS)^0$、$Au(HS)H_2O$ 的形式被迁移(Renders and Seward,1989);在中性流体中,其存在形式则变为 $Au(HS)_2^-$、$Au_2(HS)S^-$(Tossell,1996);在碱性环境中,则以 $Au(HS)OH^-$ 或者 $Au_2S_2^{2-}$ 形式存在(Seward,1991)。在 S 饱合的溶液中,AuS^{3-} 相对于 $Au(HS)^{2-}$ 是稳定的,也是主要的存在形式之一。当流体中缺乏 S^{2-}、HS^-、Cl^- 等离子时,Au 稳定的存在形式主要为 $Au(OH)(H_2O)$,并且只有在较强的酸性条件下,$Au(H_2O)_2^{2+}$ 方可稳定存在(Tossell,1996)。

根据 Au 迁移形式的不同,对于金的沉淀,主要有两种观点。一种是如果成矿流体中 Au 是以氢硫化物的络合物形式存在,那么任何降低还原性 S 活性的过程都会使 Au 发生沉淀,例如:沸腾、氧化还原条件改变,pH 的变化等(Simon et al.,1999)。另一种观点则认为,在金属硫化物生长过程中,吸附 Au,在其表面而成矿(Seward,1991;Scaini et al.,1998;Widler and Seward,2002),当成矿流体中有 As^{3+} 存在时,在形成含砷黄铁矿的同时吸附 Au^+ 而成矿(Arehart et al.,1993)。

根据阳山金矿带流体包裹体测温学和气液相成分研究,结合矿物学研究可知,变质热液成矿期早阶段和主阶段金的迁移沉淀成矿机制可能基本相同,因为这 2 个阶段 Au 的赋存状态相近,其成矿流体的气液相成分激光拉曼结果相类似;但到岩浆热液期,金的产出形式与变质热液期明显不同,表自然金的沉淀机制发生变化。

变质热液成矿期早阶段 Au 的运移及沉淀:结合前文流体包裹体测温学、气液相成分激光拉曼研究可得知,变质热液成矿期早阶段的成矿流体温度和压力较高,且富含 CO_2,具有低盐度、低密度、中偏酸性的特点。气相成分中含有 N_2、CH_4、H_2S、SO_2 等还原性气体,且液相成分中含有较高含量的 Cl^-、SO_4^{2-}。该阶段的金主要包含于黄铁矿颗粒中。以上表明变质热液成矿期早阶段的成矿流体还原性较强,Au 主要是以 Cl^- 络合物的形式迁移,但是伴随 $(HS)_2^-$ 络合物形式的存在(杨荣生,2006),在黄铁矿的生长过程中 Au 吸附作用明显。该阶段中含砷黄铁矿不发育,毒砂不可见,但是 Co、Ni 元素含量较高,表明成矿流体来源与变质沉积建造密切相关(杨荣生,2006)。Au 的迁移形式以及反应沉淀过程主要有:

①以 Cl^- 络合物形式迁移,其反应沉淀过程为
$$Au_c + 2Cl^- + H^+ = AuCl_2 + 1/2H_{2(g)}$$
②以 $(HS)_2^-$ 络合物形式迁移,其反应沉淀过程为
$$Au(HS)_{2\,(aq)}^- + 1/2H_{2(aq)} = Au^0 + H_2S_{(aq)} + HS^-$$
$$Au(HS)_{2\,(aq)}^- + 1/2H_{2(aq)} + H^+ = Au^0 + 2H_2S_{(aq)}$$
③以 $Au(HS)^0$ 的形式迁移,其反应沉淀过程为
$$Au(HS)_{(aq)}^0 + 1/2H_{2(aq)} = Au^0 + H_2S_{(aq)}$$
④当 pH 值较低时,以 $HAu(HS)_{2(aq)}^0$ 形式迁移
$$HAu(HS)_{2(aq)}^0 + 1/2H_{2(aq)} = Au^0 + 2H_2S_{(aq)}$$

在该阶段流体包裹体测温学研究中,流体均一温度,气液相比相接近,并没发现沸腾现象,也没发现

可使流体氧化还原条件发生变化的证据,表明 Au 的沉淀机制主要为黄铁矿的生长吸附作用,最终导致 Au 主要赋存于黄铁矿颗粒之中,与实际情况相一致。

变质热液主阶段 Au 的运移及沉淀:进入岩浆热液成矿期,成矿流体的温压条件整体有所上升,CO_2 含量升高,Cl^- 含量明显降低,H_2S 的含量明显增高,盐度升高,并且成矿流体中 S 和 As 的含量明显增高。在流体包裹体激光拉曼分析中,可见气相成分中包含大量还原性有机气体成分,包括 CH_4、C_6H_6、C_2H_6、C_3H_8、以及 CO、H_2S 等多种还原性气体,表明成矿流体依然为还原性流体。这 2 个阶段大规模发育含砷黄铁矿和毒砂等矿物。以上研究表明,在变质热液主阶段,Au 的迁移搬运主要是以 $(HS)_2^-$ 络合物的形式,并且伴有 Cl^- 络合物的形式。Au 的迁移形式主要有:

①以 $Au(HS)_2^-$ 的形式迁移,其反应沉淀过程为(Seward,1973)
$$Au(HS)_{2\ (aq)}^- = Au_{(Py)}^+ + 2HS^-$$
$$Au(HS)_{2\ (aq)}^- + H^+ = Au_{(Py)}^+ + H_2S_{(aq)} + 2HS^-$$
$$Au(HS)_{2\ (aq)}^- + 2H^+ = Au_{(Py)}^+ + H_2S_{(aq)}$$

②以 $Au(HS)_{(aq)}^0$ 的形式迁移,其反应沉淀过程为(Simon et al.,1999)
$$Au(HS)_{(aq)}^0 = Au_{(Py)}^+ + HS^-$$
$$Au(HS)_{(aq)}^0 + H^+ = Au_{(Py)}^+ + H_2S_{(aq)}$$

③以 $HAu(HS)_{2\ (aq)}^0$ 的形式迁移,其反应沉淀过程为(Simon et al.,1999)
$$HAu(HS)_{2\ (aq)}^0 + H^+ = Au_{(Py)}^+ + H_2S_{(aq)}$$

除此之外,以络合物形式迁移的 Au 还可以被吸附到黄铁矿表面,或是与流体中的 As 发生反应,沉淀于毒砂之中,与实际情况中 Au 包含于含砷黄铁矿或是毒砂相类似。

岩浆热液成矿期 Au 的运移及沉淀:进入岩浆热液成矿期,成矿流体的温压条件均开始下降,均一温度降至 150~200℃ 之间,CO_2 含量降低,但是 Cl^- 含量则呈升高趋势,H_2S 的含量则变化不大。成矿流体中的 S 和 As 的含量大幅下降。本流体包裹体激光拉曼分析中,气相成分中可见还原性有机气体,如 CH_4、C_2H_6,表明成矿流体依然为还原性流体。该阶段的金主要以自然金的形式产出,表明在该阶段不存在金属硫化物的吸附沉淀作用,而 Au 则主要以 Cl^- 和 $(HS)_2^-$ 络合物的形式迁移、沉淀。

4)运移过程中含金流体性质变化

在阳山金矿带金成矿作用过程中,引起成矿流体性质改变和矿物质沉淀的主要机制包括:流体-岩石化学反应、不同种类流体混合、流体温度和压力的改变(张文淮等,1996;高太忠等,1999;Gleeson et al.,1999;Xavier,1999;Craw,2002)。

流体在运移过程中与围岩发生水-岩反应(物质交换和能量交换),对围岩进行物理和化学性质的改造,最终导致成矿流体中所携带的成矿物质在围岩中沉淀,使之成为矿体(热液脉体或是热液蚀变带)。在阳山金矿带所能看到的围岩矿化蚀变主要包括黄铁矿化、毒砂矿化、辉锑矿化、硅化、碳酸盐化、绢云母化和黏土矿化。形成的脉体主要包括无矿石英脉、石英-黄铁矿脉、石英-毒砂矿脉以及石英-辉锑矿脉等。当围岩在流体的作用下形成脉体或是蚀变岩之后,成矿流体会发生变化,主要表现为成矿物质的带出,以及围岩成分的带入。在阳山金矿带主要表现为 Au、Sb、Hg、S、As 的带出,Cu、Pb、Zn 等围岩背景值较高的元素的带入。

断裂带流体输运网络的连通性为不同来源流体的混合提供了天然条件。阳山金矿带稳定同位素研究揭示,其成矿物质和成矿流体主要来自 2 个地质体,分别是碧口群变质基底与泥盆系三河口群。尽管来自不同的地质体,但是均属于变质成因。不同来源的流体混合是导致成矿物质沉淀的重要机制(胡明安和章传玲,2000),流体不混溶作用倾向于发生在流体压力突降的地方。阳山金矿带中流体包裹体研究也表明,同一样品中存在富 CO_2 和富 H_2O 包裹体,它们可能来自初始均一 CO_2-H_2O 流体的不混溶作用(沈昆等,2000)。

流体自然冷却、流体混合引起的温度变化以及构造变形机制转变引起流体压力变化可能导致热液中某些溶质饱和析出或部分气体组分的逃逸,进而引起含金络合物分解和金沉淀(王可勇,2000)。

5.3 成矿物质的聚集与沉淀

5.3.1 成矿物理化学条件演化

1)流体包裹体物理化学参数

成矿流体盐度整体较低,均不超过12%$NaCl_{eqv}$。其中,变质热液成矿早阶段,盐度介于1%~4% $NaCl_{eqv}$之间;变质热液成矿主阶段,盐度变化范围明显变大,介于1%~12%$NaCl_{eqv}$之间;岩浆热液成矿期早阶段,盐度峰值介于6%~7%$NaCl_{eqv}$之间;岩浆热液成矿期主阶段,盐度范围变得较小,介于3%~7%$NaCl_{eqv}$。变质热液成矿阶段密度变化范围介于0.748~0.987g/cm³之间,压力峰值区间介于20~40bar之间;岩浆热液成矿阶段密度变化范围介于0.598~0.987g/cm³之间,压力峰值区间介于0~20bar之间。矿期主阶段以绢云母-石英组合为主,pH值为3~5。变质热液成矿期主阶段的硫逸度($\lg f_{S_2}$)约为-10.4。岩浆热液成矿期流体的氧逸度($\lg f_{O_2}$)为-36.3~-34.2。

2)成矿物理化学条件演化

变质热液成矿期和岩浆热液成矿期4个主要成矿阶段中,M4阶段含CO_2包裹体最不发育,而且不同阶段CO_2包裹体气液相比相类似,均为10%~65%。热液成矿期M1、M2、M3、M4阶段,均一温度集中区间分别为200~260℃、130~300℃、130~310℃、130~230℃,其峰值温度分别为240~250℃、220~240℃、190~200℃、160~190℃,盐度峰值分别为2%~3%$NaCl_{eqv}$、4%~5%$NaCl_{eqv}$、6%~7%$NaCl_{eqv}$、5%~6%$NaCl_{eqv}$。变质热液成矿期从早阶段到主阶段,其均一温度峰值从250℃降至240℃,变化不大,而盐度变化则显示从2%$NaCl_{eqv}$升至5%$NaCl_{eqv}$;岩浆热液成矿期从早阶段到主阶段,其均一温度峰值从200℃降至190℃,变化也不大,而盐度变化则显示从7%$NaCl_{eqv}$降至5%$NaCl_{eqv}$。变质热液成矿期和岩浆热液成矿期4个主要成矿阶段均一温度逐渐降低,但是盐度先升高,再降低,对应的金矿化逐渐增强,再减弱,推测为两种流体混合的结果。变质热液成矿初期,流体为单一来源,到变质热液成矿主阶段,有第二种流体加入,到岩浆热液成矿期,以一种流体为主导。

将变质热液成矿期与区域变质期流体包裹体进行比较发现,变质热液成矿期流体包裹体体积较小,除此之外,其物质成分和测温学特征均与区域变质阶段相似,基于此推测变质热液成矿流体为变质流体。变质热液成矿期的石英-金属硫化物脉切穿区域变质阶段的无矿石英脉,揭示热液成矿作用要晚于区域变质作用,或是为区域变质作用的晚阶段。岩浆热液成矿期早阶段和晚阶段成矿流体都主要为岩浆热液流体。

5.3.2 金迁移与沉淀机制

1)金的赋存状态

黄铁矿和毒砂的HRTEM图像显示阳山金矿带的载金矿物(黄铁矿和毒砂)晶体结构非常完整,未见明显的位错和变形,也未发现金矿物富集区。通过XRD分析,黄铁矿的优势面网是(200)、(210)、(311)和(211),面网间距均比标准黄铁矿的对应面网间距大,反映出面网变宽的内部结构特点,这可能反映出黄铁矿晶格中有其他半径较大的离子(有可能包括Au^{3+}或Au^+)替代了半径较小的Fe^{2+}和S_2^{2-}。毒砂的XRD分析显示出较为均一的面网间距,且与标准矿物的面网间距相近,因而推测毒砂中可能存在多种离子（Co^{2+}、Ni^{2+}、Cu^{2+}、Au^{3+} 和/或 Au^{+}）置换 Fe^{3+} 的现象,且对毒砂面网间距的影响可以抵消。综合黄铁矿和毒砂的晶体结构研究,认为 Au 在黄铁矿和毒砂中以晶格 Au 或者固溶体的形式存在。

黄铁矿的 LA-ICP-MS 微区原位微量元素研究表明黄铁矿中存在着 Au^{3+} 替代 Fe^{2+} 和 AsS^{3-} 替代 S_2^{2-} 的双交代机制。由于毒砂仅用检测限较高的 EMPA 进行了元素测定,其 Au 含量仅供参考,不能用于进一步分析,所以毒砂中 Au 是以晶格金形式存在还是以固溶体形式存在还需要进一步研究。

2) 金的活化机制

通过对黄铁矿的微量元素研究表明,沉积成岩期的黄铁矿已经具备了一定含量的 Au 和 As 等成矿元素,当它演化成为 Py_0 或者脱挥发分更多的黄铁矿,甚至在更深变质作用下演化为磁黄铁矿的过程中可能为阳山金矿带提供了丰富的金资源。

在变质成矿期主阶段,地层中已形成的黄铁矿（Py_0 和 Py_1）与围岩发生了广泛的相互作用,即普遍的热液蚀变作用,使得岩石中的以易活化状态存在的成矿元素 Au、As、Sb 等发生了不同程度地活化,并随热液一起沿着近东西向的安昌河-观音坝断裂向相对低压低温的区域流动。

总之,变质脱挥发分作用和热液蚀变作用是金等成矿元素发生活化和运移的机制。

3) 金的迁移形式

热液成矿流体是一种多组分电解质溶液,它所含的许多化学种属都能与 Au 形成稳定的配合物,其中卤族配合物、硫氢和硫的配合物是最重要的,所以许多研究者主要考虑氯化物和还原硫（如 HS^{-}）在 Au 的热液化学中的作用（张德会,1997）。Hayashi 和 Ohmoto(1991) 对含 NaCl 和 H_2S 溶液中金的溶解度进行了测定,结果表明在 250~350℃ 条件下,Au 主要以 $HAu(HS)_2^0$ 的形式搬运,只有在贫 H_2S（在 250℃ 时小于 10^{-4} mol/L $H_2S_{(aq)}$）、富 Cl^{-}（大于 0.5 mol/L ΣCl）和低 pH 值（小于 4.5）的环境中,金的氯化物配合物才占主导地位。根据矿化蚀变矿物组合以及成矿期蚀变过程中元素的迁移变化以及成矿流体群体成分分析数据,可推断出 Au 在含矿流体中可能主要以 Au-S 配合物的形式迁移。

4) 金的沉淀机制

热液中还原硫活度的降低,一般可以通过 4 个途径得以实现:①溶液氧化性增强;②溶液沸腾,H_2S 气体逸出;③成矿热液在向上运移的过程中与下渗淡水混合,引起硫活度的降低;④金属硫化物的沉淀。就阳山金矿带的金矿床而言,成矿期氧逸度变化不大,维持还原性的环境。同时,至今未见有流体沸腾作用存在的确凿证据,即使存在淡水的混入,也会同等程度地降低溶液中的还原硫活度和金-硫氢配离子浓度（郑明华等,1990）。因此,上述氧化、沸腾和稀释作用,均不是金沉淀的有效机制。

热液蚀变作用是典型的流体-岩石相互作用,对 Au 沉淀的影响已经得到了肯定,其中硫化作用可能是形成大多数中深成造山型金矿的主要沉淀机理。而硫化作用广泛存在于阳山金矿带的各个金矿床,且金与硫化物存在着密切的成因联系。变质热液主阶段和晚阶段的黄铁矿与毒砂（Py_2、Apy_2、Py_3、Apy_3）皆富含 Au 元素,且金的富集与这些硫化物的数量呈现明显的正相关关系。因而可以推断,矿石中黄铁矿、毒砂和辉锑矿的沉淀,是引起矿液中还原硫活度降低,从而导致金沉淀的主要机理。

5.4 成矿时代

关于阳山金矿床的成岩成矿年龄,前人已经做过较多的研究。通过已有的成岩成矿年龄的测试分析结果,结合区域构造演化史可以看出,作为一个大型区域性构造破碎带,阳山成矿带经历了较为复杂的地质演化过程,其构造-岩浆-热液活动极为复杂,从而导致了矿带内不同成因、不同世代、不同年龄的各种岩石矿物叠加、增生、混杂在一起（阎凤增,2010）。虽然前人对阳山金矿床成矿年代学研究较多,积累的资料也不少,但由于阳山金矿床具有特殊的矿床类型和复杂矿石矿物组合,限制了精确成矿年龄的获取,导致对该矿床成矿时代的认识还不确定。本节根据前人资料,并结合测试得到的成岩成矿数据,对阳山金矿床成矿时代进行讨论。

5.4.1 前人研究成果

成矿时代与成矿作用研究是紧密相关的。在无法获知准确成矿时代的情况下,对成矿作用的认识基本建立在野外和室内试验中对矿化现象的观察、理解和推测上。但对于像阳山金矿这样复杂和特殊的矿床,还应该结合成岩成矿时代的准确界定,才能建立起成矿与区域重大地质构造-岩浆事件的联系。根据前人资料,并结合成岩成矿数据,阳山金矿带成岩时代总体上构成了从119.4~115.8Ma、157.4~133.9Ma、194~184.1Ma、223~202.9Ma 和 267.9~251Ma 等 5 个年龄区间。在这些年龄段中,223~202.9Ma 既是区域分布较广,同时也是相对集中的年龄区间,且与杨荣生等(2006)获得的安坝矿区含矿斑岩独居石第二组年龄(代表岩浆侵入年龄)及孙骥等(2012)测得的安坝里南花岗斑岩年龄一致,也与区域上南一里(李佐臣等,2007)和阳坝(秦江峰等,2005)等花岗岩体的锆石 U-Pb 年龄相吻合,应是本区最明显的一次岩浆活动时间。

在成矿时代方面,齐金忠等(2005、2006a)获得阳山金矿区不同石英脉中锆石的 3 组 U-Pb 同位素年龄,但所测的锆石均为捕获锆石,且大多为岩浆锆石,因此它们实际上也反映了本区的岩浆活动信息。其中,第一组(200.9~195.4Ma,平均年龄为 197.6Ma)代表着矿区内广泛出露的花岗斑岩的成岩时代,第二组 137~121Ma[两件样品平均年龄分别为(128.2±5.5)Ma 和(125.3±4.9)Ma]和第三组 55.3~48.1Ma[两件样品平均分别(50.0±3.0)Ma 和(51.7±1.6)Ma]两组年龄信息则暗示矿区存在白垩纪及古近纪隐伏岩浆岩体。但另一件明确含金的石英脉样品(SG)中却未发现比 250Ma 更年轻的数据。结合其同时开展的花岗斑岩 K-Ar 法、石英脉 $^{40}Ar-^{39}Ar$ 法和石英脉包裹体 Rb-Sr 等时线法测年成果,齐金忠等(2005)认为矿区存在着多期次热液活动事件,并基本上与岩浆活动相对应。这 3 组年龄中,第一组与杨荣生等(2006)获得的花岗斑岩中独居石铅丢失(即成矿)事件年龄基本一致,并与铧厂沟矿区成矿期石英脉锆石 U-Pb 年龄[(199.6±3.7)Ma,林振文等,2011]和大水金矿矿石的 Rb-Sr 年龄(196~182.8Ma,郑卫声等,2000)吻合,而第三组年龄则与铧厂沟矿区成矿后石英脉内的锆石 U-Pb 年龄一致(表 5-15)。与前述岩脉的成岩年龄分析对比可以看出,第一组和第二组数据刚好填补了从 187.8~184.1Ma 到(207.6±1.6)~(215.9±3.1)Ma 和从 115.8Ma 到 144.3~148.6Ma 两个年龄区间的空白。如果将这两组年龄看成是成矿时代,那么第一组距岩体侵入年龄相差约 10Ma,第二组距相近的岩浆活动时代则仅差 3~5Ma,表明在这两期成矿作用中,第二次成矿作用与相应的岩浆活动关系更为密切。第三组年龄是成矿后的一次热液活动的可能性较大,而非一次成矿作用。

表 5-15 阳山金矿带主要矿床相关同位素年龄

采样位置	样号	采样岩性	测试矿物	测试方法	Th/U	年龄/Ma	资料来源
安坝浸染型矿体内	PD4-1	石英细脉	石英	$^{40}Ar-^{39}Ar$		195.4±1.0(年龄谱)	齐金忠等,2006a
						190.8±2.4(等时线)	
草坪梁平硐PD311浸染型矿体内	YM	含黄铁矿石英细脉	锆石	SHRIMP U-Pb	0.64	197.6(粒3)	
					1	128.2±5.5(粒6)	
					0.86	50.0±3.0(粒4)	
安坝平硐YM001浸染型矿体内	AB	含黄铁矿石英细脉	锆石	SHRIMP U-Pb	1.31	125.3±4.9(粒5)	
					0.97	51.7±1.6(粒8)	
ZK483-3	ZK483-3	石英脉	石英	流体包裹体Rb-Sr		76±1.1(等时线)	

续表 5-15

采样位置	样号	采样岩性	测试矿物	测试方法	Th/U	年龄/Ma	资料来源
安坝坑道 305矿体	YA	斜长花岗斑岩强矿化	锆石	SHRIMP U-Pb	0.51	187.8(粒1)	雷时斌等，2010
					0.82	550.67(粒3)	
					0.86	799.38(粒8)	
					0.42	330.4(粒1)	
安坝草坪梁 314矿体	TC439	花岗斑岩	锆石	SHRIMP U-Pb	1.03	115.8±3.6(粒5)	
					0.39	267.9(粒1)	
					1.24	144.3(粒1)	
泥山	N2	中粗粒斜长花岗斑岩	锆石	SHRIMP U-Pb	0.23	207±3.0(粒4)	
四沟沟口挤压透镜体（扁豆状）	SG	含明金石英脉	锆石	SHRIMP U-Pb	0.47	952.75±53(粒6)	齐金忠等，2005
					0.93	803±24(粒6)	
					1.53	599.4(粒3)	
	PD112-12-1~4	含矿蚀变花岗斑岩	独居石	Th-U-Pb	组1（继承）	269±18(算术平均)	杨荣生等，2006
						268±4(等时线)	
					组2（结晶）	221±16(算术平均)	
						220±3(等时线)	
					组3（丢失）	190±11(算术平均)	
						190±3(等时线)	
大水矿区		矿石	磷灰石	裂变径迹		144.2(124.6-168.3)	袁万明等，2004
		岩浆隐爆角砾岩				133.9(107.0-159.7)	
大水忠格扎拉		花岗斑岩				174.3-190.69	闫升好等，2000
大水		花岗岩	磷灰石	裂变径迹		119.9±4.9~189.4±5.2	韩明春等，2004
大水金矿		碧玉岩		Rb-Sr		141~181.75(I)	王安健等，1998
铧厂沟		矿石	铬水云母	K-Ar		218	白忠等，1996
铧厂沟成矿前						440-460	林振文等，2011
						199.6±3.7	
铧厂沟成矿期		石英脉	锆石	LA-ICP-MS U-Pb		230(粒1)	
						250-270	
铧厂沟成矿后						35-70(57.0±4.7)	
						45.4±2.9	
						250-270	
南一里		细粒花岗闪长岩	锆石	LA-ICP-MS U-Pb		223.1±2.6	李佐臣等，2007

5.4.2 成岩成矿时代再研究

5.4.2.1 Ar-Ar同位素年代学

为了确定阳山金矿床真正的成矿时代,在阳山金矿带泥山金矿床和葛条湾金矿床采取了3件矿化斜长花岗斑岩样品(Yang et al.,2023),挑选其中与成矿主阶段黄铁矿和毒砂共生的绢云母,进行Ar-Ar测年工作。尽管绢云母可能是成矿期蚀变作用产物,并可见于成矿期早阶段、主阶段和晚阶段,且在主阶段最为发育,致使酸性脉岩呈现灰绿色,但是由于绢云母也可以在其他广泛的环境形成,在取样时尽可能采取更可能代表成矿期的样品。所测试的绢云母采自酸性脉岩金矿石中,进行$^{40}Ar-^{39}Ar$测年的绢云母是斜长石蚀变的产物,部分为斜长石斑晶蚀变形成(图5-30b,e,f),其余则为基质内斜长石颗粒蚀变而成(图5-30a,c,d),后者呈浸染状分布于矿石中。

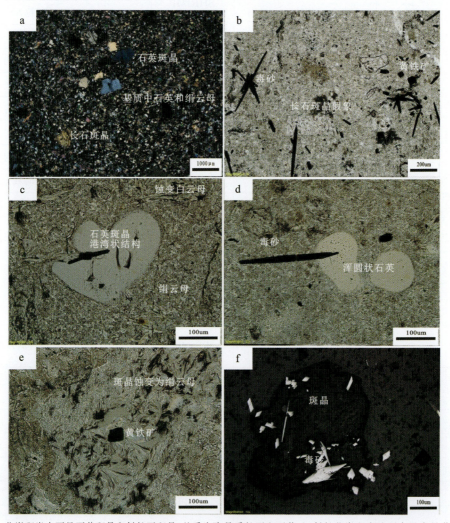

a. 花岗斑岩中可见石英斑晶和斜长石斑晶,基质为隐晶质长石和石英;b. 斜长花岗斑岩矿石中见大量黄铁矿和毒砂,斜长石斑晶已经完全蚀变为绢云母和石英,只剩斑晶假象;c、d. 石英斑晶被溶蚀为港湾状,边缘浑圆,毒砂与石英、绢云母共生;e. 长石斑晶完全蚀变为绢云母,具斑晶假象,内部可见黄铁矿,说明绢云母蚀变与成矿同期;f. 斑晶内部含有较多毒砂

图5-30 阳山金矿带酸性岩脉镜下特征

用于$^{40}Ar-^{39}Ar$测年的3件绢云母样品采自阳山金矿带内的泥山金矿段和葛条湾金矿床段,所有的绢云母都是从金矿石中分离出来的,纯度达到99%。样品YS-NS-TC-2取自泥山金矿床508号脉附近矿坑外,高程为2134m,为绢英岩化含毒砂、黄铁矿的花岗岩脉;样品YS-PZB-03采自葛条湾金矿床内马连河西岸的矿化蚀变斜长花岗斑岩脉,岩石表面发生氧化,并发育强烈绢英岩化蚀变,发育多组黄铁矿化石英脉;样品YS-PZB-R1采自葛条湾金矿床矿化斜长花岗斑岩脉,岩石发育强烈绢英岩化蚀变。

酸性花岗斑岩脉岩中斜长石斑晶经绢云母化蚀变成为绢云母、白云母、石英、金红石、黄铁矿和毒砂等矿物。绢云母颗粒大小在5~10μm之间,Ⅰ级黄白干涉色,没有明显的定向和变形现象,基质中的绢云母颗粒大小约10μm,浸染状,无定向排列(图5-30a,b,c,d)。矿石中见浸染状分布的黄铁矿和毒砂矿物(图5-30b,c,d),其中黄铁矿具有自形—半自形晶形,粒度50~500μm不等,晶形有五角十二面体、立方体或它们的聚晶(图5-30e),经扫描电镜观察可见成矿主阶段黄铁矿Py_2叠加在成矿早阶段黄铁矿Py_1之上;毒砂为自形菱柱状晶体,横截面为菱形,粒度为50~1000μm,与成矿主阶段黄铁矿Py_2共生,属于成矿主阶段毒砂Apy_2。成矿主阶段金属矿物颗粒均呈现自形—半自形晶形,与绢云母接触界线无明显的凸出或凹入,而是呈光滑和平直状(图5-30b,c,d,e),无交代溶蚀现象,为共生边结构,在少数样品中可见黄铁矿包裹绢云母。以上现象表明绢云母是与成矿主阶段的黄铁矿和毒砂同时生成的,即实验所用绢云母为成矿主阶段蚀变作用的产物。

采自泥山金矿床508号矿脉的斜长花岗斑岩矿石样品(NS-TC-02)在STEP 7-12的6个阶段的加热过程中获得了相近的视年龄值,其累计释放的^{39}Ar达到78.9%,获得坪年龄(210.9±1.6)Ma,数据点在$^{40}Ar/^{36}Ar-^{39}Ar/^{36}Ar$图解上构成等时线,等时年龄为(211.4±2.8)Ma,初始$^{40}Ar/^{36}Ar$值为(250±200)Ma,较尼尔值(理想大气值295.5±5)低,该等时年龄值在误差范围内与坪年龄一致。采自泥山金矿床的矿化斜长花岗斑岩样品(YS-PZB-R1)在STEP 8-10的3个阶段取得坪年龄(206.0±2.2)Ma,包含了44%的^{39}Ar,数据点在$^{40}Ar/^{36}Ar-^{39}Ar/^{36}Ar$图解上构成等时线,等时年龄为208.3±2.4Ma,在误差范围内与坪年龄一致。采自葛条湾金矿床的矿化斜长花岗斑岩样品(YS-PZB-03)在STEP 7-11的5个阶段的加热过程中获得了相近的视年龄值,其累计释放的^{39}Ar达到73.8%,获得坪年龄(203.2±1.7)Ma,数据点在$^{40}Ar/^{36}Ar-^{39}Ar/^{36}Ar$图解上构成等时线,等时年龄为(205.9±3.5)Ma,初始$^{40}Ar/^{36}Ar$值为(33±300)Ma,低于尼尔值,该等时年龄值在误差范围内与坪年龄一致。3件样品的年龄谱图均属于低温阶梯-高温平坦型,说明样品自形成后经历了低温热扰动事件,样品边缘放射成因的部分^{40}Ar丢失,使得低温阶段视年龄偏低。等时线图解亦显示初始样品的$^{40}Ar/^{36}Ar$值低于尼尔值,因此发生过后期的蚀变作用。但是高温阶段获得的坪年龄仍可代表绢云母形成的年龄,而且绢云母为成矿同期蚀变产物,因此3件样品所获得的坪年龄[(210.9±1.6)Ma~(203.2±1.7)Ma]可以作为阳山金矿床主成矿阶段的成矿年龄之一。

5.4.2.2 多类样品的LA-ICP-MS锆石U-Pb同位素年代学

为进一步查明阳山整装勘查区构造-岩浆-热事件与成矿活动的耦合关系,本书在前人工作的基础上,针对区内主要地质体再次进行了系统的锆石LA-ICP-MS定年研究。样品构成情况如下:采自勘查区南碧口群浅变岩系样品2件,岩性分别为绿片岩和火山碎屑岩;采自阳山金矿安坝矿段不同坑道、钻孔中,均为矿体部位千枚岩类样品7件,这些样品均较破碎,片理化带内常穿切有不同规模(普遍较小)的石英细脉,且多具有一定的变形,通常在千枚岩中发育黄铁矿化和毒砂矿化,而石英脉中可见辉锑矿化;采自泥山矿段泥山村西民间采矿点细晶岩脉样品1件,岩石呈浅灰绿色—灰白色,绿泥石化、碳酸盐化、硅化均较强,见星点状立方体黄铁矿,黄铁矿均褐铁矿化;采自安坝矿段不同的坑道或钻孔内花岗斑岩样品7件,这些花岗斑岩本身是矿体的一部分,野外见为灰绿色,绢云母化、高岭土化蚀变强烈,黄铁矿化、毒砂化发育,但不见辉锑矿化,部分见有方解石脉穿切其中;采自安坝矿段的坑道或钻孔的矿体位置的石英脉样品3件,石英脉均呈乳白色,可见针状辉锑矿,局部呈团块状,其夹的千枚岩内含团粒状或浸染状黄铁矿。在这些不同类型岩石样品中挑选出来的锆石在形态、大小、特征等诸多方面表现出惊人的相似性。绝大多数呈团粒状,且粒度较小,少数为长柱状。完整的锆石一般具有较好的晶形。多数锆石内部可见多次增长结晶的结构,中央部位为早期的晶核,并具有明显的溶蚀现象,一些外缘则见有明亮的亮边。多数锆石具有明显的内部环带,一些浑圆状锆石具有典型的扇状或叶片状分带。锆石的 U、Th 含量以及 Th/U 值变化较大,且难以按锆石产出的岩石类型、锆石的成因类型及形态特征等明确归类。锆石的上述特征表明,所挑选出的锆石绝大多数以捕获锆石为主,即使是在岩脉中选出的锆石也是如此。在成因类型上,主要为岩浆结晶锆石,各类样品中均捕获有变质成因锆石,但未见典型的热液成因锆石(即使在石英脉中挑出的也是如此)。岩石中锆石的这些特点为年龄数据的地质解释带来许多不确定因素。但全面审视这些数据,还是为我们从总体上了解勘查区和矿区构造-岩浆-热事件的脉络提供了宝贵的信息。图 5-31 是依据不同样品数据制作的统计对比图。从图中可以看出,取自整装勘查区南部碧口群浅变质岩石的锆石年龄主要位于 800~700Ma,获得一个谐和年龄(759±14)Ma(MSWD=1.8),这与 Yan 等(2003)获得的碧口群火山岩年龄(766Ma)基本一致。尽管人们对碧口群火山岩形成时代具有较大争议(林振文等,2013),这一年龄的出现表明这一地区应该存在着新元古代的火山活动。采于泥盆系三河口群千枚岩样品中的锆石全为捕获锆石,其年龄较为分散,大致可以分为 2500~1800Ma、1200~900Ma、850~750Ma、620~500Ma 和 450~330Ma 等几个区间,其中 850~750Ma 年龄区间最为集中,从锆石特征判断,所测试的锆石主要为岩浆型。可以看出,这些年龄区间最晚延续到早石炭世,超出了泥盆纪的顶界。这几组年龄反映了如下地质意义:①三河口群沉积物的物源主要为其南部的碧口群火山沉积岩系,并从中继承了大量该群岩石内已有的锆石(前 3 组年龄);②新元古代晚期—早古生代初期,伴随着勉略洋的裂开,区域上就存在相应的岩浆活动(620~500Ma 年龄组);③450~330Ma 年龄组一方面可能表明早古生代晚期(早石炭世)本区内发生了一定规模的岩浆活动,这也与吴杰等(2014)在本区东部铧厂沟地区碧口群玄武岩中获得的锆石年龄[(316.3±6.0)Ma,MSWD=0.78,n=7]相近。也可能是由后期变质作用形成的热液成因石英脉带入(由于参与样品挑选的千枚岩样品中石英脉少且很细小,但这类锆石应很少)。此外,鉴于泥盆系沉积物中发现了比其晚的捕获锆石年龄,反映三河口群沉积时限并不限于泥盆纪,而更可能延续到石炭纪。

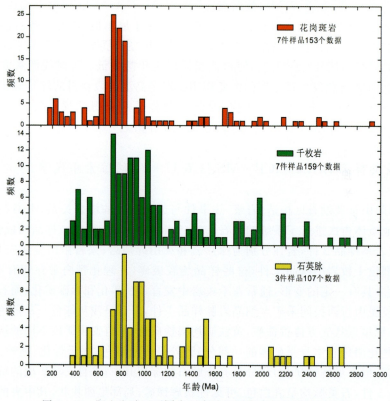

图 5-31 阳山金矿区不同岩石中锆石同位素年龄统计对比图

矿区内不同岩浆岩脉所获得的锆石年龄更为复杂，时间跨度也很长。从野外地质产状上看，用于测试的脉岩均侵入三河口群中，不同脉体独立存在，相互间无穿切关系。从岩脉的年龄结构上看，除出现前述不同岩石样品中获得的对应年龄组外，脉岩锆石均出现相对年轻的年龄，主要包括 228～202Ma、190～187Ma、155～67Ma 这 3 组年龄区间，其中花岗细晶岩脉中出现了 155Ma 的最小年龄。可能反映出细晶岩脉形成晚于花岗斑岩脉，这与在野外发现的一个细晶脉岩穿切了花岗斑岩的转石所表现出的地质事实相吻合。对比前人研究结果可以看出，这 3 组年龄在前人分析中均出现，且对应性较好，反映这 3 组年龄对应的岩浆活动在本区是客观存在的。基于所采取的样品均发生了强烈的矿化（其部分脉岩本身就是矿石），因此，可以推断，本区最晚在 150Ma 左右，发生了一次成矿作用。但是，本次在矿区采集的 3 件矿化石英脉样品中未获得与上述岩脉相对应的 3 组年龄，甚至没有一个数据分布在矿区及外围脉岩较集中的年龄组（200Ma 左右）之内，反而出现了 450～402Ma 的年龄组，这一组年龄大致可与前述千枚岩样品所获得的最年轻一组年龄（450～320Ma）相对应。这一结果与齐金忠等（2003b，2006a）发表的结果相差较大（见表 5-15）。基于石英脉样品中的锆石均为捕获锆石，且多为岩浆锆石，野外常见含矿石英脉贯入三河口群千枚岩中甚至穿切花岗斑岩脉的地质现象，利用这些年龄不能对石英脉的形成时代进行界定，也无法为本区成矿时代的确定提供有价值的信息。

根据岩石锆石 U-Pb 同位素所获得的年龄数据，本书大致梳理出古生代以来本区构造-岩浆-热事件的基本过程。周振菊等（2011）、Dong 等（2011）和林振文等（2013）研究认为，在扬子克拉通北缘及西北缘的碧口-勉略地区存在着 840～750Ma 之间的大洋板块俯冲-增生及与其相关的强烈岩浆活动事件。勉略带内存在新元古代的亚碱性大陆边缘弧型火山岩组合，弧型岩浆在上升过程中受到了较强的古老地壳物质混染，或者来源于古老地壳重熔。各类样品中 1000～800Ma 的年龄组对应最好，同时数据也最多的事实充分证明了这一点。紧接着的碰撞-伸展造山过程可能延续到古生代初期（620～500Ma）。板块的再次打开始自早古生代晚期（志留纪，450Ma 左右），并经历泥盆纪—早石炭世的裂解和扩张，在晚石炭世—早三叠世时期进入俯冲消亡，中—晚三叠世的碰撞造山，晚三叠世—早侏罗世的伸展造山和中侏罗世以后的陆内造山等过程中，在相应的岩浆脉岩和石英脉等样品中留下了相应时期的锆石年龄记录。尽管对阳山金矿带岩浆活动和金矿成矿时代的确定做了大量工作，但要准确界定区内成矿事件发生的时间却仍然十分困难，表明本区开展成矿时代研究的复杂性。就目前的研究结果，结合矿化特征（石英-辉锑矿脉与蚀变岩型矿体间的穿插以及石英-辉锑矿胶结早期矿化蚀变岩碎块），只能推断在晚三叠世—早侏罗世的伸展造山（211～195Ma）和中侏罗世以后的陆内造山（144～126Ma）过程中至少发生了两次明显的成矿作用。

第一期主体发生在 211～195Ma 左右，晚于区域岩浆岩活动高峰期 20～10Ma，是区内与区域变质和强烈韧性剪切构造活动密切相关的一次大规模成矿作用；第二期主体发生在 144～126Ma 之间，是区内与燕山期隐伏岩浆岩活动密切相关的一次高强度成矿作用。两期成矿事件依据区内具体成矿背景不同而发育强度不同，既可独立成矿，也可以发生明显的改造和叠加。从年代学资料的关联性分析，初步推断，泥盆系建造及以其为主体发生的强烈韧性剪切变形构造是第一期大规模成矿作用的成矿地质体，而以燕山期为主的隐伏岩浆岩体可能是第二期高强度成矿作用的成矿地质体。

5.5 成矿作用与地质事件耦合分析

阳山金矿带所在的勉略构造带先后经历了晚古生代泥盆纪（D_1—D_3）板块裂解与初始洋盆形成、晚古生代（C_1—P_1）有限洋盆扩张、晚古生代晚期至中生代早期（C_2—P_1—T_1）板块俯冲和有限洋盆俯冲消减作用、中生代（T_2—T_3）碰撞造山作用与勉略古缝合带形成阶段和中新生代陆内造山叠加改造等复合造山作用演化过程。阳山金矿定位在主要以泥盆纪裂解盆地热水沉积系为主体，并在俯冲-碰撞阶段，由于区域性大规模逆冲推覆构造作用而导致的强烈韧性变形构造带内。随后的伸展造山和陆内造山作用激发的构造-岩浆活动又对矿体进行了进一步的改造。

本节在前人研究成果的基础上,以复合造山作用和成矿作用的地质环境专属性理论为指导,开展了区域成矿地质背景研究,重新梳理了区域地球动力学演化过程(王治华,2018),探讨了不同地质-构造演化过程中发生的重大地质事件与成矿之间的关系。

5.5.1 晚古生代(D_1—P_1)板块裂解、有限洋盆扩张与成矿

晚古生代泥盆纪初期,南秦岭地区在大区域东古特提斯构造扩张作用背景下,受深部地质作用控制,扬子板块北缘地带在早古生代的被动陆缘基础上发生伸展扩张作用,造成陆壳裂解,沿着大陆边缘的伸展作用导致南秦岭板块从扬子板块北缘裂解出来(Zhang et al.,2004),该板块形成了独立的"秦岭微板块",分隔了正在扩张的勉略新洋盆和已经存在的商丹洋(Zhang et al.,1996)。经过泥盆纪时期的初始陆缘裂陷阶段的扩张裂解,逐渐出现有限洋盆,并扩张发展。从早石炭世开始,沿勉略—阿尼玛卿一线继续发生明显的有限洋盆扩张,这与区域东古特提斯的强烈扩张与洋盆形成的时间一致。裂陷作用形成了沿着勉略洋边缘的泥盆纪与裂谷有关的沉积系统和石炭纪大陆架盆地沉积系统(Zhang et al.,2004)。泥盆系具有较高的金丰度,为后续金成矿奠定一定的基础。从赋矿层位看,区域金矿化主要发生在泥盆系,围岩多为碳酸盐岩或浅变质细碎屑岩。本书研究认为,阳山金矿区泥盆系为区域高金背景区,为金成矿过程中地层中的金发生活化迁移提供了基础物质,即泥盆系为金成矿提供部分成矿物质。

5.5.2 晚古生代至中生代早期(C_2—T_3)板块俯冲、碰撞造山与成矿

勉略有限洋盆在经历了泥盆纪—石炭纪的扩张打开形成洋壳后,逐渐转入消减会聚、洋壳俯冲和碰撞造山阶段。在俯冲造山阶段,由于板块的俯冲作用而在仰冲板块一侧的活动大陆边缘产生强烈而复杂岛弧岩浆作用,并使大陆地壳增生加积。从早二叠世(局部可能从晚石炭世)开始,勉略洋盆开始向北俯冲,产生岛弧型火山岩浆活动。晚古生代—三叠纪,由于华北与扬子板块边缘不规则,并且两板块之间为斜向俯冲碰撞,导致当板块俯冲陆缘逐渐接近时,某些突出的部位首先进行点接触。当洋壳消减殆尽时,陆壳之间往往残留不连通的洋盆。中—晚三叠世,随着整个大区域东古特提斯洋盆系统的收敛会聚,在区域会聚构造动力学背景下,沿勉略-阿尼玛卿缝合带相继发生全面碰撞造山,其中沿中央造山系南部边缘最终形成东西向展布的俯冲碰撞结合带——勉略缝合带。

碰撞造山阶段,除形成同构造的混杂堆积外(李亚林,1999),地层同样受到强烈的南北向挤压作用,发生了强烈的挤压变形。碰撞造山作用早期,变形作用主要包括轴向北西的纵向褶皱和走向北西的韧脆性推覆构造。晚阶段,其变形作用则表现为褶皱和脆性逆冲推覆的发生。碰撞造山作用形成的走向近东西的大型逆冲推覆构造带为区域控矿构造,控制了区域金矿带的分布。例如,玛曲-南坪-文县逆冲推覆构造带就是由碰撞造山作用形成的,阳山金矿带就产出于该逆冲推覆构造带南部文县弧形构造带顶端(杜子图,1997)。东西向推覆构造和后期形成的韧(-脆)性剪切构造共同控制了区域金矿床的分布。

伴随着俯冲、碰撞造山运动,区域岩浆活动比较强烈。在阳山金矿带内,就发育大量的规模不同、产状复杂的中酸性脉岩,岩性主要为斜长花岗斑岩、花岗斑岩、花岗细晶岩、黑云母二长花岗岩等。本书研究认为,这些脉岩为阳山金矿床第一期大规模成矿作用提供了流体通道和部分成矿物质。

5.5.3 中生代(T_3—J_1)碰撞后短暂伸展与成矿

晚三叠世以后,本区进入碰撞-伸展转变期,推覆作用进一步进行,左行剪切活动进一步加剧,区内再次发生中深层的韧性或韧脆性构造变形,与区域变质变形相伴的大规模变质流体在减压机制下迅速沿深大断裂(勉略断裂带,文康断裂带)向上运移,并在地壳浅部与地层发生充分的水-岩交换,萃取了围岩中的成矿物质,导致一定的构造空间发生显著的物理化学条件变化,使得成矿物质在层间褶皱两翼与转折端、强烈片理化带、小型断层、能干性不同的岩性接触面或转换面等多种成矿结构面中发生沉淀聚集,形成第一次大规模成矿作用。碰撞-伸展期发育与脆-韧性剪切变质变形作用相关的大规模成矿作用,形成受不同岩性层位和构造控制的微细浸染状矿体(例如阳山金矿床的微细浸染状矿体)。

5.5.4 中生代陆内造山与成矿

印支期的碰撞造山形成了勉略构造带的基本格架,强烈的中新生代陆内造山作用叠加在其上。陆内造山作用以逆冲推覆、断块差异隆升、断坳盆地的形成以及陆内岩浆活动为特征。其中,太平洋板块向欧亚大陆俯冲,导致中国东部构造体发生转变,与秦岭造山带大致平行展布的区域性深断裂由早期的挤压性质转变为拉张。燕山期,太平洋板块向欧亚板块的俯冲远程效应导致西秦岭产生北西—南东向侧向水平挤压作用,北东向构造体系强烈活动。中侏罗世—早白垩世,受区域西伯利亚板块快速南移、南部特提斯构造发展演化以及东部洋陆板块的强烈相互作用的共同影响,本区发生陆内造山,并伴有较强烈的构造-岩浆活动,岩浆流体携带成矿物质再次沿相关断裂向上迁移,并在有利的构造部位再次发生矿化富集,在早期矿化产物基础上,叠加了新一次高强度金成矿作用。至此,本区金矿床基础定型,随后进入成矿后的改造阶段。

5.6 矿床成因及成矿模式

5.6.1 成矿环境分析

1)围岩条件

矿床是通过各种地质作用把分散于上地幔和地壳中的有用物质和成矿元素集中而形成的。目前来看,一些矿床的形成尽管有幔源成分的参与,但一般认为成矿组分主要来自地壳(杜乐天,1996)。这就是说流体所经过的一定区域内,地幔流体熔融壳层形成岩浆的部位要有足够高的成矿元素含量——物源层(区),以备流体交代、萃取形成成矿流体。

阳山金矿带位于碧口地块北缘,区域内与金成矿关系密切的物源层(区)主要为碧口群变质基底和泥盆系,尤其赋矿围岩泥盆系为一套特殊的热水沉积地层,富含硫、碳和有机质,同时其金丰度值也高,渗透性较好,且裂隙发育。泥盆系不仅化学性质相对活泼,便于和含矿热液发生较强的水-岩反应,达到调解热液化学平衡,促进矿质沉淀的目的,而且具有一定的孔隙度和渗透率,有利于各种构造的形成和发育,为含矿热液的流动和聚集创造条件。碧口群变质基底和泥盆系均具有高的金丰度值,它们均是作为物源层出现的,为本区金矿床的形成提供了良好的物质基础和围岩环境。整体而言,阳山金矿带处于十分有利的地球化学块体之中,为大型—超大型矿床的形成提供了丰富的围岩(物源前提)。

2)热流体条件

热流体包含两层含义,一是流体,二是热源,只有这两个条件都具备才能产生热流体并循环运移汲取有用组分而成矿。对金属矿床而言,流体一般以地幔流体为主,或者作为岩浆形成以及交代成矿的初始流体,再者就是造山过程中来自深部的变质流体,它们在成矿中扮演不可或缺的重要角色。大多数与岩浆作用有关的矿床,岩浆热必然是主要热源,对流体加热循环、促进交代作用以及成矿起到至关重要的作用。而与造山作用密切相关的矿床,构造活动为其提供足够的热源,含水矿物变质脱水作用为其提供足够的流体。

阳山金矿带虽然没有大规模岩体产出,但中酸性岩脉或小岩株发育,且具有加里东—海西期、印支期和燕山期多个岩浆旋回事件特征。与金成矿在空间上具有密切联系,虽然岩浆侵入活动没有直接参与金矿化,但岩浆活动中的携带的热能无疑对成矿物质的活化迁移起着极为重要的作用。同时,阳山金矿带又恰好位于中国南北大陆最终缝合碰撞的勉略构造带内,该构造带先后经历了俯冲、碰撞及陆内造山复杂的复合造山过程,造山过程中必然伴随多期次的大量流体活动,尤其来源于深部的变质流体,将活化碧口群变质基底及地壳浅部泥盆系围岩中的成矿物质,沿有利构造位置迁移、富集,为阳山金矿带内大型—超大型矿床的形成奠定热流体基础。

3)构造条件

大型—超大型矿床的形成均与区域性大型断裂构造有关,一方面大型断裂构造为成矿流体运移提供了通道,地球深部的物质流、能量流往往沿深大断裂向上运移而参与成矿;另一方面,其派生的次级断裂常具多期活动,在构造演化过程中不仅为岩浆侵位提供空间,也为矿体的就位提供有利空间。因此,大型断裂构造体系是矿床形成及产出的先决条件。

前已述及,勉略深大断裂横贯阳山金矿带,为区域一级断裂,其派生的文康断裂带为区域二级构造,带内的金矿床则主要产出于区域三级断裂汤卜沟-观音坝-月亮坝断裂内,这些构造一方面为成矿物质迁移提供了通道,另一方面为成矿物质沉淀、富集成矿提供了有利空间(袁士松等,2004,袁士松,2015)。同时本区构造活动极其复杂,中生代以来经历了多次碰撞挤压及伸展拉张,为多期次岩浆热液活动以及成矿物质的带入、活化、迁移以及富集成矿提供了有利条件,也使得阳山金矿带有可能成为大型—超大型金矿床集中区。

综上所述,阳山金矿带具有十分有利的成矿地质条件,因此,该区域也是寻找大型—超大型金矿床的有利区段。

4)地球化学条件

地球化学异常通常是寻找金矿的有力线索。从Au元素地球化学异常图上,汤卜沟-泥山、安坝、观音坝、柏林坪一带都有异常,只是安坝勘探程度相对较高,发现了较大矿体的存在,其他异常区应该也有较好的找矿前景。

矿区垂向上根据安坝里北的10~30号勘探线,近45个钻孔,1952件原生晕样品Au元素分析。在各勘探线剖面异常图、联合剖面图、水平断面图上,Au元素异常分布明显具有多个垂向区间集中富集的特点,结合水平断面主要的富集标高自上而下包括1800~1700m、1500~1350m、1300~1200m和1100~1000m等几个区间(赵由之,2017),反映了矿化在垂向上分层定位的特点。

平面上,整个阳山金矿带可以分为联合村-阳山、金子山-塘坝、干河坝-铧厂沟3个矿化集中区。从单个阳山金矿区上来看,也存在汤卜沟-泥山、葛条湾-安坝、高楼山-张家山3个矿化富集区。这些矿集区或富集区总体具有等距分布的特点。

5.6.2 矿床成因初步分析

综合以上矿区地质特征、矿床地质特征以及成矿作用研究,可以对阳山金矿及其所在阳山金矿带的成矿问题总结如下。

(1) 阳山金矿带处于西秦岭造山带南部,碧口地块北缘,位于由勉略洋盆闭合形成的构造混染岩带内部。其成矿过程涉及晚古生代早期勉略洋盆打开形成喷流-沉积、印支期洋盆闭合板块碰撞-伸展,大规模推覆和不同层次韧性及韧-脆性构造活动和变形变质作用、燕山期陆内造山构造-岩浆活动等重大地质历史事件。

(2) 阳山金矿是印支晚期—早侏罗世以及燕山期两期成矿作用的综合产物。第一期成矿作用发生在板块缝合后的碰撞-伸展造山阶段(T_2—J_1)。与区域推覆和韧性、韧-脆性剪切变形变质事件密切相关。以泥盆系碎屑沉积岩系及其中发生的变质构造变形为成矿地质体,以推覆构造前锋端、片理化带、柔流褶皱两翼及转折端、能干性岩石(包括灰岩、中厚层砂岩、早期侵入的脉岩)与非能干性岩石(主要为千枚岩、糜棱岩等)接触部位或转换面等为主要成矿结构面,形成了以透镜状、囊状、薄脉(层)状、不规则状等形式产出的矿体。其特点是:矿体数量多,分布较广,以中、低品位为主,规模参差不齐,产状形态复杂,金以微细浸染状产出。第二期成矿作用发生在陆内造山期(J_3—K)。与区域脆性构造叠加和主要为隐伏状态的岩浆活动密切相关。以燕山期隐伏的岩浆岩为主要成矿地质体,以叠加在早期构造变形形迹之上的张性构造和构造破碎带为主要成矿结构面,形成了脉状或破碎蚀变岩等形式产出的矿体。其特点是矿体少,分布相对局限,局部规模较大,产状相对稳定,具尖灭膨缩特征,以高品位为主(常见自然金),多为石英-硫化物脉型。

(3) 第一期成矿作用的成矿流体主要为变质流体,以普遍含 CO_2 三相包裹体为主要特点,为变化范围较大的中、低密度,中、低盐度,中、低温还原性流体,以细粒黄铁矿和毒砂为标志性矿物,以硅化、黄铁矿化、毒砂化、绢云母化和高岭土化等为主要蚀变类型。第二期成矿作用的成矿流体主要为岩浆流体,以不含 CO_2 三相包裹体,相对富集 CH_4 为特点,为变化范围相对较小的低密度和低盐度还原性流体,以黄铜矿、方铅矿、辉锑矿、石英为标志性矿物,以硅化、多金属硫化物矿化、绢云母化等为主要蚀变类型。

(4) 两期成矿作用在空间上既可以同位叠加形成规模较大、品位较高的矿体,又可以在独立成矿空间内形成相对独立的矿体。

综合以上讨论可以看出,阳山金矿是由早期变质热液和晚期岩浆热液两期成矿作用综合的产物。其早期成矿具有造山型金矿的本质属性,兼具典型的微细浸染型金矿的某些特征,晚期成矿则具有岩浆期后热液型金矿床的典型特点,因而阳山金矿是一个多因复成矿床。

5.6.3 成矿模式

依据上述研究成果,初步建立了阳山金矿区矿床成矿模式(图 5-32),并将成矿模式说明如下。

碧口群是工作区最古老且分布范围最广的变质基底,为区域金成矿提供了初始矿源。从赋矿层位看,矿化主要发生在泥盆系和三叠系,围岩多为碳酸盐岩或浅变质细碎屑岩。且矿区泥盆系具有较高的金丰度,为后续金成矿奠定了物质基础。碰撞造山(Zhang et al.,1996;张国伟等,2001,2004)过程形成的由北向南、走向近东西的大型逆冲推覆构造带为区域控矿构造,控制了金矿带的分布;东西向推覆构造和韧(-脆)性剪切构造共同控制了矿床的分布;层间褶皱两翼与转折端、强烈片理化带、小型断层、能干性不同的岩性接触面或转换面等在内的多种成矿结构面控制了矿体的分布。当能干性与非能干性岩

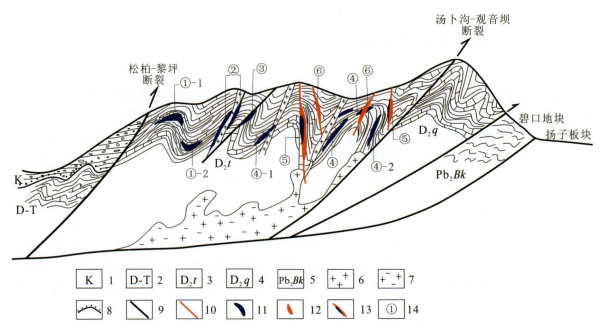

1.白垩系沉积岩;2.三叠系—泥盆系;3.泥盆系屯寨组;4.泥盆系桥头组;5.中元古代碧口群;6.印支期(220~200Ma)侵入岩(脉);7.燕山期(150~120Ma)侵入岩(脉);8.不整合接触界面;9.早期逆冲推覆构造;10.后期脆性构造;11.第一矿化产物;12.第二期矿化产物;13.两期矿化叠加产物;14.不同类型矿体:①揉皱核部控制的矿体(①-1:背形矿体;①-2:向形矿体);②印支期脉岩接触带控制的矿体;③早期断裂控制的矿体;④揉皱翼部控制的矿体(④-1:正常翼;④-2:倒转翼);⑤两期矿化叠加形成的矿体;⑥晚期脆性构造控制的矿体。

图 5-32 阳山金矿带两期成矿作用叠加成矿模式图

石相间出现时,矿化主要产在由非能干性岩石形成的强烈韧性或脆-韧性构造变质变形带内;当相应区段整体以能干性岩石(如灰岩、砂岩等)为主体时,矿化主体发生在岩石裂隙带及其两侧部位。矿化均以微细浸染型为主;在后期脆性构造发育部位,矿化主要产在构造蚀变破碎带内或在张性构造空间内充填形成脉状矿化,矿化以石英-多金属硫化物脉为主。

在前寒武纪阳山金矿带的南侧形成了中元古代火山—沉积岩系,在矿区内泥盆系—三叠系为一套厚度巨大的沉积岩系,尤其是在中泥盆世形成了含细粒黄铁矿层位的热水沉积。两套地层均具有较高的金丰度,为本区金矿床的形成提供了良好的成矿地质背景。

在晚三叠世—早侏罗世(200~180Ma),伴随华北板块与扬子板块的碰撞拼合,秦岭西侧的古特提斯洋闭合,勉略缝合带形成(张国伟等,2003)。而在南北向挤压应力作用下,秦岭西南部三叠纪及前期地层、岩体均发生强烈变形,形成强变形褶皱和透入性极好的区域性剪切劈理,伴随造山作用发生区域热动力变质作用,形成印支期(区域)浅变质岩。产生的变质流体形成于金丰度值较高的碧口群和泥盆系,携带了大量的成矿物质,在层间褶皱两翼与转折端、强烈片理化带、小型断层、能干性不同的岩性接触面或转换面等部位形成矿体(图 5-32)。

在燕山期(150~120Ma),西伯利亚板块快速南移与蒙古-华北-华南联合地块发生拼合。在南北向挤压作用下,秦岭—大别地区形成地壳重熔型花岗岩(杨振宇等,2001)。这些岩浆携带成矿流体,沿着断裂上升,在脆性构造发育部位形成矿体。矿化主要产在构造蚀变破碎带内或在张性构造空间内充填形成脉状矿化,矿化以石英-多金属硫化物脉为主。

6 成矿规律与成矿预测

6.1 成矿规律

6.1.1 区域成矿规律

以阳山金矿带成矿规律为基础,并结合区域上其他矿床的地质特征,初步总结出南秦岭地区具有如下成矿规律。

(1)空间上,区域成矿受推覆/韧性剪切"两型一体"的构造体系控制。从推覆构造体系看,前锋位置比中根部成矿好。从韧性剪切构造看,矿化主要发生在韧性剪变形变质作用相对强的部位。从赋矿层位看,矿化主要发生在泥盆系和三叠系,围岩多为碳酸盐岩或浅变质细碎屑岩。当它们受后期构造-岩浆活动叠加时,对成矿更为有利。矿化类型和元素组合因成矿带内岩石-构造组合不同而变化。当能干性与非能干性岩石相间出现时,矿化主要产在由非能干性岩石形成的强烈韧性或脆-韧性构造变质变形带内;当相应区段整体以能干性岩石(如灰岩、砂岩等)为主体时,矿化主要发生在岩石裂隙带内及其接触部位,矿化均以微细浸染型为主;在后期脆性构造发育部位,矿化主要产在构造蚀变破碎带内或在张性构造空间内充填形成脉状矿化,矿化以石英-多金属硫化物脉为主。

(2)时间上,成矿主要受区域碰撞-伸展和陆内造山两期演化过程控制。晚古生代—中晚三叠世,华北板块与扬子板块发生碰撞,区域地层发生强烈挤压变形,形成一系列褶皱和脆韧性逆冲推覆构造。晚三叠世—早侏罗世,南秦岭进入碰撞-伸展转换期,再次发生中深层的韧性或韧脆性构造变形。中侏罗世—早白垩世,在西伯利亚板块、印度板块及太平洋板块的共同作用下,区内进入陆内造山阶段,由挤压环境转换为拉张环境,伴随强烈的构造-岩浆作用。碰撞-伸展期发育与脆-韧性剪切变形变质作用相关的大规模成矿作用,形成受不同岩性层位和构造控制的微细浸染型矿体;陆内造山期发育受脆性构造控制并与构造-岩浆活动有关的高强度成矿作用,形成受构造控制的脉型矿体。从历年积累的多种测试方法分析的同位素年龄看,成矿时间介于 220~100Ma 之间,以 170Ma 为高峰,其次是 145Ma 左右。成矿时间和空间上与碰撞造山、伸展造山阶段吻合,表明区域成矿是受复合造山作用控制的。

(3)成矿类型上,早期形成受非能干性岩层中发育的挤压片理和柔流褶皱等脆-韧性构造控制的微细浸染型矿化;后期形成受脆性构造控制的石英-多金属硫化物脉型矿化。当距岩体较远时形成石英-辉锑矿脉型浅成低温热液矿化;当距岩体较近时,形成石英-多金属硫化物脉型矿化。整个勘查区金矿化类型从南向北、从西向东,具有从卡林型向造山型过渡的趋势,可能与从南向北、从西向东剥蚀程度逐渐增强有关,因此,在勘查区西部和深部存在发现卡林型和造山型金矿的可能。

(4)元素组合上,早期以 Au-As 为主,晚期以 Au-Sb-Cu 为主。二者集中于同一地区时,形成以 Au-As-Sb 为主的元素组合。

(5)在区域变化上,金矿床主要分布在碰撞造山构造变形强烈的缝合带、前陆冲断带和秦岭微板块内部;成矿具有明显的多期性。推覆构造前锋端及韧性变形变质作用发育程度决定了早期大规模成矿作用强度,而韧性变形变质作用发育程度又与相应地区的地理位置、局部背景、岩性组合、发育期次等密切相关;陆内造山阶段构造-岩浆活动发育强度决定了第二期成矿的强度及具体特征。由于推覆作用各区发育不一致,部分地段岩浆岩主体呈隐伏状态(如阳山金矿带内),而与岩体(脉)距离的远近则直接控制了相应地区的矿化型式和特征。

区域上,自东向西,第一期矿化强度逐渐减弱,而第二期矿化强度逐渐增强。两期矿化作用发育程度直接决定了矿化类型组合、矿体的产出特征和成矿作用标志特征。局域上,各矿田(区)具体成矿地质条件的差异决定了不同期次、不同类型矿化的具体特点,包括矿化蚀变、矿物组合、元素分带等都在总体相似情况下,各具特色。

总之,勘查区地处扬子板块北缘,深大断裂横贯全区,经历了多期次挤压、伸展,岩浆活动频繁,而且中泥盆统对金成矿作用较为有利。这些有利的区域地质因素使得阳山金矿带具有良好的成矿背景。

6.1.2 矿带成矿规律

以阳山金矿床的初步解剖为基础,并结合阳山金矿带上其他矿床的调研,初步总结出包括阳山金矿床在内的阳山金矿带具有如下成矿规律。

(1)推覆构造和韧(-脆)性剪切构造控矿"两型一体"。阳山金矿区第一期成矿突出表现为受推覆和韧(-脆)性剪切"两型一体"构造控制,并受到第二期脆性构造叠加或改造,因此推覆构造前端和韧(-脆)性剪变形构造强烈地带以及它们与脆性构造的叠加区是找矿的有利地段。

(2)多型构造与特殊岩性组合控矿的"两型一体",具有多样性的复杂成矿结构面。在阳山金矿区,由于多型构造和特殊岩性组合"两型一体"控矿,形成了包括层间褶皱两翼与转折端、强烈片理化带、小型断层、能干性不同的岩性接触面或转换面等在内的多种成矿结构面,因此形成了多种类型的矿体和矿石。控矿构造样式和矿化型式具有较好的对应性。

(3)多种控矿因素空间上的耦合是成矿有利因素。阳山金矿区的主要矿(化)体集中区产出在上述多种控矿因素同时出现的地段,远离这些区段,矿化范围和强度会明显降低。但在阳山金矿带内出现多个这样的地段,有利于形成相似规模的矿床。

6.1.3 矿床矿化富集规律

通过对阳山金矿区路线地质调查、典型剖面测制、主要矿化体观测、专项地质填图等,研究矿区地质特征、矿体特征、成矿地质条件、控矿地质因素及找矿标志等,系统总结出阳山金矿区金矿化具有四大富集规律:分段富集、成带产出、分层定位和多期叠加规律。

(1)分段富集:目前,阳山金矿由西至东分为泥山、葛条湾、安坝、高楼山、阳山、张家山等6个矿段,大小矿体(或矿化体)超100个。对比各个矿段矿体空间展布及其相互关系,可以发现阳山金矿总体上表现为汤卜沟-泥山、葛条湾-安坝、高楼山-阳山3个矿化富集区段与其间的弱矿化段以近等距、相间分布的矿化富集规律,与区域金矿集区产出规律相一致。汤卜沟-观音坝-月亮坝断裂具左行剪切性质,并发育在边缘形态复杂的碧口地块北缘,二者耦合导致在该区域易于形成多个扩容空间,导致阳山金矿含矿区段与无矿(弱矿化)区段相间产出,总体延伸较长且稳定,因此左行剪切断裂控矿作用可能是阳山金矿分段富集的根本原因。

(2)成带产出:对阳山金矿安坝、葛条湾矿段进行详细的构造、蚀变、矿化填图发现,在该矿段内,矿化体的分布并非完全杂乱无章,而具有成带产出特点。矿段自南向北,依次可以划分出 305 号、360/366 号、344 号、311 号等 4 条主要矿化带(图 6-1)。其本质上是由汤卜沟-观音坝-月亮坝断裂的次级构造控制的,这些次级构造主要发育在区域地层以千枚岩为主的岩性段中。各矿化带的距离自南向北依次略有增大,其中 305 号和 360 号矿带是矿区最重要的矿带,带内矿(化)体密集分布。向北矿化强度具有减弱趋势。2～3 个中段坑道揭露的矿带整体北倾(图 6-2)。从地层岩性的角度看,各条矿化带均产出在非能干性地层岩石中,以千枚岩地层为主;从构造性质的角度看,控制各条矿化带的构造同时是区域汤卜沟-观音坝-月亮坝断裂的次级断裂,并同时发育强烈的韧性剪切变形,表现出控制地层/岩性和构造的一体化。

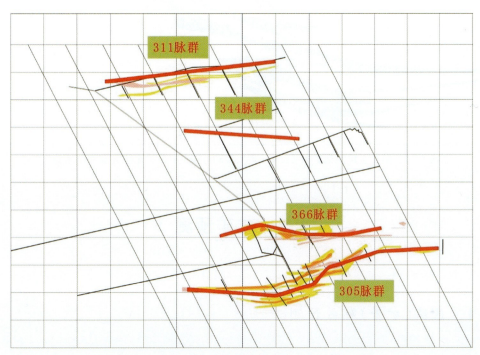

图 6-1 阳山金矿安坝矿段 1780m 中段平面示意图

(3)分层定位:正如前述,阳山金矿区发育在区域勉略构造蛇绿混杂岩带内部,出露的地层主要由泥盆系桥头组和屯寨组组成,主要岩性为千枚岩、砂岩和薄层灰岩。不同岩性之间具有互层的特点。带内同时发育多条逆冲推覆构造,它们是区域构造的组成部分。强烈的韧性剪切和推覆作用,造成地层岩石的多次重复,再加上早期发育的褶皱及面理的多期置换,原始层位已经无法恢复。因此,在区域地质调查中将它们作为岩石地层单位处理。但在矿区的小尺度上,由千枚岩或砂岩及薄层灰岩总体组成互层状特点仍然有保留。只不过由于地层岩性的重复造成某一岩性段局部加厚,而另外一些岩性段可能减薄或缺失,使其互层规律不明显。这种地层岩石的分布特点,加上构造-地层/岩性一体化控矿,使得矿区从垂向看,形成了矿(化)体多层定位的规律。一般表现是,能干性岩石和非能干性岩石转换面的非能干性岩石一侧常是重要赋矿位置。结合安坝里 9～21 号勘探线岩石地球化学测量成果,推测矿区垂向上可能至少存在 4 层含矿段,每一段的矿化厚度在 100～200m 之间,不同含矿段之间的距离各不相同。这种现象可能是岩性互层和推覆构造作用造成的岩性重复的综合结果。

(4)多期叠加:在阳山金矿区,构造破碎蚀变岩型矿体反映了两期成矿作用的叠加,是找矿勘查的主攻对象。发育在构造破碎带内并发生不同程度变形的早期脉岩有利于指导发现新的矿体。

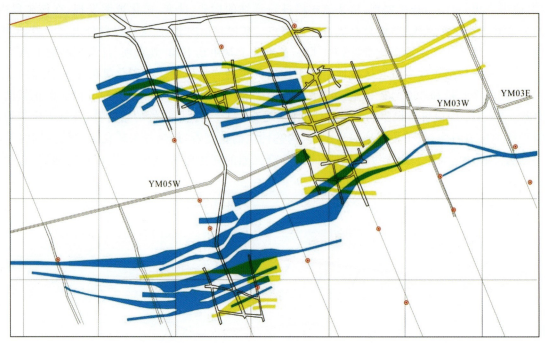

图 6-2 阳山金矿安坝矿段 1825m(黄)、1780m(蓝)中段矿化体分布综合示意图

6.2 成矿预测

6.2.1 区域(矿带)靶区预测

综合区域(矿带)成矿规律、已发现的矿床(点)地质特征、区域地质特征以及预测区等级划分的依据,开展了阳山金矿带成矿预测工作。阳山金矿带内圈定了 2 个重点预测区,5 个一般预测区。以下对各级成矿预测区进行简要说明。

6.2.1.1 重点预测区

(1)勘查区西部重点区:位于勘查区的西部,文县弧形构造顶部,即推覆构造的前锋,分布于崖底下—月元—葛条湾—安坝里—草坪梁一带,出露的地层主要为泥盆系桥头组,处于安昌河-观音坝-欧家坝区域大断裂的北侧,也是 Au 综合异常较为集中的地段(王亮等,2021),有较多的脉岩出露。前人已经在该区域发现了安坝金矿床、葛条湾金矿床、月元金矿点,只是由于勘探程度的差异,目前只有安坝里南达到了详查的程度,安坝里北、葛条湾部分区域达到普查的程度,钻孔深度普遍小于 1000m。从目前终孔的见矿情况,推测其深部还可能存在厚大矿体。从区域上矿体赋矿部位看,该区域也是成矿集中区,只是勘探程度较低,还有很大的潜力。

(2)勘查区东部重点区:位于勘查区东部、塘坝金矿床及周边地区,出露的地层主要为泥盆系桥头组,处于安昌河-观音坝-欧家坝区域大断裂的北侧,Au 异常较为集中,区域内出露较多的脉岩。通过近年来勘查工作,在塘坝金矿内共发现了 7 条金矿体,主要位于桥头组及关家沟组的层间破碎带及构造蚀变带中,在其周边也具有相似的岩性,相似的成矿环境,成矿潜力巨大。随着勘查程度的加深,塘坝金矿规模将进一步增大。

6.2.1.2 一般预测区

(1)汤卜沟预测区:位于勘查区最西部的汤卜沟草坡山一带,区域1∶5万水系沉积物地球化学异常高值区的边部,该地区是阳山金矿带最西端,地层和岩石出露情况基本与安坝金矿床相同。前人在预测区内发现汤卜沟金矿点,但由于在该地区只投入了少量的调查工作,没有进行实质性的工作,再加上勘探条件差,该地区始终没有大的突破。建议下一步在经费和工作量上加大投入,以期发现新的找矿线索,评价其找矿前景。

(2)泥山预测区:位于勘查区西部、区域1∶5万水系沉积物地球化学异常高值区的边部,地层和岩石出露情况基本与阳山金矿区相同。根据其与阳山金矿区的对比,并结合上述成果和认识,在该区的下一工作建议是开展1∶1万地质填图,进一步查明预测区内泥盆系的岩性和岩浆岩脉分布特征的基础上,重点解决控制阳山金矿区305号矿化带的构造是否延续进该区,其具体规模、形态、产状如何等问题。结合地表民间采矿调查,查清矿化蚀变情况,以泥山金矿段检查为支撑,结合大比例尺地质地球化学剖面,部署地表工程,以期发现新的矿化线索,评价其找矿前景。

(3)柏林坪预测区:位于阳山金矿带中部,张家山金矿段东部的柏林坪一带。洋汤河从预测区中部通过。该区发育良好的1∶5万地球化学异常,该异常规模较大,形态完整,浓度分带清楚,主要出露泥盆系千枚岩和砂岩-灰岩组合。其南北两侧分别由两条区域性断裂构造限定,成矿条件良好。该区是隐伏区,地表居民点较多,文县至武都的公路从预测区内通过。建议从地球化学异常解剖开始,通过1∶1万地球化学剖面测量,在验证异常真实性基础上,结合路线地质调查和附近的矿点调查,寻求异常源,并发现新的找矿信息,根据情况部署浅表工程予以揭露,评价其找矿前景。

(4)观音坝-张家山预测区:位于勘查区的中部,观音坝、张家山一带。预测区内已经发现有观音坝、阳山、张家山金矿段。Au13、Au14异常区位于该区,且发现多条矿(化)体。预测区出露的地层主要为泥盆系,与安坝矿床在一个构造带上,岩性及成矿样式极为相似。建议加强1∶1万地质填图工作,在弄清楚基本地质情况后,进行勘探工程的布置,评价其找矿潜力。

(5)袁家坝-桦坪里预测区:位于阳山金矿带东部,金坑子金矿以东的袁家坝、桦坪里一带。预测区内已发现有赵家坝金矿点,且是Au906号地球化学异常的核心区。预测区内出露的地层主要为泥盆系,与邻区的金坑子金矿相似。建议以系统的路线地质调查为先导,结合1∶1万地球化学剖面测量,进一步解剖异常,在系统调研金坑子和赵家坝两处金矿床地质特征基础上,加强成矿地质条件的对比研究,探索其找矿潜力。

6.2.2 矿床深边部靶位预测

(1)安坝里南矿段深部:前面通过分析已经总结出安坝矿段矿体集中分布具有垂向上分层定位的特点,利用这一特点,结合剖面上矿体的斜列分布规律,并根据勘探线联合地球化学剖面测量成果,预测安坝-葛条湾矿段深部10号勘探线ZK1052、ZK1044至ZK1032的深部,14号勘探线ZK1440、ZK1452、ZK1456的深部,18号勘探线ZK1816、ZK1820、ZK1832的深部,30号勘探线ZK3044的深部等部位是找矿的有利地段(图6-3黄色部分),发现矿体的可能性比较大。

(2)阳山金矿区安坝里南、葛条湾矿段边部:根据矿区分段富集规律,并结合矿区地质背景认识和大比例尺填图、地表调查等成果,主要针对Au13号、Au14号异常进行了分析,认为这两处异常处于分段

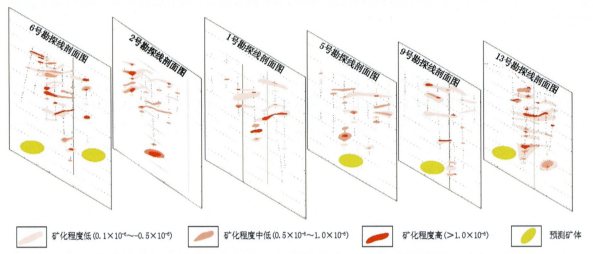

图 6-3 安坝-葛条湾矿段 10~30 号勘探线原生晕测量联合剖面图与找矿预测图

富集的区段，成矿地质背景和条件有利，前人验证程度较低，建议在该区开展地表工程和浅部工程来验证，部署探槽和浅孔孔位 4 处。

6.3 勘查工作部署建议

以上述研究成果认识为指导，结合本书路线地质调查和地质剖面测量、构造-岩性专项地质填图获取的信息，对阳山金矿的找矿方向提出如下建议。

矿区深部。研究表明，阳山金矿区金矿化具有东西成带分布，带内分段集中，垂向上多层定位的矿化富集规律。结合建立的安坝-葛条湾矿段成矿模式，认为矿区垂向上至少存在 3~4 个矿化段。在现有勘查矿段主要矿体集中出现的区间内，其深部是重要找矿方向。根据近年钻孔成果资料，特别在 2014 年施工的 10 线深部钻孔成果基础上，应加强安坝矿段的 10 号勘探线、14 号勘探线、18 号勘探线和 30 号勘探线等深部勘查工作。原先施工钻孔普遍较浅，总体上只揭露了 1300m 以上浅部的矿化情况，深部只有个别勘探线有单个钻孔控制。因此，应以现有深部钻探成果资料为参考，在深部高强度矿化部位的东西两侧，优先部署深部钻孔，试图寻找深部矿体。在安坝矿段北部，目前在地表发现了 370 号矿化带，其中也圈出了小型矿体。施工了少量钻孔，但孔深多在 200m 以上。根据推覆构造活动特征和多层成矿的规律，推断其深部有可能发现新的矿化层位。因此，可根据现有矿体勘查情况，选择 2~3 条勘查线，适当加大钻孔深度，探索其深部第二层矿化存在的可能性，进一步扩大找矿空间。

矿区边部。主要考虑安坝矿段的东部，即本区域成矿预测中所圈定的 B4、B5 级预测区，该区构造发育，并与安坝矿段相连，地层出露情况也基本相似，区内中酸性脉岩也较发育，同时存在 1:5 万水系沉积测量的 Au13 号、Au14 号异常。在该区应充分借鉴安坝矿段的找矿经验，探索安坝矿段几个主要矿化带东延的可能性。建议在开展路线地质调查基础上，结合地球化学剖面测量，强化解剖 Au13 号、Au14 号异常，发现新矿化信息，在此基础上，依据矿化分段富集规律，结合构造性质和活动特征的解析，围绕能干性岩石和非能干性岩石接触面，并以矿化带内变形和蚀变的花岗斑岩脉为标志，选择较好的地段，开展浅表和一定深度的钻孔验证，以求发现新的矿化体。

针对新矿化类型的找矿探索。从阳山金矿带整体成矿规律看，两期成矿作用在不同区段发育强度不一，成矿表现也不相同。在东部的塘坝矿区，出现大量的燕山期中酸性脉岩，发现了较大规模的石英-多金属硫化物脉型矿体，这些脉多数倾角很陡，几近直立，垂向延深很大，远远大于地表延长，同时受层间裂隙构造控制，而在其外围的泥盆系，主要是千枚岩层位中，也同时发现了一定数量和规模且完全受地层岩石的片理化带、小型褶皱的两翼（主要是北翼）和转折端控制的脉型矿体。其矿物组合出现特征的黄铜矿、方铅矿等相对高温组分。初步研究认为，它们主要是第二期成矿作用的产物。在阳山金矿区常见石英-辉锑矿脉，偶可见有铜的矿物，反映第二期成矿作用在阳山金矿区也具有一定规模。由于阳山金矿区燕山期岩浆岩主要处于隐伏状态，因此，地表所见的石英-辉锑矿脉应是其远端成矿产物。因此，应注意在其深部或其他可能地段，寻找类似于塘坝金矿那样的矿脉，以进一步扩大找矿空间。

建议在开展地表岩浆岩脉详细的专项地质填图并查明地表不同期次脉岩分布规律的基础上，优选地区，探索石英-硫化物脉型矿化存在的可能性。需要注意的是，在阳山金矿区所发现构造破碎蚀变岩矿化实际上是两期矿化叠加的结果，从这个角度看，其深部是否会出现石英-多金属硫化物脉型矿化，值得思考。

7 结　语

以甘肃文县阳山金矿区为核心的阳山金矿带是原国土资源部确立的全国107片重点整装勘查区之一。自1997年阳山金矿被中国人民武装警察黄金部队发现并勘查以来,对包括阳山金矿在内的整装勘查区开展的科学研究和勘查工作一直没有中断。矿床勘查工作者重点从矿床地质特征、主要控矿因素、矿化富集规律、找矿方法与找矿潜力等角度进行总结与分析,矿床地质学家则从矿床微观特征、矿床地球化学、矿床成因和机制等方面,依托构造地质学、矿床地质学和流体包裹体、微量元素地球化学、同位素地球化学等资料进行研究和探讨。此外,还有一些学者围绕与矿床成矿相关的岩浆活动、成岩成矿年代学以及有机地球化学等开展了详细研究。另有部分地质学家从基础地质和区域成矿的角度对矿床形成的地质背景、构造环境、区域成矿对比等问题进行了阐述。上述大量的研究工作涉及与阳山金矿成矿与找矿相关的各个方面问题,并提出了一系列认识和观点,对引导矿床勘查实践向更深层次推进发挥了重要作用。然而,随着研究和勘查工作的不断拓展和深入,更多的问题从生产、勘查和研究的现实中显现出来,一些过去看似解决了的地质问题,从最新的勘查资料看,面临着新的挑战。其中许多已经成了全面认识矿床,制约矿床勘查,取得找矿突破不得不面对而又迫切需要解决的关键性瓶颈问题。例如,地质勘查单位提交安坝里南矿段($333+334_1$)普查金资源量报告;在核心区段探矿权转让后,矿权受让单位在转让矿权区进行地质详查所取得的成果与早先提交的普查报告相对比,在各个矿体具体规模、产状、形态、品位变化等方面存在较明显出入,尽管这在矿床勘查领域是普遍存在的现象,但还是引发了对矿床主要控矿因素、矿体圈连方法、矿体基本形态、矿床规模,甚至矿床勘查类型确定等方面的激烈争论。在科学技术部和财政部国土资源行业专项科研基金和整装勘查关键基础地质研究项目的支撑下,我们有幸完成了本书的编撰,旨在以矿床勘查和科学研究最新资料为支撑,以复合造山成矿理论(邓军等,2013;葛良胜等,2013)等为指导,对矿床发现以来20的年的生产与科研工作进行梳理和总结,结合勘查的最新进展,着眼成矿带勘查突破的根本目标,针对区域大规模成矿作用与重大地质事件耦合关系研究这一重要命题,开展综合性研究工作,为矿带内矿床勘查提供理论指导。

近年来,得益于原国土资源部科技与国际合作司和矿产勘查技术指导中心的有力指导与组织,通过众多科技人员的共同努力、密切合作,既不受前人观点所束缚,不把前人认识当定论,同时又对前人工作成果抱着辩证思考、对照实际客观评价的态度进行综合分析和梳理。以此为基础,本着从野外客观地质特征出发,从最新地质勘查工程揭示第一手地质现象入手,直面矿带地质研究和找矿勘查关键问题,特别是勘查单位和生产应用单位争议的焦点问题,坚持深入野外、根植野外,坚持理论从实践中来又指导实践的原则,结合现代矿床研究最新和有效的技术方法段,既科学分析运用测试数据,但又不唯测试数据,开展了大量艰苦细致的工作。在区域成矿地质背景、矿床地质特征、地质事件与成矿作用耦合、成矿规律分析等方面取得了一系列新的认识,提出了一些新观点。其中在矿床地质特征、成矿作用分析、成矿规律研究等方面,应该说与前人研究有较大不同,没有附和于某种特殊的非学术氛围。有些认识和观点,与其说是理论成果或科技创新,不如说是对野外客观地质现象的总结和归纳。书中基于野外客观地质现象观测、描述、测量等获得的认识是有实际价值的,至少是符合客观事实的。虽然有些认识还没有得到测试数据的完全支持,但是这些认识并非为了佐证某种所谓权威的学术观点,也不是为了证明自己

7 结 语

的主观见解,而是作为负责任的科学人,真正能够通过调查、观察、研究、分析,获得尽可能正确的信息,并希望能对该区的找矿勘查工作有所启示。

然而,地质研究,特别是成矿问题与找矿问题是如此复杂,以致虽然经过多名科技人员多次甚至重复工作,限于客观条件或者某些其他因素,也不能完全弄清楚、查明白。在本书成书之际,有关阳山金矿带,特别是阳山金矿还有许多问题没有得到有效或根本解决。例如,在成矿方面,虽然野外观察到的地质事实基本支持至少两期成矿的认识,然而很难得到成矿时代以及成矿作用分析方面理论上十分可靠的准确数据支撑,关于成矿时代的问题主要受限于方法手段和样品性质,而在成矿作用方面则受限于复杂地质条件下样品的真正代表性、测试数据的多解性以及成矿本质的趋同性等。在这种情况下,宁可相信基本的地质事实,不能被看似客观的数据所左右。再如,在找矿方面,到底是依据地质认知分析预测重要,还是依据未经充分证明适用于矿区的某些技术手段重要,也颇具争议。当然如果能够吻合最好,但在实际工作中,特别是在复杂的多期成矿和特殊的地质环境下,很难有某种权威且有效的技术手段能解决问题。首先要基于野外地质事实的基本认知,而不能完全依靠某些模棱两可的技术手段。总之,有关这些问题都需要进一步研究和深化,也是下一步工作需要深入思考的。

目前,阳山金矿带内的找矿勘查工作正在向纵深推进,深边部找矿工作也在不断的取得新的进展。随着新一轮找矿突破战略行动的启动与实施,阳山金矿带作为西秦岭地区具有较大找矿潜力的地区和重要的找矿勘查区之一,已作为金矿大型资源勘查基地进行工作部署,相信随着工作的推进,区内的金矿勘查必将取得新的更大的突破。但与此同时,阳山金矿带内的找矿勘查工作仍然受到许多成矿和找矿重大科学问题的制约(葛良胜等,2020),寄希望于有兴趣在本区开展地质和成矿研究的专家学者加大对阳山金矿带有关问题的探索力度,共同推动基础地质问题的解决。这也是项目结束若干年后,仍然编辑出版此书的初衷。

主要参考文献

安芳,朱永峰,2011.热液金矿成矿作用地球化学研究综述[J].矿床地质,30(5):799-814.

岑况,於崇文,2001.成矿流体的流动-反应-输运耦合与金属成矿[J].地学前缘,8(4):323-329.

陈衍景,富士谷,1992.豫西金矿成矿规律[M].北京:地震出版社.

程斌,张复新,贺国芬,2006.甘肃文县地区阳山超大微细浸染型金矿床的成因与类型[J].地质通报,25(11):1354-1360.

程伟基,支霞臣,1983.热液系统的物理化学性质和硫同位素演化——$\lg fo_2 - pH - \delta^{34}S_i$ 图解的原理、用途与使用方法[J].地质与勘探,21(9):21-29.

邓军,葛良胜,杨立强,2013.构造动力体制与复合造山作用——兼论三江复合造山带时空演化[J].岩石学报,29(4):1099-1114.

邓军,杨立强,葛良胜,等,2010.滇西富碱斑岩型金成矿系统特征与变化保存[J].岩石学报,26(6):1633-1645.

邓军,杨立强,王长明,2011.三江特提斯复合造山与成矿作用研究进展[J].岩石学报,27(9):2501-2509.

丁振举,刘丛强,姚书振,等,1999.碧口群铜矿床的成矿时限及其意义[J].大地构造与成矿学,23(4):368-372.

丁振举,刘丛强,2000.碧口群古热水系统发育的富铁硅岩稀土元素地球化学证据[J].自然科学进展,10(5):427-434.

董广法,王国富,刘继顺,1998.勉略宁地区东沟坝组火山岩的成因浅析[J].大地构造与成矿学,22(2):163-169.

杜乐天,1996.地幔流体与软流层体地球化学[M].北京:地质出版社.

杜子图,1997.西秦岭地区构造体系对金矿分布规律的控制作用[D].北京:中国地质科学院.

杜子图,吴淦国,1998.西秦岭地区构造体系及金成矿构造动力学[M].北京:地质出版社.

范效仁,2001.西秦岭构造演化与喷流成矿研究[D].长沙:中南大学.

冯建忠,汪东波,王学明,2005.西秦岭泥盆系Au背景值的确定、元素地球化学特征及地质意义[J].中国地质,32(1):100-106.

冯益民,曹宣铎,张二朋,等,2003.西秦岭造山带的演化、构造格局和性质[J].西北地质,24(1):1-10.

高太忠,杨敏之,金成洙,等,1999.山东牟乳石英脉型金矿流体成矿构造动力学研究[J].大地构造与成矿学,23(2):130-137.

葛良胜,邓军,王长明,2013.构造动力体制与成矿环境及成矿作用——以三江复合造山带为例[J].岩石学报,29(4):1115-1128.

葛良胜,杨贵才,赵由之,等,2020.甘肃阳山金矿整装勘查区成矿与找矿关键科学问题[J].矿床地质,39(1):147-167.

郭俊华,齐金忠,孙彬,等,2002.甘肃阳山特大型金矿床地质特征及成因[J].黄金地质,8(2):

15-19.

韩春明,袁万明,于福生,等,2004.甘肃省玛曲大水金矿床地球化学特征[J].地球学报,25(2):127-132.

韩金生,姚军明,陈衍景,2011.甘肃大水金矿矿区花岗闪长岩锆石年龄及 Ce^{4+}/Ce^{3+} 比值[J].矿物学报,31(S1):583-585.

韩吟文,2003.地球化学[M].北京:地质出版社.

胡健民,崔建堂,孟庆任,等,2004.秦岭柞水岩石锆石 U-Pb 年龄及其地质意义[J].地质论评,50(3):323-329.

胡明安,章传玲,2000.四川石棉田湾金矿床韧性剪切构造带地球化学障的成矿意义[J].地质科技情报,19(2):33-37.

胡正东,1990.川西北"碧口群"时代的新厘定[J].矿物岩石,10(4):36-42.

贾大成,胡瑞忠,2001.滇黔桂地区卡林型金矿床成因探讨[J].矿床地质,20(4):378-384.

姜春发,1992.中华人民共和国地质矿产部地质专报 5 构造地质 地质力学 第12号 昆仑开合构造[M].北京:地质出版社.

解习农,李思田,1996.断裂带流体作用及动力学类型[J].地学前缘,3(3/4):145-152.

匡耀求,张本仁,欧阳建平,1999.扬子克拉通北西缘碧口群的解体与地层划分[J].地球科学——中国地质大学学报,24(3):251-256.

赖绍聪,张国伟,1999.秦岭-大别勉略结合带蛇绿岩及其大地构造意义[J].地质论评,45(A1):1062-1071.

雷时斌,2011.甘肃阳山金矿带构造-岩浆成矿作用及勘察找矿方向[D].北京:中国地质大学(北京).

雷时斌,齐金忠,朝银银,2010.甘肃阳山金矿带中酸性岩脉成岩年龄与成矿时代[J].矿床地质,29(5):869-880.

黎彤,倪守斌,1990.地球和地壳的化学元素丰度[M].北京:地质出版社.

李春昱,1981.中国板块构造的轮廓[J].地质与勘探,19(8):7-14.

李宏伟,2018.西秦岭阳山金矿带控矿因素、找矿标志及深部成矿预测[J].矿床地质,37(1):67-80.

李晶,陈衍景,李强之,等,2007.甘肃阳山金矿流体包裹体地球化学和矿床成因类型[J].岩石学报,23(9):2144-2154.

李楠,2013.阳山金矿带成矿作用地球化学[D].北京:中国地质大学(北京).

李楠,邓军,张志超,等,2019.阳山金矿带金的赋存状态及其对成矿过程的指示意义[J].地学前缘,26(5):84-95.

李楠,杨立强,张闯,等,2012.西秦岭阳山金矿带硫同位素特征:成矿环境与物质来源约束[J].岩石学报,28(5):1577-1587.

李楠,张志超,刘兴武,等,2018.微细浸染状金矿化与脉状金-锑矿化关系:西秦岭阳山金矿带例析[J].岩石学报,34(5):1312-1326.

李三忠,杨振升,1998.变斑晶晶内微构造应用研究进展[J].地球科学进展,13(1):51-58.

李曙光,孙卫东,张国伟,等,1996.南秦岭勉略构造带黑沟峡变质火山岩的年代学和地球化学——古生代洋盆及其闭合时代的证据[J].中国科学:D辑,26(3):223-230.

李璇,也尔哈那提,马万里,等,2021.甘肃文县阳山金矿成矿物质及成矿流体来源的稳定同位素约束[J].兰州大学学报(自然科学版),57(1):1-7.

李亚东,1994.白龙江地区逆冲推覆构造及其与金矿的关系[J].贵金属地质,3(4):262-268.

李亚林,1999.秦岭造山带勉县—略阳地区的构造特征及构造演化[D].西安:西北大学.

李永军,李锁成,杨俊泉,等,2005.西秦岭党川地区花岗岩体的"解体"及同位素年龄证据[J].矿物岩石地球化学通报,24(2):114-120.

李志昌,路远发,黄圭成,2004.放射性同位素地质学方法与进展[M].武汉:中国地质大学出版社.

李志宏,杨印,彭省临,等,2007.甘肃阳山超大型热液金矿床的成矿特征[J].大地构造与成矿学,31(1):63-67.

李佐臣,裴先治,丁仨平,等,2007.川西北平武地区南一里花岗闪长岩锆石U-Pb定年及其地质意义[J].中国地质,34(6):1003-1012.

梁金龙,2015.阳山金矿地质地球化学特征及金赋存状态[M].北京:科学出版社.

梁文天,2009.秦岭造山带东西秦岭交接转换区陆内构造特征与演化过程[D].西安:西北大学.

林振文,秦艳,岳素伟,等,2011.陕西省铧厂沟金矿床石英脉中锆石U-Pb年代学研究[J].矿物学报(S1):614-615.

林振文,秦艳,周振菊,等,2013.南秦岭勉略带铧厂沟火山岩锆石U-Pb年代学及地球化学研究[J].岩石学报,29(1):83-94.

凌洪飞,徐士进,沈渭洲,等,1998.格宗、东谷岩体Nd、Sr、Pb、O同位素特征及其与扬子板块边缘其它晋宁期花岗岩对比[J].岩石学报,14(3):269-277.

刘国惠,1989.秦巴造山带变质地层研究的进展[J].矿物岩石地球化学通讯(2):123-125.

刘国惠,张寿广,游振东,等,1993.秦岭造山带主要变质岩群及变质演化[M].北京:地质出版社.

刘红杰,陈衍景,毛世东,等,2008.阳山金矿带花岗斑岩元素及Sr-Nd-Pb同位素地球化学[J].岩石学报,24(5):1101-1111.

刘建明,刘家军,郑明华,等,1998.微细浸染型金矿床的稳定同位素特征与成因探讨[J].地球化学,27(6):585-591.

刘俊来,岛田充彦,1999.碎裂断层岩与碎裂作用机制——天然与实验证据[J].地学前缘,6(4):254.

刘铁庚,叶霖,1999.碧口群形成的地质构造环境探讨[J].矿物学报,19(4):446-451.

刘伟,范永香,齐金忠,等,2003.甘肃文县阳山金矿床流体包裹体的地球化学特征[J].现代地质,17(4):444-452.

刘伟,马瑛,范永香,2007.甘肃文县阳山金矿床成矿流体特征[J].资源环境与工程,21(2):87-94.

刘远华,杨贵才,张轮,等,2010.西秦岭阳山超大型金矿床花岗岩岩石地球化学特征[J].黄金科学技术,18(6):1-7.

卢新卫,马东升,1999.断裂体系分维及其对成矿流体运移和矿床定位的指示作用[J].自然科学进展,9(12):1136-1139.

陆松年,李怀坤,陈志宏,等,2003.秦岭中—新元古代地质演化及对Rodinia超级大陆事件的响应[M].北京:地质出版社.

罗锡明,齐金忠,袁士松,等,2004.甘肃阳山金矿床微量元素及稳定同位素的地球化学研究[J].现代地质,18(2):203-209.

毛世东,2011.甘肃阳山超大型金矿地质地球化学[D].广州:中国科学院广州地球化学研究所.

毛世东,余金元,李建忠,等,2012.甘肃阳山超大型金矿地质地球化学特征及矿床成因[J].四川地质学报,32(S1):50-59.

孟庆任,张国伟,于在平,等,1996.秦岭南缘晚古生代裂谷——有限洋盆沉积作用及构造演化[J].中国科学:D辑,26(S1):28-33.

欧阳建平,张本仁,1996.北秦岭微古陆形成与演化的地球化学证据[J].中国科学:D辑,26(A1):42-48.

裴先治,1989. 南秦岭碧口群岩石组合特征及其构造意义[J]. 长安大学学报(地球科学版),11(2): 46-56.

裴先治,丁仁平,张国伟,等,2007a. 西秦岭天水地区百花基性岩浆杂岩的 LA-ICP-MS 锆石 U-Pb 年龄及地球化学特征[J]. 中国科学:D 辑,37(A1):224-234.

裴先治,刘战庆,丁仁平,等,2007b. 甘肃天水地区百花岩浆杂岩的锆石 LA-ICP-MS U-Pb 定年及其地质意义[J]. 地球科学进展,22(8):818-827.

彭建堂,胡瑞忠,邓海琳,等,2001. 湘中锡矿山锑矿床的 Sr 同位素地球化学[J]. 地球化学杂志,30(3):248-257.

齐金忠,李莉,杨贵才,2008. 甘肃省阳山金矿床成因及成矿模式[J]. 矿床地质,27(1):81-88.

齐金忠,李莉,袁士松,等,2005. 甘肃省阳山金矿床石英脉中锆石 SHRIMP U-Pb 年代学研究[J]. 矿床地质,24(2):141-150.

齐金忠,刘自杰,袁士松,等,2003a. 甘肃省文县阳山金矿带控矿构造研究与成矿预测[R]. 廊坊:武警黄金部队地质研究所.

齐金忠,袁士松,李莉,等,2003b. 甘肃省文县阳山金矿床地质地球化学研究[J]. 矿床地质,22(1): 24-31.

齐金忠,袁士松,李莉,等,2003c. 甘肃省文县阳山金矿床地质特征及控矿因素研究[J]. 地质论评, 49(1):85-92.

齐金忠,杨贵才,李莉,2006a. 甘肃省阳山金形床稳定同位素地球化学、成矿年代学及矿床成因[J]. 中国地质,33(9):1345-1353.

齐金忠,杨贵才,李志宏,等,2006b. 阳山金矿带构造-岩浆演化序列及构造控矿规律研究[R]. 廊坊:武警黄金部队地质研究所.

齐金忠,杨贵才,罗锡明,2006c. 甘肃阳山金矿带构造岩浆演化与金矿成矿[J]. 现代地质,20(4): 564-572.

齐金忠,袁士松,陈祥,2001. 甘肃省文县阳山金矿带成矿规律与找矿方向研究[R]. 廊坊:武警黄金部队地质研究所.

秦江锋,2010. 秦岭造山带晚三叠世花岗岩类成因机制及深部动力学背景[D]. 西安:西北大学.

秦江锋,赖绍聪,李永飞,2005. 扬子板块北缘碧口地区阳坝花岗闪长岩岩体成因研究及其地质意义[J]. 岩石学报,21(3):696-710.

秦克令,何世平,宋述光,1992. 碧口地体同位素年代学及其意义[J]. 西北地质科学,13(2):97-110.

秦克令,金浩甲,赵东宏,1994. 碧口古岛弧带构造演化与成矿[J]. 河南地质,12(4):304-317.

秦艳,周振菊,2009. 甘肃省阳山超大型金矿床的有机地球化学特征研究[J]. 岩石学报,25(11): 2801-2810.

邱家骧,1985. 岩浆岩石学[M]. 北京:地质出版社.

任金彬,2009. 煎茶岭韧性剪切带特征及其对金矿的控制作用[D]. 西安:长安大学.

申安斌,1997. 陕西省莫霍面特征[J]. 陕西地质,15(2):58-63.

沈昆,胡受奚,孙景贵,等,2000. 山东招远大尹格庄金矿成矿流体特征[J]. 岩石学报,16(4):542-550.

苏秋红,贾儒雅,刘鑫,等,2020. 甘肃西秦岭阳山金矿控矿构造特征及对勉略构造混杂岩带金矿勘查的启示[J]. 地质通报,39(8):1204-1211.

苏文超,胡瑞忠,彭建堂,等,2000. 滇黔桂地区卡林型金矿床成矿物质来源的锶同位素证据[J]. 矿物岩石地球化学通报,19(4):256-259.

孙骥,魏启荣,杨奇荻,等,2012. 阳山金矿带安坝里南斑岩脉锆石 U-Pb 年龄及岩石地球化学特征[J]. 地质科技情报,31(6):88-97.

孙卫东,李曙光,CHEN Y D,等,2000.南秦岭花岗岩锆石 U-Pb 定年及其地质意义[J].地球化学,29(3):209-216.

孙祥,杨子荣,王永春,等,2009.辽西义县萤石矿床 Sr 同位素组成及成因[J].地质科技情报,28(1):82-86.

陶维屏,高锡芬,孙祁,等,1994.中国非金属矿床成矿系列矿床含矿建造成矿系列形成模式[M].北京:地质出版社.

田世洪,侯增谦,杨竹森,等,2011.青海玉树莫海拉亨铅锌矿床 S、Pb、Sr-Nd 同位素组成:对成矿物质来源的指示——兼与东莫扎抓铅锌矿床的对比[J].岩石学报,27(9):2709-2720.

汪劲草,夏斌,嵇少丞,2003.论构造透镜体控矿[J].中国科学:D辑,33(8):745-750.

王安建,高兰,闫升好,等,1998.大水式金矿床成因和分布规律探讨[J].矿床地质,17(S1):267-270.

王二七,孟庆任,陈智梁,等,2001.龙门山断裂带印支期左旋走滑运动及其大地构造成因[J].地学前缘,8(2):375-384.

王宏伟,2012.西秦岭阳山金矿带酸性脉岩与金成矿关系[D].北京:中国地质大学(北京).

王婧,张宏飞,徐旺春,等,2008.西秦岭党川地区花岗岩的成因及其构造意义[J].地球科学——中国地质大学学报,33(4):474-486.

王娟,金强,赖绍聪,等,2008.南秦岭佛坪地区五龙花岗质岩体的地球化学特征及成因研究[J].矿物岩石,28(1):79-88.

王可勇,姚书振,张保民,等,2000.川西北微细浸染型金矿床石英脉及其特征[J].地球科学——中国地质大学学报,26(2):118-122.

王亮,熊韬,罗涛,等,2021.甘肃文县阳山金矿床葛条湾-安坝矿段原生晕地球化学特征及深部找矿远景评价[J].矿床地质,40(1):143-155.

王尚文,1994.中国石油地质学[M].北京:石油工业出版社.

王相,1996.秦岭造山与金属成矿[M].北京:冶金工业出版社.

王学明,邵世才,汪东波,等,1999.甘肃文康地区金矿地质特征与找矿标志[J].有色金属矿产与勘查,8(4):220-226.

王银川,2013.秦祁结合部位加里东期碰撞-后碰撞型花岗岩地质特征及构造意义[D].西安:长安大学.

王真光,张姿旭,1991.矿物包裹体成分物理化学参数的计算程序[J].地质与勘探,27(7):22-27.

王振东,霍向光,王逢新,1995.秦岭岩群和碧口岩群层序时代的重新厘定[J].中国区域地质,22(3):220-227.

王治华,2018.甘肃阳山金矿带大规模成矿作用与重大地质事件耦合关系[D].北京:中国地质大学(北京).

文成敏,2006.甘肃省阳山金矿带金矿成矿特征及矿床成因研究[J].四川地质学报,26(4):223-227.

吴杰,刘家军,李静贤,等,2014.南秦岭铧厂沟碧口群玄武岩 LA-ICP-MS 锆石 U-Pb 年龄及岩石成因研究[J].中国地质,41(4):1341-1355.

夏林圻,1976.勉—略地区细碧-角斑岩系成因及其母岩浆深部分异机制的初步探讨[J].地质学报(1):24-37.

夏林圻,夏祖春,徐学义,等,2007.碧口群火山岩岩石成因研究[J].地学前缘,14(3):84-101.

肖龙,许继峰,2005.川西北松潘-甘孜地块大石包组玄武岩成因及其形成构造背景[J].岩石学报,21(6):1539-1545.

徐学义,李婷,陈隽璐,等,2012.西秦岭西段花岗岩浆作用与成矿[J].西北地质,45(4):76-82.

徐学义,夏祖春,夏林圻,2002.碧口群火山旋回及其地质构造意义[J].地质通报,21(8/9):478-485.

闫全人,HANSON A D,王宗起,等,2004.扬子板块北缘碧口群火山岩的地球化学特征及其构造环境[J].岩石矿物学杂志,23(1):1-11.

闫升好,王安建,高兰,等,2000.大水式金矿床稳定同位素、稀土元素地球化学研究[J].矿床地质,19(1):37-45.

阎凤增,齐金忠,郭俊华,2010.甘肃省阳山金矿地质与勘查[M].北京:地质出版社.

杨贵才,2019.西秦岭阳山金矿带印支期花岗岩成因及金成矿作用[D].北京:中国地质大学(北京).

杨贵才,齐金忠,2008.甘肃省文县阳山进矿床地质特征及成矿物质来源[J].黄金科学技术,16(4):20-24.

杨贵才,齐金忠,董华芳,等,2007.甘肃省文县阳山金矿床地质及同位素特征[J].地质与勘探,43(3):37-41.

杨贵才,袁士松,葛良胜,等,2016.甘肃阳山金矿床花岗岩成因:来自地球化学 Sr-Nd-Pb 同位素和年代学的证据[J].大地构造与成矿学,40(4),739-767.

杨经绥,王宗起,许志琴,等,2010.复合造山作用和中国中央造山带的科学问题[J].中国地质,37(1):1-11.

杨恺,刘树文,李秋根,等,2009.秦岭柞水岩体和东江口岩体的锆石 U-Pb 年代学及其意义[J].北京大学学报(自然科学版),45(5):841-847.

杨立强,邓军,赵凯,2011.哀牢山造山带金矿成矿时序及其动力学背景探讨[J].岩石学报,27(9):2519-2532.

杨立强,刘江涛,张闯,等,2010.哀牢山造山型金成矿系统:复合造山构造演化与成矿作用初探[J].岩石学报,26(6):1723-1739.

杨荣生,2006.甘肃阳山金矿地质地球化学特征及成因研究[D].北京:北京大学.

杨荣生,陈衍景,张复新,等,2006a.甘肃阳山金矿独居石 Th-U-Pb 化学年龄及其地质和成矿意义[J].岩石学报,22(9):2603-2610.

杨森楠,1985.秦岭古生代陆间裂谷系的演化[J].地球科学,10(4):53-62.

杨志华,李勇,邓亚婷,1999.秦岭造山带结构与演化若干问题的再认识[J].高校地质学报,5(2):2-17.

杨忠虎,李楠,张良,等,2019.西秦岭阳山金矿带成矿热年代学:锆石和磷灰石裂变径迹研究[J].地学前缘,26(5):174-188.

殷鸿福,杜远生,许继锋,等,1996.南秦岭勉略古缝合带中放射虫动物群的发现及其古海洋意义[J].地球科学——中国地质大学学报,21(2):184.

于在平,柳小明,张成立,等,1996.东秦岭毛坪变质沉积岩系基本特征及其大地构造意义[J].中国科学:D辑,26(S1):64-72.

袁士松,2007.甘肃省文县阳山特大型金矿床成矿作用研究[J].矿产与地质,21(4):404-409.

袁士松,2015.西秦岭阳山金矿带叠加成矿模式[D].北京:中国地质大学(北京).

袁士松,李文良,张勇,等,2008.甘肃省文县阳山超大型金矿床成矿作用及成矿模式[J].地质与资源,17(2):92-101.

袁士松,阎凤增,齐金忠,等,2013.碧口地块北缘花岗岩脉地球化学特征、成因机制及与金成矿关系探讨[J].矿物岩石,33(4):29-41.

袁士松,杨贵才,闫家盼,等,2014.甘肃阳山超大型金矿床成矿流体来源及演化——来自流体包裹体和稳定同位素的约束[J].矿床地质,33(S1):591-592.

袁士松,张继武,齐金忠,等,2004.甘肃阳山金矿构造控矿模式[J].黄金地质,10(4):23-27.

袁万春,李院生,张国平,1997.滇黔桂地区汞锑金砷等低温矿床组合碳、氢、氧、硫同位素地球化学[J].矿物学报,17(4):422-426.

张本仁,高山,张宏飞,等,2002.秦岭造山带地球化学[M].北京:科学出版社.

张本仁,韩吟文,许继锋,等,1998.北秦岭新元古代前属于扬子板块的地球化学证据[J].高校地质学报,4(4):10-22.

张本仁,欧阳建平,韩吟文,等,1996.北秦岭古聚会带壳幔再循环[J].地球科学——中国地质大学学报,21(5):15-21.

张闯,2013.西秦岭阳山金矿带构造-流体耦合成矿动力学[D].北京:中国地质大学(北京).

张成立,王涛,王晓霞,2008.秦岭造山带早中生代花岗岩成因及其构造环境[J].高校地质学报,14(3):304-316.

张德会,1997.成矿流体中金的沉淀机理研究述评[J].矿物岩石,17(4):23-131.

张二朋,1993.秦巴及邻区地质-构造特征概论[M].北京:科学出版社.

张复新,陈衍景,李超,2000.秦岭造山带金龙山-丘岭金矿床地质地球化学特征及成因:秦岭式卡林型金矿成矿动力学机制[J].中国科学:D辑,43(S1):73-81.

张复新,侯俊富,张存旺,等,2007.甘肃阳山超大型卡林-类卡林型复合式金矿床特征[J].中国地质,34(6):1062-1072.

张复新,季军良,龙灵利,2001.南秦岭卡林-似卡林型金矿床综合地质地球化学特征[J].地质论评,47(5):492-499.

张复新,宋静婷,马建秦,1998.秦岭卡林型金矿床及相关问题探讨[J].矿床地质,17(2):172-184.

张国伟,1993.秦岭造山带基本构造的再认识:亚洲的增生[M].北京:地震出版社.

张国伟,程顺有,郭安林,等,2004.秦岭-大别中央造山系南缘勉略古缝合带的再认识——兼论中国大陆主体的拼合[J].地质通报,23(9/10):846-853.

张国伟,董云鹏,赖少聪,等,2003.秦岭-大别造山带南缘勉略构造带与勉略缝合带[J].中国科学:D辑,33(12):1121-1135.

张国伟,董云鹏,姚安平,1997.秦岭造山带基本组成与结构及其构造演化[J].陕西地质,15(2):1-14.

张国伟,郭安林,刘福田,等,1996a.秦岭造山带三维结构及其动力学分析[J].中国科学:D辑,26(S1):1-6.

张国伟,柳小明,1998.关于"中央造山带"几个问题的思考[J].地球科学——中国地质大学学报,23(5):443-447.

张国伟,孟庆任,赖绍聪,1995a.秦岭造山带的结构构造[J].中国科学:B辑,25(9):994-1003.

张国伟,孟庆任,于在平,等,1996b.秦岭造山带的造山过程及其动力学特征[J].中国科学:D辑,26(3):193-200.

张国伟,于在平,董云鹏,等,2000.秦岭区前寒武纪构造格局与演化问题探讨[J].岩石学报,16(1):11-21.

张国伟,张本仁,袁学诚,等,2001.秦岭造山带与大陆动力学[M].北京:科学出版社.

张国伟,张宗清,董云鹏,1995b.秦岭造山带主要构造岩石地层单元的构造性质及其大地构造意义[J].岩石学报,11(2):101-114.

张宏飞,靳兰兰,张利,等,2005.西秦岭花岗岩类地球化学和Pb-Sr-Nd同位素组成对基底性质及其构造属性的限制[J].中国科学:D辑,35(10):914-926.

张家润,1990.川西北地区碧口群之火山岩特征与构造环境[J].四川地质学报,10(4):227-236,293.

张静,李临位,杨立强,等,2012.西秦岭阳山金矿床元素地球化学特征[J].矿床地质,31(S1):2.

张莉,杨荣生,毛世东,等,2009.阳山金矿床锶铅同位素组成特征与成矿物质来源[J].岩石学报,25(11):2811-2822.

张理刚,1985.稳定同位素在地质科学中的应用——金属活化热液成矿作用及找矿[M].西安:陕西科学技术出版社.

张文淮,张志坚,伍刚,1996.成矿流体及成矿机制[J].地学前缘,3(4):245-252.

张志超,李楠,戢兴忠,等,2015.西秦岭阳山金矿带安坝矿床热液蚀变作用[J].岩石学报,31(11):3405-3419.

张宗清,张国伟,付国民,等,1996.秦岭变质地层年龄及其构造意义[J].中国科学:D辑,26(3):216-222.

张宗清,张国伟,刘敦一,等,2006.秦岭造山带蛇绿岩、花岗岩和碎屑沉积岩同位素年代学和地球化学[M].北京:地质出版社.

张宗清,张国伟,唐索寒,2002.南秦岭变质地层同位素年代学[M].北京:地质出版社.

张宗清,张国伟,唐索寒,等,2001.秦岭黑河镁铁质枕状熔岩年龄和地球化学特征[J].中国科学:D辑,31(1):36-42.

赵静,梁金龙,倪师军,等,2016.甘肃阳山金矿载金黄铁矿硫同位素Nano-SIMS原位分析[J].矿床地质,35(4):653-662.

赵祥生,马少龙,邹湘华,等,1990.秦岭碧口群时代、层序、火山作用及含矿性研究[J].中国地质科学院西安地质矿产研究所所刊,29:1-28.

赵彦庆,叶得金,李永琴,等,2003.西秦岭大水金矿的花岗岩成矿作用特征[J].现代地质,17(2):151-156.

赵由之,2017.甘肃阳山金矿床地质地球化学特征及成矿过程[D].北京:中国地质大学(北京).

赵志忠,2001.阿尔泰山南缘东部岩石构造变形与金的构造成矿机理[J].大地构造与成矿学,25(3):302-313.

郑明华,顾雪祥,1990.四川东北寨微细侵染型金矿床成矿物理化学条件和成矿过程分析[J].矿床地质,9(2):129-140.

郑永飞,陈江峰,2000.稳定同位素地球化学[M].北京:科学出版社.

周鼎武,刘良,张成立,等,2002.华北和扬子古陆块中新元古代聚合、伸展事件的比较研究[J].西北大学学报(自然科学版),32(2):109-133.

周振菊,秦艳,林振文,等,2011.西秦岭铧厂沟金矿床流体包裹体特征研究及矿床成因[J].岩石学报,27(5):1311-1326.

宗静婷,2004.铧厂沟金矿床矿质地球化学特征及其成因研究[D].西安:西北大学.

ALTHERR R, HOLL A, HEGER E, et al., 2000. High potassium, calc-alkaline I-type plutism in the European Variscides: northern Vosges(France) and northern Schwarzwald(Germangy)[J]. Lithos, 50(1):51-73.

BARNES H L, 1979. Geochemisty of hydrothermal ore deposits. 2nd edition[M]. New York: John Wiley and Sons.

BOTZUG D, HARLAVAN Y, AREHART G H, 2007. K-Ar age, whole-rock and isotope geochemistry of A-type granitoids in the Divrii-Sivas Region, eastern-central Anatolia, Turkey[J]. Lithos, 97(122):93-218.

BOYLE R W, 1979. The geochemistry of gold and its deposits[M]. Ottawa: Geological Survey of Canada.

BRALIA A, SABATINI G, TROJA F, 1979. A revaluation of the Co/Ni ratio in pyrite as geochemical tool in ore genesis problems: evidences from southern Tuscany pyritic deposits[J].

Mineralium Deposita,14(3):353-374.

CHEN Y J,LI C,ZHANG J,et al.,2000. Sr and O isotopic characteristics of porphyries in the Qinling molybdenum deposit belt and their implication to genetic mechanism and type[J]. Science in China Series D Earth Sciences,30(Supp.):64-72.

CLAYTON R N,O'NEIL J R,MAYADA T K,1972. Oxygen isotope exchange between quartz and water[J]. Journal of Geophysics Research,77:3057-3067.

COOK N J,1996. Mineralogy of the sulphide deposits at Sulitjelma,northern Norway[J]. Ore Geology Reviews,11(5):303-338.

COOK N J,CHRYSSOULIS S L,1990. Concentrations of invisible gold in the common sulfides [J]. Canadian Mineralogist,28(1):1-16.

COX S F,1995. Faulting processes at high fluid pressures:An example of fault valve behavior from the Wattle Gully Fault,Victoria,Australia[J]. Journal of Geophysical Research,100(7):12841-12859.

CRAW D,2002. Geochemistry of late metamorphic hydrothermal alteration and graphitisation of host rock,Macraes gold mine,Otago Schist,New Zealand[J]. Chemical Geology,191:257-275.

DEDITIUS A P,UTSUNOMIYA S,RENOCK D,2008. A proposed new type of arsenian pyrite: composition, nanostructure and geological significance [J]. Geochimica et Cosmochimica Acta, 72 (12):2919-2933.

DENG J,WANG Q F,LI G J,2017. Tectonic evolution, superimposed orogeny, and composite metallogenic system in China[J]. Gondwana Researth,50:216-266.

DONG Y P,SANTOSH M,2016. Tectonic architecture and multiple orogeny of the Qinling Orogenic Belt,Central China[J]. Gondwana Research,29(1):1-40.

DONG Y P,ZHANG G W,NEUBAUER F,2011. Tectonic evolution of the Qinling Orogen, China:review and synthesis[J]. Journal of Asian Earth Sciences,41:213-237.

FAURE G,1986. Principles of isotope geochemistry[M]. New York:John Wiley and Sons.

FLEET M E,CHRYSSOULIS S L,MACLEAN P J,1993. Arsenian pyrite from gold deposits:Au and As distribution investigated by SIMS and EMP, and color staining and surface oxidation by XPS and LIMS[J]. The Canadian Mineralogist,31(1):1-17.

GLEESON S A, WILKINSON J J, BOYCE A J, et al., 1999. On the occurrence and wider implications of anomalously low fluids in quartz veins,South Cornwall,England[J]. Chemical Geology, 160:161-173.

GRAUPNER T,GOTZE J,KEMPE U,et al.,2000. CL for characterizing quartz and trapped fluid inclusions in mesothermal quartz veins: muruntau Au ore deposit, Uzbekistan [J]. Mineralogical Magazine,64(6):1007-1016.

GROVES D I,GOLDFARB R J,GEBRE-MARIAM M,et al.,1998. Orogenic gold deposits:a proposed classification in the context of their crustal distribution and relationship to other gold deposit types[J]. Ore Geology Reviews,13(1-5):7-27.

GUDMUNDSSON A, 2001. Fluid overpressure and flow in fault zones: field measurements and models[J]. Tectonophysics,336:183-197.

HARRIS N B W,PEARCE J A,TINDLE A G,1986. Geochemical characteristics of collision zone magmatism,collision tectonics[J]. Geological society London special publication,19:67-81.

HAWLEY J E,NICHOL I,1961. Trace elements in pyrite,pyrrhotite and chalcopyrite of different ores[J]. Economic Geology,56(3):467-487.

HAYASHI K I, OHMOTO H, 1991. Solubility of gold in NaCl- and H_2S-bearing aqueous solutions at 250-350℃[J]. Geochimica et Cosmochimica Acta, 55(8):2111-2126.

HICKMAN S, SIBSON R H, BRUHN R, 1995. Introduction to special section-mechanical involvement of fuids in faulting[J]. Journal of Geophysical Research, 100:12831-12840.

HOLYOKE C W, TULLIS J, 2006. Formation and maintenance of shear zones[J]. Geology, 34(2):105-108.

HUSTON D L, SIE S H, SUTER G F, et al., 1995. Trace elements in sulfide minerals from eastern Australian volcanic-hosted massive sulfide deposits: Part Ⅰ, Proton microprobe analyses of pyrite, chalcopyrite, and sphalerite, and Part Ⅱ, Selenium levels in pyrite: comparison with delta ^{34}S values and implications for the source of sulfur in volcanogenic hydrothermal systems[J]. Economic Geology, 90(5):1167-1196.

JAHN B M, WU F, LO C H, et al., 1999. Crust mantle interaction induced by deep subduction of the continental cruset: geochemical and Sr-Nd isotopic evidence from post-collisional mafic - ultramafic intrusions of the northern Dabie complex, central China[J]. Chemical Geology, 157:119-146.

JANSSEN C, HOFFMANN-ROTHE A, BOHNHOFF M, et al., 2007. Different styles of faulting deformation along the Dead Sea Transform and possible consequences for the recurrence of major earthquakes[J]. Journal of Geodynamics, 44:66-89.

JIANG Y H, JIN G D, LIAO S Y, et al., 2010. Geochemical and Sr - Nd - Hf isotopic constraints on the origin of Late Triassic granitoids from the Qinling Orogen, Central China: implications for a continental arc to continent-continent collision[J]. Lithos, 117:183-197.

JIN W J, ZHANG Q, HE D F, et al., 2005. SHRIMP dating of adakites in western Qinling and their implications[J]. Acta Petrologica Sinica, 21, 959-966.

KOLB J, ROGERS A, MEYER F M, et al., 2004. Development of fluid conduits in the auriferous shear zones of the Hutti Gold Mine, India: evidence for spatially and temporally heterogeneous fluid flow[J]. Tectonophysics, 378:65-84.

KOSAKOWSKI G, KUNERT V, CLAUSER C, et al., 1999. Hydrothermal transients in Variscan crust: paleo-temperature mapping and hydrothermal models[J]. Tectonophysics, 306:325-344.

KRETSCHMAR U, SCOTT S D, 1976. Phase relations involving arsenopyrite in the system Fe-As-S and their application[J]. Can Mineral, 14(3):364-386.

LAI S C, ZHANG G W, 1996. Geochemical features of ophiolite in Mianxian - Lueyang Suture Zone, Qinling Orogenic Belt[J]. Journal of China University of Geosciences, 7(2):165-172.

LARGE R R, BULL S W, MASLENNIKOV V V, 2011. A carbonaceous sedimentary source - rock model for Carlin-type and Orogenic Gold Deposits[J]. Economic Geology, 106(3):331-358.

LARGE R R, DANYUSHEVSKY L, HOLLIT C, et al., 2009. Gold and trace element zonation in pyrite using a laser imaging technique: implications for the timing of gold in Orogenic and Carlin - Style sediment-hosted Deposits[J]. Economic Geology, 104(5):635-668.

LARGE R R, MASLENNIKOV V V, ROBERT F, et al., 2007. Multistage sedimentary and metamorphic origin of pyrite and gold in the Giant Sukhoi Log Deposit, Lena Gold Province, Russia[J]. Economic Geology, 102(7):1233-1267.

LI N, CHEN Y J, SANTOSH M, et al., 2015. Compositional polarity of Triassic granitoids in the Qinling Orogen, China: implication for termination of the northernmost paleo-Tethys[J]. Gondwana Research, 27:244-257.

LI N, DENG J, GROVES D I, et al. , 2019. Controls on the distribution of invisible and visible gold in the orogenic gold deposits of the Yangshan Gold Belt, West Qinling Orogen, China[J]. Minerals, 9(2):92.

LI N, DENG J, YANG L Q, et al. , 2018. Constraints on depositional conditions and ore - fluid source for orogenic gold districts in the West Qinling Orogen, China: implications from sulfide assemblages and their trace-element geochemistry[J]. Ore Geology Reviews, 102:204 - 219.

LI S Z, KUSKY T M, LU W, et al. , 2007. Collision leading to multiple - stage large - scale extrusion in the Qinling orogen: insights from the Mianlue suture[J]. Gondwana Research, 12(1/2):121 - 143.

LOFTUS-HILLS G, SOLOMON M, 1967. Cobalt, nickel and selenium in sulphides as indicators of ore genesis[J]. Mineralium Deposita, 2(3):228 - 242.

MANCKTELOW N S, GRUJIC D, JOHNSON E L, 1998. An SEM study of porosity and grain boundary microstructure in quartz mylonites, Simplon Fault Zone, Central Alps[J]. Contribution Mineralogy Petrology, 131:71 - 85.

MANCKTELOW N S, PENNACCHIONI G, 2004. The influence of grain boundary fluids on the microstructure of quartz-feldspar mylonites[J]. Journal of Structural Geology, 26:47 - 69.

MANIAR P D, PICCOLI P M, 1989. Tectonic discrimination of granitoids[J]. Geological Society of America Bulletin, 101(5):635 - 643.

MENG Q R, ZHANG G W, 1999. Timing of collision of the North and South China Blocks: controversy and reconciliation[J]. Geology, 27(2):123.

MOOKHERJEE A, PHILIP R, 1979. Distribution of copper, cobalt and nickel in ores and host - rocks, Ingladhal, Karnataka, India[J]. Mineralium Deposita, 14(1):33 - 55.

OHMOTO H, 1972. Systematics of sulfur and carbon isotopes in Hydrothermal Ore Deposits[J]. Economic Geology, 67(5):551 - 578.

PEARCE J A, 1996. Source and settings of granitic rocks[J]. Episodes, 19:120 - 125.

PEARCE J A, BENDER J F, DE LONG S E, et al. , 1990. Genesis of collision volcanism in Eastern Anatolia, Turkey[J]. Journal of Volcanology and Geothermal Research, 44:189 - 229.

PEARCE J A, HARRIS N, TINDLE A G, 1984. Trace element discrimination diagrams for the tectonic interpretation of granitic rocks[J]. Journal of Petrology, 25(4):956 - 983.

PILI E, SHEPPARD S M F, LARDEAUX J M, et al. , 1997. Fluid flow vs. scale of shear zones in the lower continental crust and the granulite paradox[J]. Geology, 25(1):15 - 18.

PITCAIRN I K, TEAGLE D A H, CRAW D, et al. , 2006. Sources of metals and fluids in orogenic gold deposits: insights from the Otago and Alpine schists, New Zealand[J]. Economic Geology, 101(8):1525 - 1546.

QIN J F, LAI S C, DIWU C R, et al. , 2010. Magma mixing origin for the post-collisional adakitic monzogranite of the Triassic Yangba pluton, Northwestern margin of the South China block: geochemistry, Sr-Nd isotopic, zircon U-Pb dating and Hf isotopic evidences[J]. Contributions to Mineralogy & Petrology, 159(3):389 - 409.

QIN J F, LAI S C, WANG J, et al. , 2007. High - Mg$^{\#}$ adakitic tonalite from the Xichahe area, South Qinling orogenic belt (central China): petrogenesis and geological implications[J]. International Geology Review, 49:1145 - 1158.

QIN J F, Lai S C, Wang J, et al. , 2008b. Zircon LA - ICP-MS U - Pb age, Sr - Nd - Pb isotopic compositions and geochemistry of the Triassic post-collisional Wulong Adakitic granodiorite in the

South Qinling, Central China, and its petrogenesis and their petrogenesis significance[J]. Acta Geologica Sinica(English Edition),82(2):425-437.

QIN J F,LAI S H C,LI Y F,2008a. Slab breakoff model for the Triassic post-collisional adakitic granitoids in the Qinling orogenic belt, central China: zircon U-Pb ages, geochemistry and Sr-Nd-Pb isotopic constraints[J]. International Geolgry Review,50(12):1080-1104.

REICH M,KESLER S E,UTSUNOMIYA S,et al.,2005. Solubility of gold in arsenian pyrite[J]. Geochimica et Cosmochimica Acta,69(11):2781-2796.

RENDERS P J,SEWARD T M,1989. The adsorption of thio gold(I) complexes by amorphous As_2S_3 and Sb_2S_3 at 25 and 90℃[J]. Geochimica et Cosmochimica Acta,53:255-267.

RICKWOOD P C,1989. Boundary lines within petrologic diagrams which use oxides of major and minor elements[J]. Lithos,22(4):247-263.

RILLER U, SCHWERDTNER W M, ROBIN P Y F, 1998. Low-temperature deformation mechanisms at a lithotectonic interface near the Sudbury Basin,Eastern Penokean Orogen,Canada[J]. Tectonophysics,287:59-75.

ROMBERGER S B,1986. Ore deposits:Disseminated gold deposits[J]. Geoscience Canada,13:23-31.

SCAINI M J,BANCROFT G M,KNIPE S W,1998. Reactions of aqueous Au1 sulfide species with pyrite as a function of pH and temperature[J]. America Mineralogy,83:316-322.

SEWARD T M,1973. Theo-complexes of gold and transport of gold in hydrothermal solutions [J]. Geochimica et Cosmochimica Acta,37:379-399.

SEWARD T M,1991. Gold metallogeny and exploration[M]. London:Blackie and Son Limited Company.

SHARP Z D, ESSENE E J, KELLY W C, 1985. A re-examination of the arsenopyrite geothermometer:pressure considerations and applications to natural assemblages[J]. Can Mineral,23 (4):517-534.

SIMON G,HUANG H,PENNER-HAHN J E,et al.,1999. Oxidation state of gold and arsenic in gold-bearing arsenian pyrite[J]. American Mineralogist,84(7/8):1071-1079.

STREIT J E, COX S F, 2000. Asperity interactions during creep of simulated faults at hydrothermal conditions[J]. Geology,28(3):231-234.

SUN W D, LI S G, CHEN Y D, et al., 2002a. Timing of synorogenic granitoids in the South Qinling,Central China:constraints on the evolution of the Qinling-Dabie orogenic belt[J]. Journal of Geology,110:457-468.

SUN W D,LI S Z,SUN Y,et al.,2002b. Mid-paleozoic collision in the north Qinling:Sm-Nd,Rb-Sr, and $^{40}Ar/^{39}Ar$ ages and their tectonic implications[J]. Journal of Asian Earth Science,21:69-76.

SYLVESTER P J,1998. Post-collision strongly peraluminous granites[J]. Lithos,45(1):29-44.

TAYLOR H P, 1974. The application of oxygen and hydrogen isotope studies to problem of hydrothermal alteration and ore deposition[J]. Economic Geology,69:843-883.

TAYLOR S R, MCLENMAN S M, 1985. The continental Crust: its composition and evolution [M]. New York:Blackwell Science Publish.

TENTHOREY E,GERALD J D F,2006. Feedbacks between deformation,hydrothermal reaction and permeability evolution in the crust:experimental insights[J]. Earth and Planetary Science Letters, 247:117-129.

THOMAS H V, LARGE R R, BULL S W, et al., 2011. Pyrite and pyrrhotite textures and composition in sediments, laminated quartz veins, and reefs at Bendigo Gold Mine, Australia: insights for Ore Genesis[J]. Economic Geology,106(1):1-31.

TOSSELL J A,1996. The speciation of gold in aqueous solution: a theoretical study[J]. Geochimica et Cosmochimica Acta,60:17-29.

WEINBERG R F,SIAL A N,MARIANO G,2004. Close spatial relationship between plutons and shear zones[J]. Geology,32(5):377-380.

WIBBERLEY C,1999. Are feldspar-to-mica reactions necessarily reaction-softening processes in fault zones? [J]. Journal of Structural Geology,21:1219-1227.

WIDLER A M,SEWARD T M,2002. The adsorption of gold (I) hydrosulphide complexes by iron sulphide surfaces[J]. Geochimica et Cosmochimica Acta,66:383-402.

XAVIER R P,FOSTER R P,1999. Fluid evolution and chemical controls in the Fazenda Maria Preta gold deposit,Rio Itapicuru Greenstone Belt,Bahia,Brazil[J]. Chemical Geology,154:133-154.

YAN Q,WANG Z,YAN Z,et al.,2003. Geochronology of the Bikou Group volcanic rocks: Newest results from SHRIMP zircon U-Pb dating[J]. Geological Bulletin of China,22:456-458.

YANG L Q,DENG J,DILEK Y,et al.,2015a. Structure,Geochronology and Petrogenesis of the Late Triassic Puziba Granitoid Dikes in the Mianlue Suture Zone,Qinling Orogen,China[J]. The Geological Society of America Bulletin,127:1831-1854.

YANG L Q,DENG J,LI N,et al.,2016. Isotopic characteristics of gold deposits in the Yangshan Gold Belt,West Qinling,central China: implications for fluid and metal sources and ore genesis[J]. Journal of Geochemical Exploration,168:103-118.

YANG L Q,DENG J,QIU K F,et al.,2015b. Magma mixing and crust-mantle interaction in the Triassic monzogranites of Bikou Terrane,central China: constraints from petrology,geochemistry,and zircon U-Pb-Hf isotopic systematics[J]. Journal of Asian Earth Sciences,98:320-341.

YANG L Q,JI X Z,SANTOSH M,et al.,2015c. Detrital zircon U-Pb ages, Hf isotope, and geochemistry of Devonian chert from the Mianlue suture: implications for tectonic evolution of the Qinling orogen[J]. Journal of Asian Earth Sciences,113:589-609.

ZHANG G,DONG Y,LAI S,et al.,2004. Mianlue tectonic zone and Mianlue suture zone on southern margin of Qinling-Dabie orogenic belt[J]. Science in China,Ser. D,47(4):300-316.

ZHANG G,MENG Q,YU Z,et al.,1996. Orogenesis and dynamics of the Qinling orogen[J]. Science in China,Ser. D,39(3):225-234.

ZHAO H,FRIMMEL H E,JIANG S,et al.,2011. LA-ICP-MS trace element analysis of pyrite from the Xiaoqinling gold district,China: implications for ore genesis[J]. Ore Geology Reviews,43(1): 142-153.

ZHENG Y F,HOEFS J,1993. Stable isotope geochemistry of hydrothermal mineralizations in the Harz mountains: II. Sulfur and oxygen isotopes of sulfides and sulfate and constraints on metallogenetic models[J]. Monograph Series on Mineral Deposits,30:211-22.

ZHOU Z J,MAO S D,CHEN Y J,et al.,2016. U-Pb ages and Lu-Hf isotopes of detrital zircons from the southern Qinling Orogen: implications for Precambrian to Phanerozoic tectonics in central China[J]. Gondwana Research,35:323-337.